装备科技译著出版基金　雷达与探测前沿技术译丛

机载雷达信号处理

——极端气象条件下的飞行器控制

Signal Processing of Airborne Radar Stations

Plane Flight Control in Difficult Meteoconditions

[俄]
维瑞斯查金 . A. V（Vereshchagin A. V.）
扎图克尼 . D. A（Zatuchny D. A.）
斯尼特辛 . V. A（Sinitsyn V. A.）
斯尼特辛 . E. A（Sinitsyn E. A.）
沙特科夫 . Y. G（Shatrakov Y. G.）
著

李晶晶 译

国防工業出版社
·北京·

著作权登记号　图字:01－2022－3550号

图书在版编目(CIP)数据

机载雷达信号处理:极端气象条件下的飞行器控制/(俄罗斯)维瑞斯查金.A.V.等著;李晶晶译.—北京:国防工业出版社,2023.1

书名原文:Signal Processing of Airborne Radar Stations:Plane Flight Control in Difficult Meteoconditions

ISBN 978－7－118－12686－0

Ⅰ.①机…　Ⅱ.①维…②李…　Ⅲ.①机载雷达－雷达信号处理－研究②飞行控制系统－研究　Ⅳ.①TN959.73②V249

中国版本图书馆CIP数据核字(2022)第207638号

※

国防工業出版社出版发行

(北京市海淀区紫竹院南路23号　邮政编码100048)

北京虎彩文化传播有限公司印刷

新华书店经售

*

开本 710×1000　1/16　**印张** $11\frac{3}{4}$　**字数** 208千字

2023年1月第1版第1次印刷　**印数** 1—1200册　**定价** 98.00元

(本书如有印装错误,我社负责调换)

国防书店:(010)88540777　　书店传真:(010)88540776

发行业务:(010)88540717　　发行传真:(010)88540762

译者序

机载雷达是飞行器上安装的最重要的机载电子设备之一，相当于飞机的“双眼”。以机载气象雷达为例，其可实时地探测飞行路径上存在的暴雨、湍流和风切变区域，给飞行员提供气象预警和安全的飞行路径。机载气象雷达对气象目标的探测是经过一系列复杂的信号和数据处理过程实现的，信号处理单元是决定机载气象雷达系统性能的重要部件。民航飞机上的机载气象雷达系统市场被国外两大厂商占据，且掌握着核心技术。目前国内开展相关的研究不多，投入也相对较少，在机载气象雷达研究方面与国外差距较大。而且国内的研究工作比较集中于信号处理算法和理论研究，而机载气象雷达是一个复杂的系统，不只包括信号处理算法部分，与其他系统的交联和后期的数据处理过程也很重要。

本书全面系统地介绍了机载雷达对气象目标的检测和识别算法。本书涉及的内容在雷达信号处理、气象目标识别、湍流检测、风切变检测等领域有广泛的应用前景，尤其对我国大飞机专项的发展具有很好的辅助作用。本书以提高航空飞行安全为目标，重点研究了如何使用机载雷达更准确地监测风切变和大气湍流。作者基于自回归模型，提出了多种新颖的检测估计算法。本书全面系统地介绍了机载雷达信号处理所需的基本方法和工具，并给出一些比较重要的参考文献作为前人研究工作的总结，同时，在机载雷达研发相关的专题方面给出一些深入的思考和分析，与大家分享。本书为相关领域技术专家研究、开发和操作机载无线电电子系统提供了参考。本书的研究成果也可以用于军事领域，以提高我国国防科技水平，增强军事实力。

本书在翻译过程中，得到了装备科技译著出版基金的资助，在此深表感谢。同时，本书的公式编辑和初稿校对等工作得到了电子科技大学计算机学院研究生刘倚和沈力源的大力支持，译者在此表示感谢。最后，还要感谢国防工业出版社责任编辑肖姝的具体指导和热情帮助。

译者

2022.4

目录

第1章

机载雷达对气象目标参数的探测与评估

1.1 飞行器在风和大气湍流中的飞行

大气的各种扰动,是对飞行中的飞行器造成危险影响的、最常发生的不利环境条件之一[1](表1.1)。由于飞行强度的增加及可飞行条件的要求降低,飞行器进入这种区域的概率明显增加。

表1.1 对飞行器飞行有潜在危险的大气扰动因素

项目标号	参数	参数值			
		弱	适中	严重	非常严重
1	30m高度垂直风切变/(m/s)	0~2.0	2.1~4.0	4.1~6.0	>6
2	距离600m的水平风切变/(m/s)	0~2.0	2.1~4.0	4.1~6.0	>6
3	速度波动的RMSD/(m/s)	0~1.5	1.5~3.0	3.0~4.5	>4.5
4	过载/g	0~0.2	0.2~0.4	0.4~0.6	>0.6
5	湍流动能耗散速度/(m^2/s^3)	0~0.001	0.001~0.01	0.01~0.04	>0.04
6	对飞行器控制的影响	无影响	有影响	影响较大	危险

1.1.1 地球边界层的空间风场

为了评估风对飞行器飞行的影响,我们考虑空间某一点的风速矢量 $\boldsymbol{V}$ 及其在地球坐标系轴线上的投影 $\boldsymbol{V}_x$、$\boldsymbol{V}_y$、$\boldsymbol{V}_z$(图1.1)。在扰动的大气中,由于脉动的出现,气流通过所有轴时都会发生不规则改变。同时,每个轴上的总风速将由一个平均值 $\overline{V}$ 和一个随机偏差 $\boldsymbol{V}'$ 组成,即

$$\boldsymbol{V}_x=\overline{V}_x+\boldsymbol{V}'_x,\boldsymbol{V}_y=\overline{V}_y+\boldsymbol{V}'_y,\boldsymbol{V}_z=\overline{V}_z+\boldsymbol{V}'_z$$

式中:$\overline{V}_x,\overline{V}_y,\overline{V}_z$ 和 $\boldsymbol{V}'_x,\boldsymbol{V}'_y,\boldsymbol{V}'_z$ 分别为在坐标轴方向上风速的平均值及其与平均值的偏差。

因此,在三轴 OX、OY 和 OZ 上的风速空间场特性的变化可以用18个分量来描述,即

$$\frac{\partial \bar{V}_x}{\partial x},\frac{\partial \bar{V}_x}{\partial y},\frac{\partial \bar{V}_x}{\partial z};\quad \frac{\partial \boldsymbol{V}'_x}{\partial x},\frac{\partial \boldsymbol{V}'_x}{\partial y},\frac{\partial \boldsymbol{V}'_x}{\partial z}$$
$$\frac{\partial \bar{V}_y}{\partial x},\frac{\partial \bar{V}_y}{\partial y},\frac{\partial \bar{V}_y}{\partial z};\quad \frac{\partial \boldsymbol{V}'_y}{\partial x},\frac{\partial \boldsymbol{V}'_y}{\partial y},\frac{\partial \boldsymbol{V}'_y}{\partial z}$$
$$\frac{\partial \bar{V}_z}{\partial x},\frac{\partial \bar{V}_z}{\partial y},\frac{\partial \bar{V}_z}{\partial z};\quad \frac{\partial \boldsymbol{V}'_z}{\partial x},\frac{\partial \boldsymbol{V}'_z}{\partial y},\frac{\partial \boldsymbol{V}'_z}{\partial z} \tag{1.1}$$

风速平均值的空间变化表征了相应轴线上空气层的风切变和风速的小尺度随机变化(以一条直线)——湍流度。

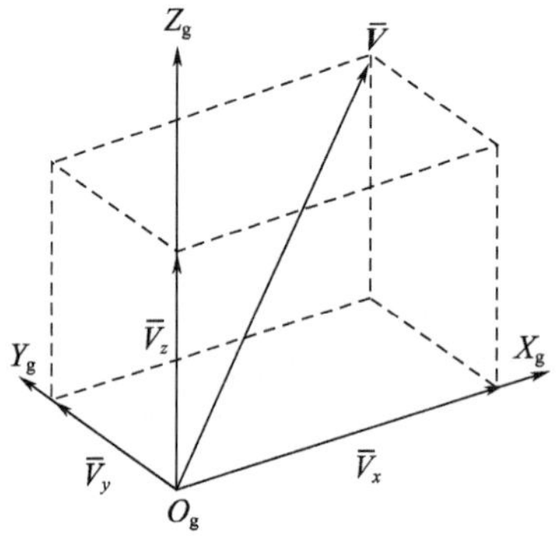

图 1.1　与地球坐标系有关的风速分量

1.1.2　风切变

根据国际民用航空组织(ICAO)的建议,风切变(Wind Shear,WS)等于空间中两个远距点的风速与它们之间距离的矢量差[2-3]。风切变表示在飞行器急剧偏离计划轨道时,风速和/或风向的急剧变化,此时要求飞行器控制组人员做出额外的行动[3-4]。

风切变对飞行器飞行的影响是在风速和风向急剧变化的情况下,飞行器气流条件随着接近气流(其风速、风攻角、滑动)的变化而变化。同时,由于飞行器的惯性和发动机工作模式改变的延迟,飞行速度会暂时保持不变。空速的急剧变化导致相应空气动力(升力)的变化,这种变化与空速的平方成正比,并破坏力和力矩的平衡,从而对飞行器造成影响[3-5]。恢复飞行模式的转换过程需要一定的时间,在这段时间中飞行器会偏移设定的轨道,偏移的时间取决于风切变的大小、风切变的影响时间以及用来抵消它所用的延迟。当观察到飞行器沿轨迹飞行中出现风切变符号反向的情况时,机组人员为补偿先前的影响而采取行动所带来的延迟可能会导致新的影响。例如,以风切变为代价降低风速的同时减少发动机的风量,可能会对飞行器整体造成危险。

风切变矢量$\boldsymbol{v}_\beta$可以用旋转的模数和角度来表征:

$$\begin{cases} |v_\beta| = \partial \overline{V}/\partial r \approx \Delta \overline{V}/\Delta r \\ \varphi_\beta = \angle(V_1 V_2) \end{cases} \tag{1.2}$$

式中：$\Delta \overline{V} = |V_2 - V_1|$为两点风速矢量差分模数；$\angle(V_1 V_2)$为两点之间的风速矢量角度；$\Delta r$ 为点之间的距离（通常是 30m 的高度或 600m 的距离[6-7]）。

风切变的定义，是由小尺度湍流脉动在过滤后进行风速测量得出的。

另外，根据式（1.1），可以通过相应的速度投影来估计风切变。从上面列出的因素来看，对飞行器来说，最大的危险是由 $\partial \overline{V}_x/\partial x$ 和 $\partial \overline{V}_x/\partial z$[3] 构成的。$\Delta z$ 层中 $\partial \overline{V}_x/\partial y$ 和 $\partial \overline{V}_z/\partial x$ 的变化很小，并且它们对飞行器飞行的影响可以忽略不计，这是因为通常飞行器在水平方向上经过的距离要比垂直方向上经过的距离多 1～2 个数量级。但是，在某些情况下（如超级单体雷暴），当 $\partial \overline{V}_z/\partial z$ 的值变得相当大且情况危险时（在高度为 30m 时超过 10m/s），可能会存在小尺度涡，但这种概率很小且不会超过10^{-8}[4]。

在美国国家航空航天局（NASA）和 Rockwell Collins 航空电子公司（美国）的工作中，Bowles[8-9] 提出衡量风切变的危险程度（或风切变危险指数）参数 F。F 表征风切变影响下飞行器总能量的变化，并由下式定义，即

$$F = \dot{V}_x/g - W_Z/W_x \tag{1.3}$$

式中：$\dot{V}_x$为风速水平投影变化的速度；g 为向下的加速度；W_x和W_z分别为飞行器空气速度的水平投影和垂直投影。

参数 F 取正值和飞行器总能量的 v 减少相关。飞行器总能量的降低是由于其势能的降低（在飞行器下降，$W_Z < 0$ 时），或者是由于飞行器前风加强致使其动能降低而导致的，此时$\dot{V}_x > 0$。

同时，风速的水平投影的变化速度是风的气象特性飞行器轨迹参数的函数，即

$$\dot{V}_x = \frac{\partial V_x}{\partial x}\dot{x} + \frac{\partial V_x}{\partial z}\dot{z} + \frac{\partial V_x}{\partial t} \tag{1.4}$$

式中：第一个被加数代表水平风切变沿着飞行器轨迹 $\partial V_x/\partial x$ 和飞行器地面速度 $\dot{x}$的乘积；第二个被加数代表纵向风的垂直剪切力 $\partial V_x/\partial z$ 和飞行器下降速度 $\dot{z}$ 的乘积；第三个被加数代表纵向风速随时间变化的快慢程度。

式（1.3）和式（1.4）仅根据飞行器总能量及其空速的瞬时值来描述风切变影响。要把参数 F 当作危险程度的指标，必须将其对沿着飞行轨迹的一定距离取平均值。基于实验室飞行器与数学模型的全面测量结果，美国联邦航空管理局（FAA）把平均距离确定为 1km。同时，$\overline{F} > 0.1$ 时被定义为危险，并且警报信号的阈值对应于$\overline{F} \geqslant 0.13$。

1.1.3 大气湍流

造成大气湍流的主要原因是各种过程中产生的风场和温度场的反差：下层风较大的垂直梯度，山脉造成的气流形变，下垫面各点加热不均，云的形成，不同性质气团的相互作用。大气中的旋转运动通常以在同一气流中以各种速度移动的大小不同的涡流来表征。

湍流的脉动，特别是垂直风速（垂直阵风）上的脉动，造成了飞行器在垂直平面上的剧烈运动，这种"颠簸"的特征包括随信号变化的加速度、飞行器重心的线性波动及和重心相关的角波动。同时，飞行器的飞行高度、航向、速度和飞行模式会产生大限度的突变，使飞行器的稳定性和可控制性变得更糟糕。除此之外，这种"颠簸"还会给结构元件带来额外负载，增大飞行器独立单元的磨损。大气湍流对飞行器飞行的影响程度取决于飞行器的大小和其经过的受干扰区域，以及两者相互运动的速度和方向，这种相互运动决定了空气速度变化的快慢、飞行器攻角和滑动角。

实验[4,10]发现，在大气各级云层中比在晴空中更常出现"颠簸"。同时，它在各种形态云层中的可重复性并不相同，这取决于不同类型云层的产生原因。最常见的情况是，密集的"颠簸"发生在积云中。同时，湍流阵风（涡）的尺寸相当小（在积云中只有几十米，在积雨云中最高可达1000m），与飞行器大小相当。

让我们考虑湍流运动在地球坐标系轴线的投影（图1.1）。平均而言，OX轴和OY轴上的阵风是无关紧要的，速度为0.2～0.5m/s，尽管滚动稳定力矩的运动会导致飞行器剧烈滚动[11]。但一般来说，在计算中是不用考虑的[12]，小规模涡旋（这里$\partial \boldsymbol{V}'_x/\partial z$和$\partial \boldsymbol{V}'_z/\partial z$的值往往超过10m/s）循环所产生的条件是例外情况。除了出现"颠簸"，湍流垂直阵风也具有危险性，其可能导致飞行器形成攻角，使飞行器稳定性大大降低。

作为湍流的第一近似值，湍流引起的小规模空气流的速度场可以由关于匀速和各向同性湍流的 Kolmogorov – Obukhov 理论[13]描述。值得注意的是，由风场分层及上升和下降的对流所引起的大尺度分量与气团运动的小尺度分量之间的边界是有严格条件的。不均匀风流的相关空间半径或湍流的外部尺度 L0 可以作为边界。在云层中，L0 的值可以从几百米到几千米[14]之间变化。

根据 Kolmogorov – Obukhov 理论，在湍流内部尺度的惯性区间（l0，L0）内，湍流运动的速度场在整个飞行时间内都可以视为"冻结"的（泰勒假设）。这是由于和湍流运动速度相比，飞行器自身飞行速度较高，因此在飞行器气流快速通过强关联性距离段的过程中，风速场没有明显的改变。这意味着，对于均匀各向同性的湍流，相对于湍流在飞行器运动方向上的空间截面，和在其轨迹上任何点的时间截面来说，能量分布都是不变的。

大气湍流危险程度的关键指标是由飞行器“颠簸”引起的过载指数 n[10,15]。过载的值既取决于湍流气象目标的特性，也取决于飞行器的设计参数。另外，湍流阵风的空间场可以用空气环境速度分量小尺度变化的结构函数来描述。特别地，第 i 个速度分量的结构函数可以表示为

$$D_i(\boldsymbol{r}) = \langle [\boldsymbol{V}'_i(\boldsymbol{R}+\boldsymbol{r}) - \boldsymbol{V}'_i(\boldsymbol{R})]^2 \rangle \tag{1.5}$$

式中：$\boldsymbol{r}$ 为任意两点之间的矢量。

$D_i(\boldsymbol{r})$ 值由点 $\boldsymbol{r}$ 和湍流动能 ε 的耗散速度决定，表示湍流的强度，表达如下：

$$D_i(\boldsymbol{r}) = C_i^2 \varepsilon^{2/3} \boldsymbol{r}^{2/3}$$

式中：C_i^2 为结构常数。

需要注意的是，速度纵向分量（与矢量 $\boldsymbol{r}$ 的方向有关）的常数 C_l^2 和速度横向分量的常数 C_t^2 有下列依赖关系：

$$C_{tt}^2 = 4/3\ C_{ll}^2$$

湍流内部尺度的 l_0 值由 ε 和运动黏度 v 决定：

$$l_0 = 5\pi\ (v^3/\varepsilon)^{1/4}$$

在对流层的所有厚度内，其数量级为毫米或厘米。

总结上述结果，可以观察到以下特点：

（1）风切变的危险在于飞行器风速急剧变化，从而导致飞行器与设定轨迹的偏移。对飞行器威胁最大的情况是，在飞行器着陆时发生纵向风的纵向切变与垂直切变。

（2）风速的强烈湍流脉动引起飞行器的颠簸。与此同时，飞行器飞行的高度、航向、速度、航行模式发生大限度突变，会使飞行器稳定性和可控制性变差。最强烈的颠簸是由与飞行器大小相当的湍流阵风引起的。

1.2　使用机载雷达探测风切变和强湍流区

强对流区域与水蒸气冷凝（伴有云层形成和降水）之间的高度相关性（附录A）使得我们可以利用小水滴气相来追踪空气流动的运动。探测多云气象目标密集危险区域的主要设备是可提供大范围服务的3cm范围雷达。

在3cm范围的电磁波（EMW）辐射下，气象目标（meteorological object，MO）表示由大量被意外监测到的并且独立运动的基本反射物——水汽凝结体（hydrometeor，HM）[16]所组成的空间分布雷达目标。在这种情况下，气象目标的检测和危险程度评估问题，实质上就变成了在干扰和噪声背景下，对气象目标雷达信号的检测，以及对其数字信号参数的测量问题。

我们将所有的气象目标体积分解为 $V_u = V_u[\delta r, \delta\alpha, \delta\beta]$（图1.2），它们的大

小由距离、方位角和位置角确定的雷达分辨率(分别为 $\delta r,\delta\alpha,\delta\beta$)决定。

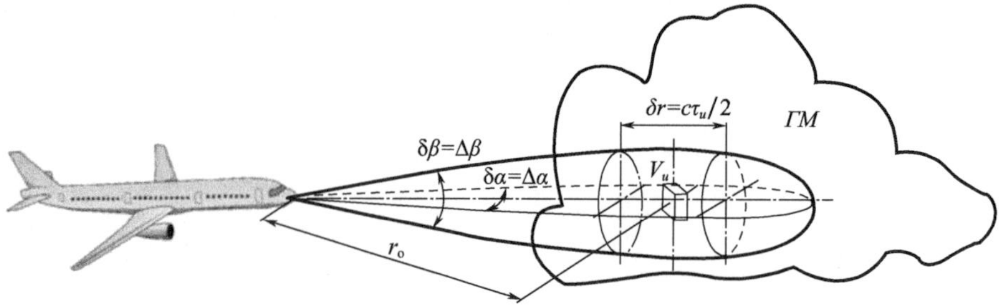

图 1.2　水汽凝结体允许体积的空间位置

忽略电磁波在气象目标体积中的多重散射和吸收,即在一个雷达接收器输入中任何允许的体积所反射的总信号,就可以表示下列形式中基本反射体分量的叠加:

$$s(t) = \sum_{V_u} s_n(t) \tag{1.6}$$

$$s_n(t) = A_n(t)\exp[-\mathrm{j}2\pi f_0 t + \mathrm{j}\varphi_0] \tag{1.7}$$

式中:$s_n(t)$为进入V_i体积的第 n 个水汽凝结体反射的信号;$A_n(t)$为第 n 个水汽凝结体反射的信号幅度;f_0为雷达探测信号(移相器)的载波频率;φ_0为雷达探测信号(移相器)的初始相位。

值得注意的是,任何水汽凝结体的信号都远小于V_i体积所反射的总信号,即假设分离的大粒子("亮点")具有高有效回波比(effective echoing ratio,EER),并且不是气象目标的一部分。

让我们假设进入V_i体积的每个基本反射体都以速度$\boldsymbol{V}_n$运动。径向的风速梯度(切变)、湍流、不同重量的反射体的重力带来的不同影响都可能造成不同水汽凝结体的不同速度。在风的影响下,反射体进入允许体积并参与以下两种类型的运动:

(1) 大尺度上,造成所有反射体在允许体积内的规律运动;

(2) 小尺度上,表示反射体沿允许体积中心的随机运动。

因此,任何反射体的速度都包含两个分量,并由以下矢量表达式定义:

$$\boldsymbol{V}_n = \overline{\boldsymbol{V}} + \boldsymbol{V}_{\Delta n} \tag{1.8}$$

式中:$\boldsymbol{V}_n$为第 n 个反射器速度矢量作为允许体积的一部分;$\overline{\boldsymbol{V}}$为反射体大尺度运动的速度矢量;$\boldsymbol{V}_{\Delta n}$为第 n 个反射体的小规模运动的速度矢量。

(3) 第 n 个反射体速度的径向投影值,可以表示为

$$V_n = \overline{V} + V_{\Delta n} \tag{1.9}$$

式中:V_n为第 n 个反射器的速度的径向投影;$\overline{V}$为大尺度运动的速度的径向投影;

$V_{\Delta n}$为第 n 个反射体小尺度运动速度的径向投影。

如果引入 $S(V)$ 函数来确定这个允许体积反射体的径向速度的分布(频谱),那么 $S(V)$ 的最大值对应于所有体积V_i的运动的某个平均速度$\overline{V}$,这个值可以被当作对大尺度运动速度的径向分量的评估。

不同水汽凝结体的速度离差相对为$\overline{V}$,由可用于反射器小尺度运动强度评估的径向速度 ΔV 频谱的均方根(RMS)宽度来表征。

水汽凝结体的重定位导致多普勒频移的反射信号$f_{\partial n}(t)$出现。

$$f_{\partial n}(t) = \pm 2\,\frac{\partial_n}{\partial t}f_0 = \pm \frac{2\,V_n(t)}{c}f_0 \tag{1.10}$$

式中:V_n为从雷达到反射体的范围;c 为电磁波在空间中的分布速度。

多普勒频移的符号由反射器相对于雷达的移动方向定义。因此,由一组体积V_i中独立移动的水汽凝结体反射的信号(式(1.6)),将包括与不同基本反射体速度的径向分量频谱对应的频谱,并且对于允许体积内任意数量的水汽凝结体,粒子运动的速度谱与气象目标[17]所反射的无线电信号的多普勒谱(Doppler Spectrum,DS)明确地联系在一起。

$$S(V)\,\mathrm{d}V = S(f_\partial)\,\mathrm{d}f_\partial \tag{1.11}$$

反射体的相互移动导致信号频谱的宽度与载波频率相比很小。因此,允许体积所反射的信号将代表一个窄带随机过程,该过程在时域中可以表达如下:

$$s(t) = A(t)\exp[-\mathrm{j}2\pi f_0 t + \mathrm{j}\varphi_0 + \mathrm{j}\varphi(t)] \tag{1.12}$$

式中:振幅 $A(t)$和相位 $\varphi(t)$是随机值,因为水汽凝结体的时空分布以随机方式变化,所以允许的气象目标体积反射的信号有波动。由于风、湍流、方向图(directional pattern,DP)扫描、飞行器的运动或其他原因所导致的反射体沿雷达天线系统(antenna system,AS)方向图的运动,可能是产生波动的原因。波动的形式和持续时间取决于探测信号(移相器)的形式和持续时间、方向图形式,以及飞行器的运动、方向图的扫描或反射体运动的规律。

对允许的水汽凝结体(气象目标)体积反射雷达信号的检测是检验假设[18]统计理论任务中的一个特例。根据这一理论,在每个允许体积的似然比或明确功能形成时有干扰和内部接收噪声的背景下,对气象目标信号的探测过程进行阈值处理,并且做出潜在危险物体不存在("0")或存在("1")的判断。在分析雷达接收器工作特性的基础上,可以估计气象目标反射信号检测的质量。检测效率的标准,是正确检测的概率p_D和错误警报的概率p_F,表示一个二阶概率矩阵的元素[19]:

$$\underline{\boldsymbol{P}} = \begin{bmatrix} p_{00} & p_{01} \\ p_{10} & p_{11} \end{bmatrix}$$

式中:$p_{10} = p_\mathrm{F}$为错误警报的概率;$p_{11} = p_\mathrm{D}$为正确检测到气象目标信号的概率;

p_{00}为正确未检测到气象目标信号的概率;p_{01}为允许输入气象目标信号的概率。

让我们注意到,对于特定的概率,满足以下条件:

$$p_{00}+p_{10}+p_{01}+p_{11}=1$$

为了评估处理效率的概率标准,有必要定义由允许的气象目标体积反射信号(式(1.12))的统计特性,特别是振幅A分布的一维定律。这种分布与特定有效回波比在气象目标体积上的分布有关,并且通常用 Nakagami - m 分布模型[19-20]来描述:

$$w(A)=K_{\mathrm{m}}A^{2m-1}\exp(-mA^2) \tag{1.13}$$

式中:K_{m}为归一化常数,$K_{\mathrm{m}}=2\,m^m/\Gamma(m)$。

通常在允许的体积内,存在大量的反射体,波动的频率相当高并且填充反射体的区域大于V_i;这是由于允许体积沿着波束探测产生运动时进入体积内的一部分反射体和脱离体积的一部分反射体产生了一系列干扰。在文献[21-23]中,证明了在这种情况下,根据概率的中心极限定理,可以将所考虑的随机过程视为狭义的高斯过程,即任何阶数的概率分布密度都是高斯分布。在这种情况下,在分布(式(1.13))中,参数$m=1$且 Nakagami - m 分布变为瑞利分布:

$$w(A)=2A\exp(-A^2)$$

通过比较雷达接收器输出的有用信噪比(signal - noise power ratio,SNR)q与阈值[24],允许的气象目标体积反射的信号的检测过程归结为在波动噪声背景下对瑞利信号的检测[19]:

$$q_n=(\ln p_{\mathrm{F}}/\ln p_{\mathrm{D}})-1 \tag{1.14}$$

考虑到对危险区飞行操作的安全性要求[25],气象目标检测的质量应通过以下指标表征:$p_{\mathrm{D}}\geqslant 0.9$,且$p_{\mathrm{F}}\leqslant 10^{-4}$[26-27]。根据式(1.14),在这种情况下,$q_n>$ 64dB(18dB),并考虑到在处理4~7dB的信噪比时,损耗系数应在22~25dB的限制范围内。

由于式(1.14)表示了在错误警报概率p_{F}为固定值的情况下,信噪比中正确检测概率p_{D}所依赖的雷达接收器的操作特性是单调递增的函数,因此,可以继续分析相应的功率标准而无须考虑雷达信息处理效率的概率标准:

(1) 阈值检测设备输入端的信噪比;

(2) 信噪比的改善系数。

阈值设备输入端的信噪比值允许定义气象目标的可观察性及其检测的可能性,而前提是知道信噪比值可以为开发的检测算法计算出正确检测和错误警报的概率。此外,该标准还允许定义在已开发干扰目标的情况下,确定处理过程的基本费用。

信噪比的改进系数由以下表达式定义[28]:

$$K_y = 10\lg \frac{q_{\beta blx}}{q_{\beta x}} 10\lg \frac{(P_c/P_{ul})_{\beta blx}}{(P_c/P_{ul})_{\beta x}} = 10\lg \frac{P_{c\beta blx}}{P_{c\beta x}} + 10\lg\left(\frac{P_{ul\beta x}}{P_{ul\beta blx}}\right) = K_c K_{ul} \tag{1.15}$$

式中：P_c为允许的气象目标体积反射的信号功率；P_{ul}为波动噪声的功率；K_c为增强有用信号的系数；K_{ul}为噪声抑制系数。

改进系数（式（1.15））同时反映了噪声抑制程度和气象目标反射有用信号的放大程度。

在允许体积内，对反射信号的平均能量检测器的阈值处理的实现，是现有的非相干机载气象雷达的特点。但是，由双向一对一通信（式（1.11））、反射信号的数字信号和基于多普勒频谱参数评估的径向气象目标速度频谱，可以计算出相应的气象特征的$\overline{V}$和 ΔV 值。特别地，多普勒频谱的 3 个第一矩可用于气团运动的速度参数 $S(f_\partial)$[29] 的评估。

（1）多普勒频谱的零矩由允许的气象目标体积反射的信号的平均功率表示：

$$M_0[S(f_\partial)] = \overline{P}_c = \int S(f_\partial)\,\mathrm{d}f_\partial \tag{1.16}$$

（2）通常，频谱的第一阶矩等于与允许体积的平均径向速度成比例的平均多普勒频率表示：

$$M_1[S(f_\partial)] = \bar{f}_\partial = \frac{1}{\overline{P}_c}\int f_\partial S(f_\partial)\,\mathrm{d}f_\partial = \frac{2\overline{V}}{\lambda} \tag{1.17}$$

式中：$\lambda = c/f_0$为雷达的探测信号波长。

（3）第二个中心力矩等于数字信号离差，并定义了允许体积内的反射体速度的离差 ΔV^2。

$$M_2[S(f_\partial)] = (\Delta f_\partial)^2 = \frac{1}{\overline{P}_c}\int (f_\partial - \bar{f}_\partial) S(f_\partial)\,\mathrm{d}f_\partial = \frac{4\Delta V^2}{\lambda^2} \tag{1.18}$$

风速（风切变）$\overline{V}$梯度的存在，使得在间隔的允许体积中平均径向风速值不同。因此，为了确定特定方向上风切变的值，有必要估算在一定距离 Δr 间隔的允许体积中，平均多普勒频率的差值，则风速梯度（或 WV 值）（式（1.2））为

$$|\boldsymbol{v}_\beta| = \frac{\partial \overline{V}}{\partial r} \approx \frac{\Delta \overline{V}}{\Delta r} = \frac{|\overline{V}_2 - \overline{V}_1|}{\Delta r} = \frac{\lambda}{2\Delta r}|\bar{f}_{\partial 2} - \bar{f}_{\partial 1}| \tag{1.19}$$

首先，由大气湍流引起的反射体小规模运动的参数可以通过分析每个允许体积中数字信号的离差（即均方根宽度）来确定。对于其谱密度由柯尔莫哥洛夫－奥布科夫定律描述的均匀的局部和各向同性湍流，文献［16,30］中指出频谱的均方根宽度取决于湍流的大小 L：

$$\Delta f_t^2 = A_t \lambda^{-2} C_t \varepsilon^{2/3} L^{2/3}$$

式中：A_t、C_t均为常数。

由于尺度为 L 的湍流与允许体积的线性尺寸下的均匀性和各向同性，以及

"冻结"湍流[31]的泰勒假设,由湍流引起的气象目标信号的数字信号是关于$\bar{f}_\partial$对称的,对应于允许体积的平均速度。

以上所考虑的信噪比值还决定了对反射信号非功率参数检测的潜在准确性,这些信号包括了数字信号的平均频率$\bar{f}_\partial$和宽度Δf_∂。特别地,评估的准确性由估算误差的均方根值来表征[32]。

$$\sigma_\xi = \sqrt{D(\hat{\hat{\hat{\xi}}} \mid \xi) + b^2(\hat{\hat{\hat{\xi}}} \mid \xi)}$$

式中:σ_ξ为评估的均方根误差;$\hat{\xi}$为从真实值ξ得到的信号非功率参数;$D(\hat{\xi} \mid \xi) = M\{[\hat{\xi} - M\{\hat{\xi}\}]^2\}$和$b(\hat{\xi} \mid \xi) = M\{\hat{\xi} - \xi\}$分别为信号非功率参数评估的离差和偏移。

在测量仪器(鉴别器)的理想直线特性下,非功率参数的评估不会发生偏移[19],并且准确度完全由评估的离差值确定,离差的最小可能值由 Cramer - Rao 不等式[24]确定:

$$D(\hat{\xi} \mid \xi) = -\left[M\left\{\frac{\partial^2}{\partial \xi^2}\ln\Lambda(y \mid \xi)\right\}\right]^{-1}$$

式中:$\Lambda(y \mid \xi)$为条件似然比。

对于具有随机幅度A、初始相位φ_0的信号,气象目标信号的多普勒频移评估中的 Cramer - Rao 表达式的边界值表达式变为下列形式[19,33]:

$$D(f_\partial) = -\left[q^2 \frac{\partial^2}{\partial f_\partial^2}\rho(0, f_\partial) \mid f_\partial = 0\right]^{-1} = \frac{1}{q^2 \tau^2_{\ni k\beta}}$$

式中:$\rho(0, f_\partial)$为二维额定时频自相关函数(ACF)[33]的剖面;$\tau_{\ni k\beta} = \sqrt{-\frac{\partial^2}{\partial f_\partial^2}\rho(0, f_\partial) \mid f_\partial = 0}$为$R$信号的等效时间。

为了提供气象目标信号多普勒频移评估的精度$D(f_\partial)$,需要在处理装置的输入端定义信噪比值,即

$$q_n = [1 - 2\rho_k k_Д \mid \hat{f}_\partial - f_\partial \mid + (k_Д \mid \hat{f}_\partial - f_\partial \mid)^2] / [k_Д^2 D(\hat{f}_\partial, f_\partial)] \quad (1.20)$$

式中:ρ_k为信号的信道间相关系数;$k_Д$为测量仪器的无偏特征的斜率。

在波动噪声的影响$\rho_k = 1$的情况下做无偏移评估,式(1.20)变换为

$$q_n \approx \Delta F(1 - f_\partial / \Delta F) / \delta(f_\partial)$$

式中:ΔF为测量仪器的带宽宽度(由取决于风速的可能脉动范围、模式宽度和扫描规律的气象目标信号的光谱宽度定义)。

对于$\Delta V_{\mu\alpha\xi} = 10\text{m/s}$[34]且要求值$\delta(f_\partial) = 1\text{m/s}$[35]的标准机载雷达,有必要保证$q_n \geq 600$(不小于27dB)。此外,在确定阈值比时,有必要考虑由于雷达接收器自身噪声在处理设备输出端变得相关而引起的处理路径[36]中的损耗。在这种

情况下，损耗不超过 2.5dB[37]。

在对反射信号的数字信号的力矩分析的基础上，对风切变和湍流的危险程度评估效率进行表征的主要统计参数包括正确估计概率 p'_{D} 和错误警报概率 p'_{F}，这些概率完全由数字信号相关参数评估的准确性所决定。

由于可以用对应平均值（对应于参数的真实值）和对齐随机过程（即噪声测量）之和来表示气象目标允许体积中的平均速度和粒子速度频谱宽度估计值，正确评估的概率 p'_{D} 等于估计的相应参数允许值不超过均方根误差的概率 σ_{HOPM}：

$$p_{\mathrm{D}}^{c\beta} = p(|\sigma_{\bar{V}}| \leqslant \sigma_{\mathrm{HOPM}}) = \int_{-\sigma_{\mathrm{HOPM}}}^{\sigma_{\mathrm{HOPM}}} w_1(\sigma_{\bar{V}})\mathrm{d}\sigma_{\bar{V}} \tag{1.21}$$

$$p_{\mathrm{D}}^{m} = p(|\sigma_{\Delta V}| \leqslant \sigma_{\mathrm{HOPM}}) = \int_{-\sigma_{\mathrm{HOPM}}}^{\sigma_{\mathrm{HOPM}}} w_1(\sigma_{\Delta V})\mathrm{d}\sigma_{\Delta V} \tag{1.22}$$

式中：$p_{\mathrm{D}}^{c\beta}$ 为正确评估危险风切变的概率；p_{D}^{m} 为正确评估危险湍流的概率；$w_1(\sigma_{\bar{V}})$ 和 $w_1(\sigma_{\Delta V})$ 分别为 HM 速度谱的平均速度和 RMS 宽度估计值误差的一维概率密度。

确定危险现象检测时的误报概率 p_{F}：

$$p_{\mathrm{F}}^{c\beta} = p(\sigma_{\bar{V}} > \sigma_{\mathrm{HOPM}}) = \int_{\sigma_{\mathrm{HOPM}}}^{\infty} w_1(\sigma_{\bar{V}})\mathrm{d}\sigma_{\bar{V}}$$

$$p_{\mathrm{F}}^{m} = p(\sigma_{\Delta V} > \sigma_{\mathrm{HOPM}}) = \int_{\sigma_{\mathrm{HOPM}}}^{\infty} w_1(\sigma_{\Delta V})\mathrm{d}\sigma_{\Delta V}$$

飞行器自身的运动导致气象目标传播粒子相对于雷达天线系统相位中心（ASFC）的额外移动，因此导致了其他分量反射信号的数字信号出现，并使反射体的径向速度频谱失真。这种情况导致在评估信号的雷达参数时需要补偿雷达飞行器自身的运动[38]。

飞行器速度的径向分量，首先会导致沿以下给定值频率轴的反射信号（无形变）的全部数字信号的切变（图 1.3）。

$$\bar{f}_{\partial\beta} = 2\,W_r/\lambda \tag{1.23}$$

式中：$W_r = W\cos\theta_0$ 为雷达飞行器速度的径向分量。其中，$\boldsymbol{W}$ 为雷达飞行器行进速度的矢量；$W = \sqrt{W_r^2 + W_\tau^2}$ 为飞行器的行进速度的模；θ_0 为图中一个轴和飞行器速度矢量的夹角；$W_\tau = W\sin\theta_0$ 为飞行器速度的切向分量，$\cos\theta_0 = \cos\alpha_0\cos\beta_0$，$\sin\theta_0 = \sqrt{\sin^2\alpha_0 + \cos^2\alpha_0\sin^2\beta_0}$。

此外，在信号处理过程中[23]，飞行器（在气象目标仰角小时）的高速径向移动速度还导致了允许的气象目标体积中反射体结构的明显变化。这是由于在计算谱参数时，使用了在移相器辐射力矩相关的固定时间点确定的，以重复周期为

T_p平均地互相远离的反射信号的读数。同时，对和雷达一起移动、并在允许体积内和雷达保持固定距离的信号进行了处理，如图 1.4(a)所示。

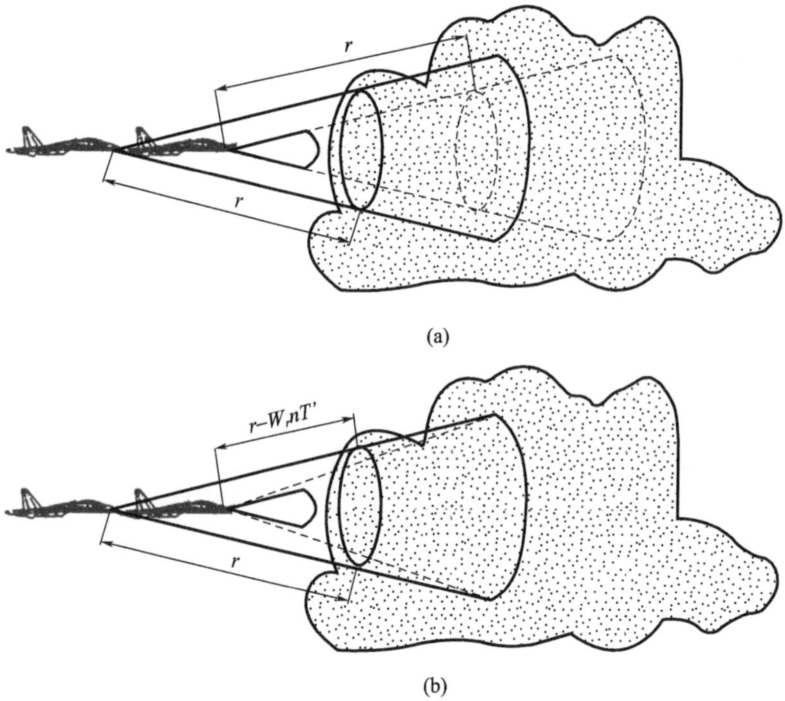

图 1.3　气象目标反射信号雷达多普勒频谱型中雷达飞行器运动的影响

在飞行器运动中，允许体积的空间位置变化会导致形成V_i信号的反射体结构变化，从而导致反射信号去相关，其表现为信号的波动频谱的扩大（被称为在固定范围内的“波动”）。

移动雷达接收信号的数字信号扩大还有另一个原因。例如，由飞行器的切向运动引起的反射体的规则交叉运动（和辐射方向有关）也会导致信号的扩大[39-40]。

为了排除由飞行器的径向和切向运动引起的信号波动，允许体积的位置必须稳定在空中与雷达天线系统相位中心（APC）相关的地方（图 1.4(b)），换句话说转移天线系统相位中心的位置，以便在处理反射信号时，其相对于允许的气象目标体积中心的位置保持恒定（即雷达“准静止”模式）。

为了在有严重风切变和剧烈大气湍流的多云气象目标区内进行探测，以及为了对 3cm 电磁波范围的雷达危险程度进行评估并提出解决特定任务的最佳方案，我们有以下结论：

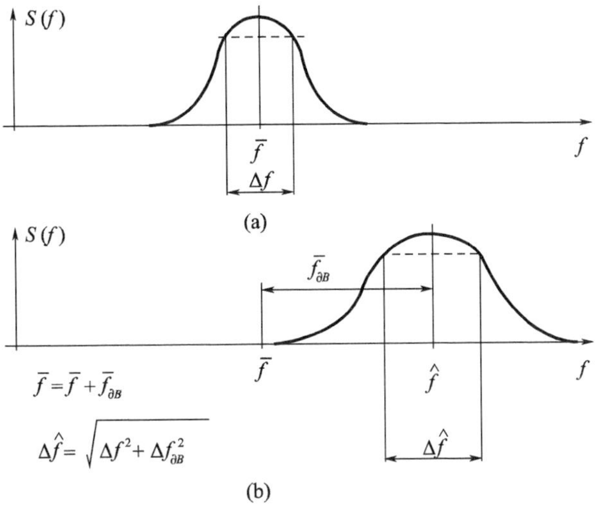

图 1.4　基于支撑量改变合成可辨雷达体积
(a)固定范围;(b)可变范围。

(1) 气象目标代表由一组大量意外定位并独立移动的基本反射体(也就是水汽凝结体)组成的空间(体积)分布的雷达目标。它们移动中的信息包含在反射信号的数字信号中,因此,为了评估危险程度,雷达应该保证每个信号频谱的3个初始矩在允许的范围内。

(2) 飞行器自身的运动导致沿雷达天线系统相位中心的气象目标反射体的额外运动,使其径向速度的有效频谱显著失真。因此,在危险气象目标区域的探测过程中,有必要对飞行器自身的运动进行补偿。

(3) 气象目标检测任务及其危险程度的评估,实际上可归结为在噪声背景下检测气象目标反射的雷达信号及评估数字信号参数的任务。为了得到任务的可靠解决方案,必须在允许的体积范围内提供不低于 28 ~30dB 的信噪比。

1.3　在探测危险风切变和湍流区域时对机载雷达的要求

可以将视域区、视域区周期、范围分辨率、角坐标和角速度、坐标和运动参数测定的准确度等纳为对危险气象目标区域探测有显著影响的雷达策略特征[40]。

雷达的类型和参数、定向图的形式、雷达接收器的势能和动能属于危险气象目标区域检测精度的雷达技术特征。

1.3.1　雷达检查的区域、方法、周期要求

用于危险气象目标区域探测的雷达视域区应当提供初步探测和旁路的可能

性。视域区的边界由雷达的范围和方位角及仰角的视域部分来确定。

把飞行器的飞行速度、可容许过载、探测时间、机组人员干预飞行器控制的时间、通风口进入标准模式的时延等纳入考虑后,雷达范围(潜在危险气象目标的探测范围)大约是200km[3,43-44]。对于超声速飞行器,此值增加到600km。另外,对风切变危险的检测和评估通常是在出现低有效回波比(EER)的气象目标的情况及在方向图旁瓣的密集反射的条件下进行的。因此,雷达应当在10~20km的范围内寻找危险风切变的区域[27]。

大多数现代飞行器上的雷达天线系统放置在飞行器机身前锥体中。因此,在前半球(方位角为±90°~±100°,仰角为±25°的扇形)上实现扇形视图实际上是可行的[43]。当方向图在仰角上的偏差较大时,下层表面(underlying surface,US)反射的信号功率会显著增加。

为了一次通过方向图并提供检测目标和测量参数所必需的概率特征,角坐标上的视域速度由在目标中收到的必要数量脉冲 M 来定义。M 的值取决于移相器的重复周期T_n和观察(分析)目标的时间T_A。

整个区域单视图的周期为[30]

$$T_{o\sigma 3} = T_A N_A$$

式中:$T_A = MT_n/N_r$;$N_A = N_\alpha N_\beta N_r$为分辨率元素的数量(允许的体积),其中$N_r = r_{\max}/\delta r$ 为分辨率元素在该范围内的数量,$N_\alpha = \Phi_\alpha/\delta\alpha$ 为方位角上分辨率元素的数量,$N_\beta = \Phi_\beta/\delta\beta$ 为仰角上分辨率元素的数量,Φ_α、Φ_β分别为视域仪在方位角和仰角上的大小。

另外,视域仪的查看周期由扫描扇形的大小和扫描角速度确定[40]:

$$T_{o\sigma 3} = k_{o\sigma 3}\frac{\Phi_\alpha \Phi_\beta}{\Omega_\alpha \delta\beta}$$

式中:$k_{o\sigma 3}$为考虑光束反向时间损失的系数(在机械扫描中$k_{o\sigma 3}\approx 1.9$,在电子扫描中$k_{o\sigma 3}=1$);Ω_α为扫描方位的角速度。

在 $\delta\alpha = \delta\beta = 2.6°$[45],$\Phi_\alpha = 180°$[27],$\Phi_\beta = 50°$,$r_{\max}/\delta r = 512$[26]时,分辨率元素总数 $N_A = 800000$。

特殊情况下,如果 $M = 32$,$T_n = 1\text{ms}$,那么$T_{o\sigma 3} = 50\text{s}$。

1.3.2 雷达分辨率的要求

在范围和角坐标内的雷达分辨率限制了目标所不被允许的空间面积,这样的空间面积称为允许体积V_u。

范围内分辨率由与气象目标径向速度和雷达反射率(radar reflectivity,RR)相关的空间半径来决定[46]。气象目标的相关空间半径应当由雷达找出的湍流和风切变区域的外部尺寸来决定。如果范围内分辨率超过指定的大小,就会出现湍流的观察强度(数字信号的平滑度)的减少。雷达反射率由比径向速度快得多的空间去相关来表征。速度与雷达反射率的相关半径的平均值分别约为 2km 和 300m[46]。对于速度而言,空间场不均匀性的适当寿命等于 500s;对于雷达反射率而言,小于 200s。因此,机载雷达在探测危险气象目标区域的模式下的分辨率应约为 100m[47]。

角坐标上的雷达分辨率取决于雷达移相器和反射信号跨周期处理类型的一致性。在非相干处理中,角坐标上的雷达分辨率由在相应坐标读数平面上功率水平为 -3dB 的方向图宽度确定;在相干处理中,则可由协调滤波器的响应持续时间[49-50]来估计:

$$\delta\alpha = -|\tan\alpha| + \sqrt{\tan^2\alpha + \frac{\lambda}{W\,T_H\cos\alpha\cos\beta}}$$

式中:W 为飞行器的地面速度;T_H 为相干累积的时间。

对于强风切变和强烈湍流飞行区域的空间位置来说,雷达角分辨率为 1°~3°[51]。

1.3.3　对雷达精度的要求

雷达精度的特性取决于其功能模式。在检测由气象目标反射的信号的模式中,检测的准确性由错误警报的概率 p_F 和通过检测的信号概率 p_D 来定义。在基于对反射信号的分析和评估的对风切变区域和大气湍流的危险程度的检测和评估模式中,应当满足以下测量精度。

(1) 范围和角坐标:即在雷达分辨率[43]的水平上,范围大约为 100m,角坐标为 1°~3°。

(2) 在径向速度上,不超过 ±1m/s,这是因为通过这种离散化定义了危险气象目标的质量指标(表 1.1)。

1.3.4　对雷达探测信号的参数要求

为了检测和测量气象目标的参数,通常使用辐射(调制)的脉冲方法[43]。它的优点是:可以划分雷达辐射和接收反射信号的时间;可以排除发射器对雷达接收路径的影响;可以方便地进行接收和传输路径的同步;可以方便地分离和固定范围内的信息,并保持范围内的高分辨率。脉冲雷达与连续信号相比,功耗小的缺点可以通过反射信号随后累积的辐射频率来补偿。

在气象目标危险程度的检测和评估中,定义雷达特征的移相器参数包括持续时间、重复周期(频率)和相干度。

雷达接收器的中频放大器(intermediate frequency amplifier,IFA)的滤波器幅度-频率特性(amplitude-frequency characteristic,AFC)呈钟形的矩形包络,其

移相器脉冲τ_u的持续时间与移相器调制频谱的宽度$\Delta f_M\left[48:\tau_u \approx \frac{1}{\Delta f_M}\right]$成反比。

该范围内雷达的分辨率与Δf_M的值成反比，并由以下表达式定义：

$$\delta r = c/(2\Delta f_M)$$

移相器允许的最大持续时间通过以下表达式与范围内的分辨率联系起来：

$$\tau_u = 2\delta r/c$$

在雷达固定脉冲功率情况下，随着雷达接收器中频放大器宽度成比例缩小的移相器持续时间的增加，会造成潜在危险气象目标探测范围的增大。但是与此同时，首先评估范围的分辨率和准确性显著变差；其次雷达检测包含小尺度大气湍流和风切变的危险区域的可能性减小。在湍流和风切变区域危险程度的探测评估模式下，雷达移相器持续时间的特征值为0.33～1.0ms[51-52]。

雷达信号的相干性可以通过多种方式提供，但是在民航雷达的大多数情况下，都实现了雷达建设的真正相关模式的方案。同时，相干振荡器（CO）是基本信号的来源。对相干振荡器的短期频率稳定性的要求由目标径向速度测量的必要精度δV定义：

$$\Delta f_2/f_2 \leqslant \sqrt{2}\delta V/c$$

式中：f_2为相干振荡器产生的信号的频率；Δf_2为雷达移相器重复期间f_2值的变化。

在$\delta V = 1\text{m/s}$的情况下，相干振荡器频率在重复期间的相对变化不应超过10^{-9}～10^{-8}[53]。

长期频率漂移可能会很大，应通过自动频率控制（automatic－frequency control，AFC）策略进行调整。

真正相干的雷达可以以高（$Q>10\text{dB}$）或低（$Q<10\text{dB}$）脉冲率的模式工作，这取决于辐射的脉冲率。在后一种情况下，它们也称为脉冲多普勒（准连续）。脉冲多普勒雷达的重复频率为低频重复、均频重复或高频重复[54]，这取决于移相器的使用频率。重复频率的值可以在视域边界目标明确测量的条件下进行确定：

$$f_n = c/2r_{\max}$$

由于雷达对天气、湍流和风切变模式的覆盖范围不同，因此雷达探测信号的重复频率值也是不同的。特别来说，为了排除范围内不确定性的天气模式，最好使用低频重复；而为了减小不确定性从而观察大范围明确速度的湍流和风切变，必须使用均频重复。

1.3.5 对雷达移相器模式的要求

旨在检测和评估气象目标危险程度的机载雷达的特征是使用高方向性（指针）

方向图。其在移相器上的方位角和仰角平面上的宽度对应于线性大小 d_α,d_β[43]:

$$\Delta\alpha = (60° \sim 70°)\lambda/d_\alpha, \Delta\beta = (60° \sim 70°)\lambda/d_\beta$$

要显著减小方向图宽度是不可能的,因为这会减少处理包中气象目标反射脉冲的数量,从而降低检测到危险气象目标的可能性。在使用直径为 762mm 的移相器[26-27]时,$\Delta\alpha = \Delta\beta \approx 2.6°$。

雷达的重要参数是定向目标的最大旁瓣电平(LSL)[55]。

$$\eta = \max\{10\lg[G(\alpha_i,\beta_i)/G(\alpha_0,\beta_0)]\}$$

式中:α_0、β_0 分别为方向图最大值的角坐标;α_i、β_i 分别为方向图第 i 个旁瓣的角坐标。

在检测危险气象目标时,旁瓣电平不应超过 -23dB[51]。

1.3.6 对雷达势能的要求

雷达功率的主要衡量指标是其势能(气象学上的)[26-27,43]:

$$\varPi_M = P_u K_g^2 \tau_u / P_{\min} \tag{1.24}$$

式中:P_u 为雷达移相器脉冲功率;K_g 为移相器放大系数;$P_{\min}$ 为雷达接收器的灵敏度。

式(1.24)可以用对数形式表示为

$$\varPi_M[\partial B] = 10\lg P_u + 20\lg K_g + 10\lg\tau_u - 10\lg P_{\min} \tag{1.25}$$

取决于雷达最大覆盖范围和飞行器速度的势能的最小允许值在表 1.2[27] 中给出,所提供的数据对应于 3cm 范围的雷达工作波长。

表 1.2　雷达能量的最小允许值[27]

飞行器的巡航速度/(km/h)	雷达覆盖率/km	$\varPi_{M\,\min}$/dB
少于 200	50	167
200 ~ 400	100	179
400 ~ 650	150	187
650 ~ 925	200	192
925 ~ 1200	250	197
大于 1200	300	201

1.3.7 对雷达接收器动态范围的要求

与雷达目标探测模式不同,在评估气象目标危险程度的模式中,非最小发现信号及可达到 30 ~ 110dB[56] 的所有动态范围内反射雷达信号的数字信号参数的测量精确度是很重要的。它在构造雷达接收路径时中会造成很大困难,接收路径通常包括两个信道:进行雷达反射率测量的大动态范围的对数信道与测量反射信号的数字信号参数的有动态范围限制的线性信道。同时,在雷达接收器的线性信道的输入端,快速自动调平控制(automatic level control,ALC)对对数信道输出的信号进行操作并允许自动调整,通常在具体分辨率元素中,应用线性信道振幅特征工作点到反射信号平均电平。此外,为了精确测量雷达反射率的值,有必要在所有范围包内持续标准化接收信号的功率。

1.4 雷达危险气象目标区域评估的发展状况

1.4.1 陆地雷达测定气象目标参数的研究条件分析

迄今为止,已经进行了大量关于使用微波光谱的雷达来评估各种气象目标参数的研究。该领域的主要成果属于俄罗斯联邦和美国的科学家。

该领域的基础工作是由以 Voyeykov(圣彼得堡)和 St. Petersburg SMI Stepanenko、Melnik、Brylev、Melnikov 命名的主要地球物理观测站(MGO)和中央航空观测站(CAO)(莫斯科地区 Dolgoprudny)的员工 Chernikov、Gorelik、Melnichuk 等[7,53,57-60]完成的。在具体的工作中,使用不同修正的雷达评估各种气象目标参数的可能性,特别是反射信号的特征与气象目标物理参数的关系,如水滴按照尺寸的分布、降雨强度、气象目标颗粒的聚集状态、云和降雨中粒子的运动等,都被进行了分析。同时,研究者主要关注了与气象目标雷达反射率相关的反射信号的幅度特性。

国外关于气象雷达信号处理的工作主要包括:Atlas[61]、Battan[62]、Bing 和 Dutton[63]、Smith[56],以及 Doviak 和 Zrnich[46,64]等人的工作。

在对气象目标反射雷达信号的功率特性进行分析的具体工作中,主要基于雷达反射率空间分布的亮度图来决定气象目标某区域的危险程度。同时,在对大量气象雷达观测结果进行处理的基础上,提出了评价气象目标危险度的若干经验准则。其中一个标准是雷达反射率的水平梯度 dZ/Dr,表示如下:

$$Y = h\frac{\lg Z_{\max}}{\lg Z_{\min}} - \lg Z_i$$

式中:h 为气象目标的高度;Z_i 为最大反射率超过水平 2km 区域的雷达反射率。

值得注意的是,雷达反射率仅表征了水对气象目标的饱和体积程度,并且是存在危险区域尤其是湍流区域的间接标志[53,65]。

为了扩大可解决问题的范围,自然而然地出现了使用气象目标反射信号光谱特征中包含信息的转换。直到 20 世界 60 年代中期,苏联科学家 Melnichuk 等[53]和美国研究员 Lhermitte[66]证明了利用脉冲多普勒雷达研究气象目标体积内发生的过程的可能性,从而可以研究这些过程的动力学。Lhermitte 在文献[66]的工作中首次定义了使用脉冲多普勒雷达来进行气象目标特征分析的要求。多普勒信号(相间)处理的非相干方法是 MSHO[67-68]和 CAO[53,69-70]及美国研究员 Atlas[17,61]的众多工作的主题。

从20世纪70年代初开始,人们就开始大量使用相干雷达来进行气象目标发展的动力学分析。这一问题是美国科学家 Sirmans 等众多研究工作的主题[46,64,66],其中包括通过单脉冲多普勒雷达和多个雷达组成的系统来实时组织信息处理的问题,同时苏联科学家完成了对合成天线孔径模式下的脉冲多普勒雷达的分析工作[68,71-72]。在具体的工作中,强调了在使用信号相干处理时气象雷达使用机会的显著扩展。然而,绝大多数特定的研究是都是关于提供天气预报服务的全覆盖地面雷达。同时,相干辐射信号的潜在机会没有被良好利用,其处理过程归结成对信号包络特性的分析[67,73]。

此外,几乎没有出版物专门研究建立具有实时数字信息处理功能的机载多普勒雷达,以及和传统的雷达反射率评估方法一起进行水分目标体积的动态过程分析,尤其是估计湍流和风切变等现象的危险程度。

1.4.2 关于气象目标探测和危险性评估的机载雷达的发展情况分析

在民用飞行器研究机载雷达领域,发展的主要方向是根据国际工业组织现有的监管要求设定的,特别是国际民用航空组织(International Civil Aviation Organization,ICAO)的文件规定了对机载无线电电子设备的主要要求。同时,美国 ARINC 公司的规范条款作为基本规定。

标准的 ARINC-708(从1978年5月4日起)[26]在机载气象雷达中实现了对诸如天气和湍流等危险情况的定义。表1.3中提供了对标准 ARINC-708 中制定的机载雷达关键技术参数的要求。

对机载雷达关键技术参数要求和以前最大的不同体现在以下方面。

(1) 为了形成接收信号的多普勒处理所需的相干波动,雷达的设定发生器、传输装置和接收器的振荡器的稳定性急剧增加。

(2) 在雷达单元与外部系统之间提供完全数字化的信息交换。

(3) 使用微处理器设备。

(4) 可靠性的提高和设备重量的减少。

ARINC-708A 条款(源自1993年12月27日版本)[27]额外引入了风切变检测模式(表1.4)。

ARINC 公司的指定标准定义了民用飞行器设备的技术特征。机载气象雷达的运行特性要求由国际航空技术委员会(RTCA)制定的 RTCADO-220[74]、RTCADO-173[75]和 RTCADO-178B[76]标准定义。

表 1.3 民用 AV 机载雷达关键技术参数的要求[26]

参数	参数值
频率范围/MHz	9345 ±20,9375 ±20,5400
覆盖范围/km	0 ~ 590
视野: (1)在水平面上; (2)在垂直面上	 ±90° ±14°
每分钟扫描次数	15
天线的稳定精度	±0.5°
测量参数	方位,覆盖范围,降雨强度
范围分辨率(最大范围分辨率元素的数量)	128、256 或 512
表示精度: (1)角坐标; (2)测量距离	 ±2° 测量距离的 ±4%
天线系统类型	平面槽导天线阵列,直径为 762mm
旁瓣电平/dB(不大于)	≤ -21dB

表 1.4 对实现风切变检测模式的民用飞行器的雷达技术要求[27]

要求	参数值
风切变探测扇区/(°)	≥ ±25
探测危险风切变时的误差范围/km	≥0.37
"危险风切变警告"(三级警报)的信号发展范围/km	0.46 ~ 2.78
"危险风切变警告"(二级警报)的信号发展范围/km	2.78 ~ 5.56
"危险风切变资料"信号的发展范围(一级警报)/km	5.56 ~ 9.26
雷达接收器的动态范围/dB	≥60
天线稳定精度/(°)	±0.5
旁瓣电平/(dB)	≤ -25

所提供的规范性文件明确指出了在民用飞行器的机载气象雷达上实现气象、湍流和风切变模式的必要性,并通过了国际认证。在这方面,大多数为民用飞行器制造航空电子设备的公司提供了以具有固态发射器的相干脉冲多普勒系统为代表的机载气象雷达,以及符合 ARINC 规范要求的水平极化的平板波导缝隙阵列天线的天线系统。美国 Rockwell Collins 公司和 Honeywell 航空公司目前在这一领域占据主导地位。

美国 Rockwell Collins 公司(美国)的现代相关 RLSWXR－2100MultiScan Threat Track™2.0 版被安装在长途飞行器 AV 上[44]。根据标准 ARINC－708 和 ARINC－708A 的要求开发的雷达,会自动分析航线上的大气状况,预测危险气象目标区域(湍流增强区、风切变区等)的存在,并在显示器上生成危险气象目标的地图,而且无须手动控制运行模式。采用现代微电子微波技术构建的集成系统包括脉冲功率为 150W 的固态发射器、具有石英稳定化的频率振荡器的接收器和砷化镓制成的低噪声输入级联的场晶体管。为了提供所需的覆盖范围,系统中提供了探测脉冲持续时间的增加、接收器灵敏度的增加、其带宽的减少(高达 70kHz)和动态范围的增加。制造公司为配备 WXR－700 系统的飞行器的现代化提供 RLSWXR－2100。此外,RockwellCollins 公司还为许多民用和国家系统提供了沿着飞行航线的下层表面的绘制、具有大规格 EER 的气象目标的探测及危险湍流区域的探测(TWR－850/WXR－840/WXR－800、RTA－4200 等)。

Honeywell 航空公司提供了广泛采用了之前仅应用于状态系统的技术解决方案(移相器压缩、抑制来自下层表面的反射、将整个前庭的雷达观测结果存储在存储设备中等)的新一代 RDR－4000 IntuVue™3D 机载雷达。该雷达的显著不同之处在于:减少了处理单元的重量和尺寸(减少了 50%～60%),改进了振幅特性的驱动(提供了更高的精度和检查速度),改进了软件(提供了表面测绘,更高进度和可靠度的危险风切变和湍流区域的检测)。表 1.5 中也给出了该雷达的功能。

应当指出的是,一些领先的公司(Rockwell Collins 公司、Honeywell 航空公司等)、公共机构和俄罗斯的非营利机构并没有停留在目前达到的水平。目前,他们正在对机载气象仪器的特性进行改进,建立新的硬件、算法和记载气象雷达的专用软件,在强风切变和强湍流探测模式下显著改善其工作特性[8－9,77]。

在俄罗斯国内的实践中,对民用飞行器的机载无线电电子设备的要求由《飞机设备的技术要求》和《民用运输飞机的飞行可靠性统一标准》[78]定义。规定的标准节码由《气象导航雷达的技术要求》制定。特别是,俄罗斯飞行器的机载气象雷达的必要模式是气象和湍流模式。风切变模式不是强制性的,但是负责飞行组织和安全的俄罗斯国家机构的代表现在认为,这种模式的存在将对飞行器 FOS 做出重大贡献。

由于存在重大的技术和经济限制,大多数现有的气象雷达都是按照非相干模式建造的[44]。非相干模式不允许使用包含在反射信号的相位结构中有关空情的完整信息。同时,雷达工作人员基于气象目标雷达反射率空间分布的亮度图分析,即实际基于信号的平均功率分析,决定这个或那个气象目标的危险性[79]。

表 1.5 部分生产商生产的民用机载雷达的主要功能

参数名称	WXR - 2100	RDR - 4000
安装的对象	空中客车 A380、波音 767、波音 777 和类似机型的远程 AV	
开发者	Rockwell Collins 公司	Honeywell 航空公司
覆盖范围/km		
在气象模式下	600	600
在湍流模式下	75	110
在风切变模式下	10	10
视野/(°)		
在方位角上	±90	±90(风切变模式下 ±40)
在仰角上	±40	—
发射器		
功率/W		
平均功率	—	—
冲力功率	150	—
脉冲持续时间/μs	1 ~ 25	—
重复频率/Hz	180(上限为 3000)	—
接收器		
信噪声/dB	3.8	1.9
频段/MHz	32	
敏感度/dBm	-125	-124
天线系统		
类型	SGAA, ϕ762mm	SGAA, ϕ305 ~ 762mm(4 个变量)
增加比例/dB	34.5	28.5…34.8
图案宽度/(°)		
在方位角上	3.5	3.0…8.0
在仰角上	2.5	—
LSL/dB	-31	—
扫描速度/((°)/s)	45	90

但是,在一些市场,也有满足 ARINC - 708A 标准要求的现代高科技系统。例如,JSC Kotlin - Novator(俄罗斯圣彼得堡)生产了机载相干气象雷达 A882,提供了如下的探测范围:

（1）大风暴锋和强雷暴:400 ~ 600km;

（2）雷暴和风暴活动:300 ~ 400km;

（3）积云和降雨活动:250 ~ 300km;

（4）湍流增强区:90km;

（5）危险风切变区:10km;

（6）大城市(莫斯科),海岸线:360km;

（7）高山顶峰:不大于 250km;

（8）飞机(Il -76 型):30 ~ 40km。

LLC Contour NII 雷达(俄罗斯圣彼得堡)生产了具有类似功能的 Contour - 10SV 系统。雷达执行以下操作:

（1）检测确定了危险程度的对流气象目标(雷暴,强大的积云)及气象目标中的危险湍流区域;

（2）在选定的方向上显示气象目标垂直剖面,并且还支持以三维方式指示气象条件的模式;

（3）根据 RTCADO - 220 的要求检测参数 F 超过一定值的风切变区域;

（4）检测特征性的地面基准点(房屋、工业建筑、大型水库和沿海线、水面上的船只等)。

安装在民用飞行器上的天气和气象导航卫星雷达不同,民用飞行器上的危险区域或气象目标探测问题是主要问题之一,用于飞机运输的机载多模雷达主要用作各种导航任务解决方案的信息支持[49,80 - 81]。但是,无论采用哪种解决方案,确保飞行器在任何天气条件下全天候飞行的问题对于飞行器机组人员实时接收在飞行中关于危险气象目标区域位置客观而可靠的信息是十分重要的。因此,关于机载雷达气象目标反射信号处理算法的使用问题就出现了,在处理中,应当对动态现象进行检测,尤其是针对飞行最危险的因素(强烈湍流、风切变等)。

特别地,在美国,机载雷达 AN/APG - 77 被设计成属于透视飞行器的第五代 F - 22 的主要机载航空电子设备,其带有直径为 1m 且约有 1500 个激活发送 - 接收单元的激活相天线阵列(APAA)。作为 AN/APG - 77 雷达[82]的主要运行模式之一,以及提供武器模式,该透视系统的开发人员开发了定义为沿航线天气条件的模式(天气/气象模式)。

国内机载雷达通常没有“湍流”和“风切变”模式。在软件完成度最小的情况下,将指定的模式实现为正视图的多模式机载雷达的一部分是很方便的。同时,模式的发展归结于移相器参数和天线系统特性的选择,也归结于计算手段的算法和软件的创建,包括雷达信息处理算法和站点工作管理。

带有 FAA 正视图的雷达提供了对“锐光束”“宽光束”“平光束”“余割光束”“聚焦光束”方向图的形成和扫描,可以发现大气湍流的危险区域。

1.5 机载雷达中气象目标信号处理方法的改进

目前,无论是在使用更完善的技术手段的方式上,还是在对现有处理方法和对雷达观测结果的解释进行改进的方式上,都在集中开发处理机载雷达对气象目标反射信号的方法[35]。同时,在选择信号处理算法时,考虑到机载使用的特殊性,在确定雷达结构时会遇到许多问题,最好考虑相干和不相干接收方法的优势,从而为考虑到气象目标快速可变性的气象目标危险程度的操作评估提供机会。特别是,与民用航空飞机的机载雷达不同,使用国家飞行器上通用雷达的特点集中在特定任务的解决上;事实上,气象目标是由干扰信号源假设的,使空中目标的探测、分类和伴随过程复杂化。因此,空中机载雷达的建设准则、使用模式和信息处理首先应用于特定信号的选择和抑制。为了减少气象目标对雷达操作的影响,提供了一些提高抗噪性的措施,即时 ALC、运动目标选择(MTS)、空间坐标选择、极化选择等。同时,在解决风切变和湍流危险区域的检测和评估问题时,必须抑制来自高速精确目标信号的干扰。此外,飞行器自身运动导致与雷达天线系统相位中心相关的视域内所有雷达目标的额外运动,使其径向速度的有效频谱显著失真。因此,在评估气象目标区域的危险程度时,有必要补偿飞行器在处理过程中的移动。

因此,研究的目的是在自回归模型的基础上,开发飞行器机载雷达信号的相干数字信号处理方法和参数算法,提高对风切变和大气湍流区域进行危险评估的准确性,并确定其实施方式。

为了实现该目标,有必要解决以下主要目标:

(1) 开发由风切变和湍流条件下气象目标反射并由安装在飞行器板上的雷达接收的数字信号的数学模型;

(2) 综合信号数字相干处理算法,用于风切变和湍流区域的探测和危险评估;

(3) 通过数学建模来评估已开发算法的特性;

(4) 估计在雷达接收器上产生的不稳定因素对信号处理效率的影响,并开发补偿这种影响的算法;

(5) 在使用推荐用于机载雷达的现代硬件和软件的基础上,定义开发算法的实现方式,提出对具有探测危险气象目标区域模式的机载雷达的具体要求的建议。

1.6 小　　结

(1) 对强风切变和密集湍流区域危险程度进行评估的气象目标检测,是机载雷达在对气象目标反射信号的数字信号参数进行自动探测测量的前提下的主要操作模式之一。

（2）飞行器的自身运动导致气象目标反射体沿雷达 APC 的额外移动，因此导致其径向速度的有效频谱严重失真。因此，在危险气象目标区域的检测中，有必要对飞行器的自身运动进行补偿。

（3）气象目标体积上的风速分量评估的准确、可靠、及时性的需求，对气象目标信号检测的特性（正确检测的概率$p_D \geqslant 0.9$，误报概率$p_F \leqslant 10^{-4}$）以及气象目标信号的数字信号参数（速度的均方根误差不超过 1m/s）的测量提出了严格要求，可以在信噪比不低于 30dB 的条件下实现。

（4）研究的目的是在自回归模型的基础上开发雷达信号数字相干处理方法和参数算法，从而提高对飞行器在风切变和大气湍流区域飞行的危险程度评估的准确性，并在透视机载遥感系统硬件和软件的基础上，定义其实现方法。

（5）研究的主要方法之一是数学建模。该方法的选择是由于缺少关于有用信号和干扰的参数与统计特性的先验信息。

参考文献

[1] Astapenko PD, Baranov AM, Shvarev IM (1980) Weather and fights of planes and helicopters. L. Hydrometeoizdat, 280 pages.

[2] Flight operation safety /Eds. R. V. Sakach. – M. : Transport, 1989. – 239 pages.

[3] Filatov G. A., Puminova G. S., Silvestrov P. V. Flight operation safety in the turbulent atmosphere. – M. : Transport, 1992. – 272 pages.

[4] The guide to forecasting of weather conditions for aircraft/Eds. K. G. Abramovich and A. A. Vasilyev. – L. : Hydrometeoizdat, 1985. – 301 pages.

[5] Uskov V. Wind shear and its influence on landing. Civil aviation, 1987, No. 12, pages 27 – 29.

[6] Research of heterogeneity of the windfield in clouds and rainfall by means of the automated incoherent radar/Ivanova G. V., Malanichev S. A., Melnik Yu. A., Melnikov V. M., Mikhaylova E. I., Ryzhkov A. V. Works of GGO, 1988, issue 526. P. 16 – 22.

[7] Melnik Yu. A., Melnikov V. M., Ryzhkov A. V. Possibilities of use of the single doppler radar in the meteorological purposes: Review, Works of GGO, 1991, issue 538. P. 8 – 18.

[8] Bowles RL(1990). Windshear detection and avoidance—airborne systems survey. In: Proceedings of 29th IEEE conference on decision and control, vol. 2, pp 708 – 736.

[9] Proctor FH, Hinton DA, Bowles RL (2000). A windshear hazard index. In: Preprints of 9th conference on aviation, range and aerospace meteorology (11 – 15 Sept 2000), paper 7.7, pp 482 – 487.

[10] Aviation meteorology: Textbook/A. M. Baranov, O. G. Bogatkin, V. F. Goverdovsky, et al; Eds. A. A. Vasilyev. – SPb. : Hydrometeoizdat, 1992. – 347 pages.

[11] Sviridov N. In the turbulent atmosphere. Civil aviation, 1978, No. 9, pages 44 – 46.

[12] Matveev L. T. Course of the general meteorology. Physics of the atmosphere. – L. :Hydrometeoizdat,1984. –751 pages.

[13] Turbulence in the free atmosphere/N. K. Vinichenko,N. Z. Pinus,S. M. Shmeter,G. N. Schur. – L. :Hydrometeoizdat,1976. –288 pages.

[14] Introduction to aero autoelasticity. /S. M. Belotserkovsky,et al. – M. :Science,1980. –384 pages.

[15] Vasilyev A. A. ,Leshkevich T. V. Atmospheric turbulence and bumpiness of aircrafts. – In the book:Weather conditions offlights of aircrafts at small heights. – L. :Hydrometeoizdat,1983. – p. 51 –61.

[16] Ostrovityanov R. V. ,Basalov F. A. Statistical theory of a radar – location of the extended targets. – M. :Radio and Communication,1982. –232 pages.

[17] Atlas D. ,Srivastava R. C. A Method for Radar Turbulence Detection. IEEE Transactions on Aerospace and Electronic Systems,1971,v. AES –7,11,p. p. 179 –187.

[18] VanTris G. Theory of detection,estimates and modulation. The translation from English – M. : "Sov. Radio",1977 – v. 3. –664 pages.

[19] Shirman Ya. D. ,Manzhos V. N. The theory and technology of processing of radar information against the background of interferences. – M. :Radio and Communication,1981. –416 pages.

[20] Shlyakhin V. M. Probabilistic models of not Rayleigh fluctuations of radar signals:Review,Radio engineering and electronics,1987,v. 32,No. 9,pages 1793 –1817.

[21] Krasyuk N. P. ,Rosenberg V. I. Ship radar – location and meteorology. – L. :Shipbuilding, 1970. –325 pages.

[22] Feldman Yu. I. ,Gidaspov Yu. B. ,Gomzin V. N. Accompaniment of moving targets. – M. : Sov. Radio,1978. –288 pages.

[23] Feldman Yu. I. ,Mandurovsky I. A. The theory of fluctuations of the locational signals reflected by the distributed targets. – M. :Radio and Communication,1988. –272 pages.

[24] Sosulin Yu. G. Theoretical bases of radar – location and radio navigation:Ed. book. – M. :Radio and Communication,1992. –304 pages.

[25] Federal aviation rules of flights in airspace of the Russian Federation:Annex to the order of the Minister of Defence of the Russian Federation,Ministry of Transport of the Russian Federation and Russian Aviation and Space Agency from 31. 03. 02 No. 136/42/51.

[26] ARINC – 708. Airborne Weather Radar. – Aeronautical Radio Inc. ,Annapolis,Maryland, USA,1979.

[27] ARINC –708A. Airborne Weather Radar with Forward Looking Windshear Detection Capability. – Aeronautical Radio Inc. ,Annapolis,Maryland,USA,1993.

[28] Adaptive spatial doppler processing of echo signals inRS of air traffic control/G. N. Gromov, Yu. V. Ivanov,T. G. Savelyev,E. A. Sinitsyn. – SPb. :FSUE VNIIRA,2002. –270 pages.

[29] Chernyshov E. E. ,Mikhaylutsa K. T. ,Vereshchagin A. V. Comparative analysis of radar meth-

ods of assessment of spectral characteristics of moisture targets: The report on the XVII All - Russian. symposium "Radar research of environments" (20—22. 04. 1999). - In the book: Works of the XVI - XIX AllI - Russian symposiums "Radar research of environments". Issue 2. - SPb. : VIKU, 2002 - p. 228 - 239.

[30] Aviation radar - location: Reference book. /Eds. P. S. Davydov. - M. : Transport, 1984. - 223 pages.

[31] Zubkov B. V., Minayev E. R. Bases of safety offlights. - M. : Transport, 1987. - 143 pages.

[32] Adaptive radio engineering systems with antenna arrays. /A. K. Zhuravlev, V. A. Khlebnikov, A. P. Rodimov, et al. - L. : LSU publishing house, 1991 - 544 pages.

[33] Tarasov I. Design of the configured processors on FPLD base. Components and technologies, 2006, No. 2, pages 78 - 83.

[34] Vereshchagin A. V., Ivanov Yu. V., Perelomov V. N., Myasnikov S. A., Sinitsyn V. A., Sinitsyn E. A. Processing of radar signals of airborne coherent and pulse radar stations of planes in difficult meteoconditions. St. Petersburg, pub. house. Research Centre ART, 2016. - 239 pages.

[35] Melnikov V. M. Information processing in doppler MRL. Foreign radio electronics, 1993, No. 4, pages 35 - 42.

[36] Bakulev P. A., Stepin V. M. Methods and devices of selection of moving targets. - M. : Radio and Communication, 1986. - 288 pages.

[37] Trunk G. V. Coefficient of losses at accumulation of noise in the MTS systems. TIIER, 1977, t. 65, No. 5, pages 115 - 116.

[38] Komarov V. M., Andreyeva T. M., Yanovitsky A. K. Airborne pulse - doppler radar stations. Foreign radio electronics, 1991, No. 9 - 10.

[39] Okhrimenko A. E. Bases of radar - location and radio - electronic fight: Text book for higher education institutions. P. 1. Bases of radar - location. - M. : Voyenizdat, 1983. - 456 pages.

[40] Theoretical bases of a radar - location: Ed. book for higher education institutions/ A. A. Korostelev, N. F. Klyuev, Yu. A. Melnik, et al. ; Eds. V. E. Dulevich. - M. : Sov. Radio, 1978. - 608 pages.

[41] Ryzhkov A. V. About accounting of inertia of hydrometeors at measurement of turbulence by a radar method. Works of the 6th All - Union meeting on radar meteorology. - L. : Hydrometeoizdat, 1984. - pages 132 - 136.

[42] RyzhkovA. V. Meteorological objects and their radar characteristics. For eignradio electronics, 1993, No. 4, pages 6 - 18.

[43] Radar systems of air vehicles: Textbook for higher education institutions/Eds. P. S. Davydov. - M. : Transport, 1977. - 352 pages.

[44] Radar systems of air vessels: The textbook for higher education institutions. / Eds. P. S. Davydov. - M. : Transport, 1988. - 359 pages.

[45] Sinani A. I., White Yu. I. Electronic scanning in control systems of arms offighters, the World

of avionics,2002,No. 1,pages 23 – 28.

[46] Doviak R. ,Zrnich. Doppler radars and meteorological observations:The translation from English – L. :Hydrometeoizdat,1988. –511 pages.

[47] Melnikov V. M. Meteorological informational content of doppler radars. Works of the AllRussian symposium "Radar researches of environments". Issue 1. – SPb. : MSA named after A. F. Mozhaisky,1997. – p. 165 – 172.

[48] Tuchkov N. T. The automated systems and radio – electronic facilities of air traffic control. – M. :Transport,1994. –368 pages.

[49] Guskov Yu. N. ,Zhiburtovich N. Yu. The principles of design of family of the unified multipurpose airborne radar stations of fighter aircrafts. Radiosystem,issue 65,p. 6 – 10.

[50] Jenkins G. ,Watts D. Spectral analysis and its applications:The translation from English in 2 v. – M. :Mir,1971—1972.

[51] Perevezentsev L. T. ,Ogarkov V. N. Radar systems of the airports:The textbook for higher education institutions. – M. :Transport. 1991. –360 pages.

[52] RDR – 4B. Forward Looking Windshear Detection/Weather Radar System. User' s Manual with Radar Operating Guidelines. Rev. 4/00. – Honeywell International Inc. , Redmond, Washington USA,2000.

[53] Gorelik A. G. ,Melnichuk Yu. V. ,Chernikov A. A. Connection of statistical characteristics of a radar signal with dynamic processes and microstructure of a meteoobject. Works of the CAO, 1963,issue 48,pages 3 –55.

[54] Mikhaylutsa K. T. Digital processing of signals in airborne radar – tracking systems: Text book/Eds. V. F. Volobuyev. – L. :LIAP,1988. –78 pages.

[55] Minkovich B. M. , Yakovlev V. P. Theory of synthesis of antennas. – M. : Sov. radio, 1969. –296 pages.

[56] Smith P. ,Hardy K. ,Glover K. Radars in meteorology,TIIER,t. 62,No. 6,1974,pages 86 – 112.

[57] Brylev G. B. , Gashina S. B. , Nizdoyminoga G. L. Radar characteristics of clouds and rainfall. L. :Hydrometeoizdat,1986. –231 pages.

[58] Gorelik A. G. ,Chernikov A. A. Some results of a radar research of structure of the windfield at the heights of 50 ~ 700m Works of the CAO,1964,issue 57. – p. 3 – 18.

[59] Ivanov A. A. ,MelnichukYu. V. ,MorgoyevA. K. The technique of assessment of vertical velocities of air movements in heavy cumulus clouds by means of the doppler radar. Works of the CAO,1979,issue 135,pages 3 – 13.

[60] Stepanenko V. D. Radar – location in meteorology. – the 2nd ed. – L. : Hydrometeoizdat, 1973. –343 pages.

[61] Atlas D. Achievements of radar meteorology/Translation from English – L. :Hydrometeoizdat, 1967. –194 pages.

[62] Battan L. G. Radar meteorology. /Translation from English – L. :Hydrometeoizdat,1962. –196 pages.

[63] Bing B. R. ,Dutton E. D. Radio meteorology. – L. ;Hydrometeoizdat,1971. – 362 pages.

[64] Doviak R. J. ,Zrnich D. S. ,Sirmans D. S. Meteorological doppler radar stations;Review. TIIER, 1979,v. 67,No. 11,pages 63 – 102.

[65] Voskresensky V. P. ,Mikhaylutsa K. T. ,Chernulich V. V. State and the prospects of development of airborne meteo radar stations. Issues of special radio electronics,ser. RLT,1981,issue 13,p. 85 – 92.

[66] Lhermitte R. M. Doppler radars as severe storms sensors. Bulletin of the American Meteorological Society,1964,v. 45,p. p. 587 – 596.

[67] Melnikov V. M. Connection of average frequency of maxima of an output signal of the doppler radar with characteristics of the movement of lenses. Works of VGI, 1982, issue 51, p. 17 – 29.

[68] Ryzhkov A. V. Influence of inertia of hydrometeors on statistical characteristics of a radar signal. Works of GGO,1982,issue 451,pages 49 – 54.

[69] Melnichuk Yu. V. ,Gorelik A. G. About connection of statistical properties a radio echo with the movement of lenses in clouds and rainfall. Works of the CAO,1961,issue 36.

[70] Melnichuk Yu. V. ,Chernikov A. A. Operational method of detection of turbulence in clouds and rainfall. Works of the CAO,1973,issue 110,p. 3 – 11.

[71] Melnichuk Yu. A. Some opportunities of use of the method of synthesizing of apertures for observation of meteorological objects. Works of GGO,1978,issue 411,p. 107 – 112.

[72] Ryzhkov A. V. About a possibility of use of the method of the synthesized apertures in problems of radar meteorology. Works of GGO,1982,issue 451,p. 107 – 118.

[73] Melnikov V. M. About definition of a spectrum of a meteoradio echo by means of measurement of frequency of emissions of an output signal of the radar. Works of VGI,1982,issue 51,p. 17 – 29.

[74] RTCADO – 220. 《Minimum Operational Performance Standards MOPS) for Airborne Weather Radar with Forward – Looking Windshear Detection Capability 》. – Radio Technical Commission for Aeronautics (RTCA),US,Washington,DC,September 21,1993. Change 1 issued June 6,1995.

[75] RTCA DO – 173. 《 Minimum Operational Performance Standards for Airborne Weather and Ground Mapping Pulsed Radars 》. – RTCA,US,Washington,DC,November,1980.

[76] RTCA DO – 178B. 《Software Considerations in Airborne Systems and Equipment Certification》. – RTCA,US,Washington,DC,December 12,1992. Errata issued March 26,1999.

[77] Lewis M. S. ,Robinson P. A. ,Hinton D. A. ,Bowles R. L. The relationship of an integral wind shear hazard to aircraft performance limitations. NASA TM – 109080.

[78] Radar stations with digital synthesizing of an antenna aperture. /V. N. Antipov,V. T. Goryainov, A. N. Kulin et al. ;Eds. V. T. Goryainov. – M. ;Radio and Communication,1988. – 304 pages.

[79] Radar methods of a research of the Earth/Eds. Yu. A. Melnik. – M. ;Sov. radio,1980. – 264 pages.

[80] Bochkaryov A. M. , Strukov Yu. P. The airborne radio – electronic equipment of aircraft. The results of science and technology. VINITI. Ser. Aircraft industry. 1990, v. 11, pages 4 – 248.
[81] Multipurpose pulse – doppler radar stations for fighter planes: Review. – MRDE NIIAS, 1987. – 70 pages.
[82] Kanashchenkov A. I. , MerkulovV. I. , SamarinO. F. Shape of perspective airborne radar – tracking systems. Opportunities and restrictions. – M. : IPRZHR, 2002. – 176 pages.

第2章 雷达气象目标探测的数学模型及飞行器飞行危险性评估

2.1 数学模型的结构

本章研究的对象是以气象目标危险探测和评估模式工作的机载雷达。机载雷达与一组物体一起位于视野区域内,飞行器形成雷达通道[1]。在进行雷达观测的通道中,将对象反射的电磁波(EMW)场转换为雷达信号的场,然后将其转换为目标[2]的雷达场。

由于气象目标检测和评估问题的解决算法是通过使用雷达所有的主设备来进行的,因此通过在各种气象条件下进行大量的飞行器飞行并进行接收结果的统计处理来组织自然实验需要大量的财务和其他物质资源。半自然研究要求在相应的地面综合体的真实机载雷达的基础上创建可与之相比的复杂性和成本。由于自然和半自然研究的组织有特定的限制,主要的研究方法是进行仿真数学建模,以模拟自然实验在计算机上的再现,在这一过程中使用了描述模型系统结构和功能连接的数学模型、它的外部影响、在外部和内部扰动影响下系统的运行算法与条件变化规则。建模允许在任何特定级别时考虑实际中系统的过程,并实现其工作的各种算法。在现代计算机上进行统计实验的高性能、设定模型情景中初始条件的良好再现性是模拟数学建模方法的优点。

现在正在开发几种数学建模技术[3-4]。最协调的方法论刻画了创造模型的聚合方法[3],该方法可用于开发所考虑任务的数学模型。在这种情况下,该模型表示一个不断被分成有限数量子系统的聚合系统,并保留连接以确保它们之间的相互作用。聚集模型的结构是根据已知的块构造原理和数学模型专业化原理合成的[5]。从指定的原则出发,检测和评估气象目标区域危险的仿真模型的结构应包括3个主要部分(图2.1)。

(1) 雷达信号的形成模型(气象目标模型、飞行器的动力学模型、有用信号的模型)。

(2) 机载雷达信号处理路径的模型。

（3）实验和结果处理的控制程序模块。

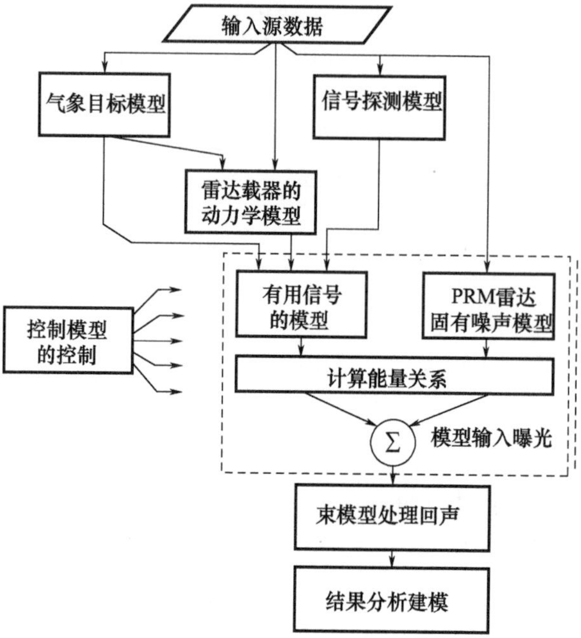

图 2.1　气象目标区域危险检测和评估问题求解时的雷达通道仿真模型结构

在模型中选择信号和干扰的数学描述方法时，有必要考虑从实验研究的目的和问题出发，应该从功能层面上对机载雷达进行信号数字处理的算法建模。由于大多数现代信号数字处理设备（无论是重新编程的还是无条件逻辑的）使用接收信号的复杂包络正交分量的数字读数进行操作，因此在开发的模型中使用了适合此表示的复杂包络方法[4]。

2.2　风切变和湍流条件下的气象目标模型

雷达在湍流和风切变模式下的工作的目标情况是由气象目标类型（云层覆盖、雾、降雨等）、空间大小、结构（水汽凝结体的结构、大小、形式和方向），雷达（特定有效回波率、介质磁导率、雷达反射率）和运动学（速度谱）特性来设定的。

气象目标（云、雾、雨）作为自然物体是极其复杂的动力系统，受风现象、湍流、温度、压力、太阳辐射等众多因素的影响，其中大部分具有时间和空间的随机性。

为了描述气象目标和其他雷达目标相对于雷达的位置和运动，我们将引入若干坐标系（图 2.2）。

(1) 与飞行器关联的笛卡儿坐标系(边界坐标系,*BCS*) *OXYZ*。*BCS* 的 *O* 中心与雷达天线系统相位中心(APC)一致。轴 *OX* 的方向与飞行器的速度矢量 **W** 一致。*OZ* 轴沿局部垂直向上,*OY* 轴垂直于 *OXZ* 平面。

(2) 与飞行器关联的球面坐标系:范围 r、方位角 α 和仰角 β。飞行器在其中的运动方向由角度 $\alpha = \beta = 0$ 表征,雷达辅助检测处理器(Auxiliary Detection Processor,ADP)的轴线的位置由角度α_0、β_0表示。

(3) 与雷达天线系统关联的笛卡儿坐标系(或天线坐标系)$O\ X_aY_aZ_a$。ASC 的 *O* 中心与天线系统相位中心一致。$O\ X_a$轴指向雷达 ADP 的轴。$O\ Y_aZ_a$平面与雷达天线系统的孔径平面重合。

(4) 与雷达天线系统关联的球面坐标系:范围 r、在水平角度 φ 和垂直角度 ψ 平面上的视野角度。让我们朝向坐标系,这样平面 $\psi(\varphi = 0)$ 和垂直面重合。角度 α、β 和 ψ、φ 按以下比例关联:

$$\varphi = (\alpha - \alpha_0)\cos\beta, \quad \psi = \beta - \beta_0 \tag{2.1}$$

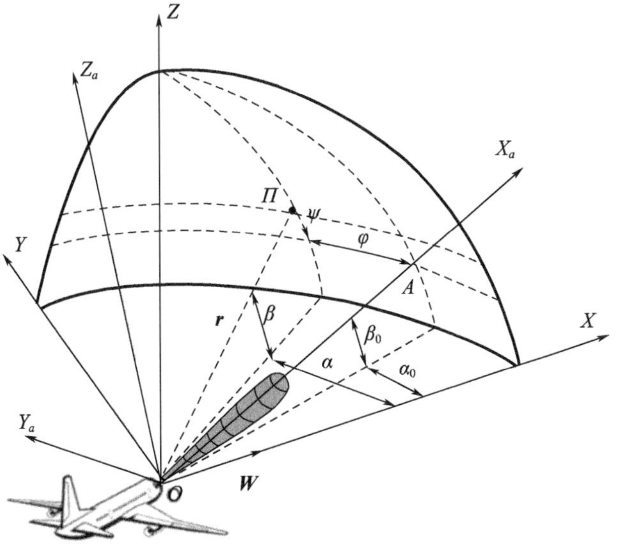

图 2.2　用来分析气象目标反射信号结构的坐标系

2.2.1　影响雷达观测效率的气象目标参数

在大多数情况下,在重积云的背景下会观察到密集的下降流(附录 A)。因此,决定气象目标反射信号检测效率的关键参数是雷达反射率,反过来,雷达反射率又很大程度上取决于气象目标水分含量的空间分布。气象目标水含量的值取决于相对于气象目标下边界的高度[6]。

$$\eta(\zeta)=\frac{\zeta^m(1-\zeta)^p}{\zeta_0^m(1-\zeta_0)^p}\eta_{\max} \tag{2.2}$$

式中：$\zeta=z'/H$，$z'=z-z_{\min}$为超过云基的高度，$H=z_{\max}-z_{\min}$为气象目标厚度（功率），其平均值$\overline{H}=1800m$[6]；m、p均为分布参数，最常发现的（模）值为$\overline{m}=2.8$和$\overline{p}=0.38$[6]；$\eta_{\max}$为水分含量的最大值，它取决于N的厚度和云基的温度$T_{ia}^{\sim}$，在$H=2000\text{m}$且$T_{ia}^{\sim}=+10°C$时，水含量为2.0g/m^3[6]；ζ_0为最大含水层的相对高度，其最可能值等于$\overline{\zeta}_0=0.83\pm0.1$[6]。$z_{\min}$为云层下边界的高度，在文献[7]中，在大量的积雨云气象观测结果的分析基础上，确定$z_{\min}$一年内在0.8～1.3km范围内变化，平均值为1.1km。

Aquatic程序（见附录D）是为在MATLAB中根据气象目标水分含量对高度的依赖性进行计算而专门开发的。计算结果如图2.3所示。

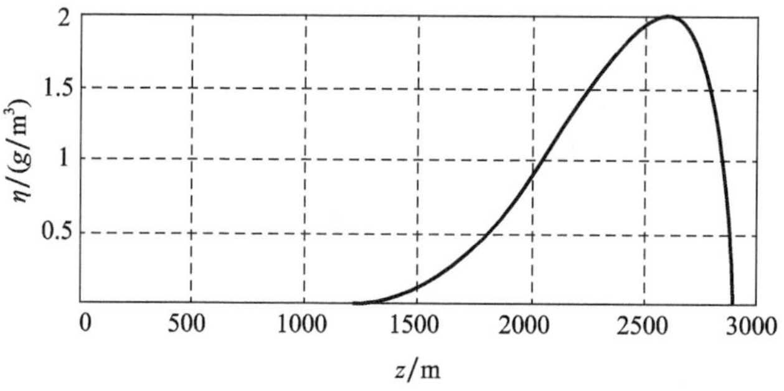

图2.3 气象目标含水量值对超过US水平的高度的依赖性

除水分之外，气象目标反射信号的结构还受其他参数的影响。尤其是在危险风切变和大气湍流的条件下（1.3节），平均值空间场和风速频谱的均方根宽度是有意义的。

2.2.2 存在风切变的气象目标模型

根据对1970—1980年发生的大量飞机坠毁事故的分析，可以发现[8-9]在小高度，由于降雨和相应的空气冷却，在暴雨云层静止阶段产生的强烈下降气流是形成最强风切变的主要原因。典型的下降流表现为直径为1～4km的冷空气圆柱形垂直流。在与地面碰撞的情况下，气流迅速向许多不同方向扩散（图2.4(a)）。科学家Fujita T. T. 和Byers H. R. 提出[10]，当流速等于或超过飞行器下降或上升速度值时，使用“微爆”一词来表示下降的气流。

有两种简化的下降流风场模型：环形涡流模型[11]（图2.4(a)）和壁射流模型[12-13]（图2.4(b)）。根据第一个模型，下降的气流形成三维轴对称涡流场，在该场中，有中心风速随着核心边界的半径从零开始线性增长的环形区域（核心)。该模型的特点是下沉空气与地面接触之前的区域。在与地面碰撞之后,第二个模型给出了更精确的空气运动图像,根据该图像,发生了近地表射流形式的径向流。

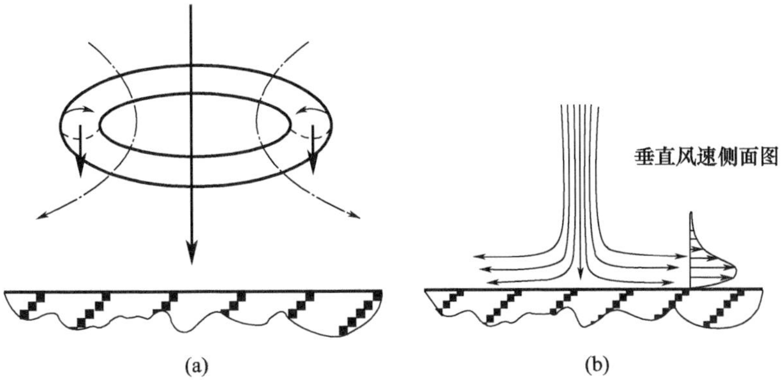

图 2.4　下降气流(微爆发)

(a)环形涡流模型;(b)壁射流模型。

进一步使用所提出的下降流模型中的第一个模型(见附录 B),因为它考虑了位于相当大高度的风切变地区危险程度检测和评估问题。

在观察过程中,机载雷达确定在某个点 P(允许体积的中心)的径向风速 V_R,作为连接天线系统相位中心到指定点的风速方向投影:

$$V_R = v_r \cos \left| \alpha_P - \arctan \frac{y_V - y_P}{x_V - x_P} \alpha_P \right| \cos \beta_P + v_z \sin \beta_P \tag{2.3}$$

式中:$\begin{cases} v_r = v_{\max} \dfrac{z_p - z_V}{R_0} \\ v_z = v_{\max} \dfrac{r_p - r_V}{R_0} \end{cases}$ 为 P 点风速的径向(式(B.16))和垂直(式(B.17))投影;

$\begin{cases} x_V = r_V \cos \alpha_V \sin \beta_V \\ y_V = r_V \sin \alpha_V \sin \beta_V \\ z_V = r_V \cos \beta_V \end{cases}$ 为 BCS 中漩涡中心的笛卡儿坐标(式(B.12));

$\begin{cases} x_P = r_P \cos \alpha_P \sin \beta_P \\ y_P = r_P \sin \alpha_P \sin \beta_P \\ z_P = r_P \cos \beta_P \end{cases}$ 为 BCS 中点 P 的笛卡儿坐标(式(B.13));(r_V, α_V, β_V) 为漩涡中心的极坐标;(r_P, α_P, β_P) 为 P 点的极坐标;$v_{\max} = \dfrac{v}{2R_V} \left\{ \left[1 + \left(\dfrac{z_V - z_p}{R_v} \right)^2 \right]^{-1,5} - \left[1 + \left(\dfrac{-z_V - z_p}{R_V} \right)^2 \right]^{-1,5} \right\}$ 为涡核边缘最大速度(式(B.15));R_0 为涡核半径;R_V 为

一般的漩涡半径；$v = \dfrac{2V_V R_V}{1 - \left[1 + \left(\dfrac{2z_V}{R_V}\right)^2\right]^{-1,5}}$为涡流场的循环（式（B.7））；$V_V$为漩涡流中心部分的风速。

根据数学统计的中心定理，在具体时间点的某个空间点上影响风速测量的大量随机因素的存在导致了风速谱的扩大。因此，式（2.3）仅对平均风速的空间场描述是公平的：

$$\overline{V} = \frac{v_{\max}}{R_0}\left[(z_P - z_V)\cos\left|\alpha_P - \arctan\frac{y_V - y_P}{x_V - x_P}\alpha_P\right|\cos\beta_P + (r_P - r_V)\sin\beta_P\right] \tag{2.4}$$

在 MATLAB 中，开发了计算气象目标任意点平均径向风速的 Radial 程序（见附录 D）。这个程序包含以下函数。

（1）Stream：计算环形涡流值的函数（式（B.6））。

（2）Wind1：计算风速在式（B.8）和式（B.9）上投影的函数。

（3）Windmax：计算风速在式（B.16）和式（B.17）上投影的函数。

（4）Wind velocity：计算在式（2.4）上的风径向速度平均值的函数。

2.2.3 强湍流条件下的气象目标模型

均匀各向同性湍流完全由空间相关函数（correlation function，CF）或相应的频谱密度及风速瞬时值分布定律来表征。风的湍流脉动速度到地面坐标系轴的投影的频谱密度由以下比率[14-15]定义：

$$S_X(K_1) = 2\pi\int_{K_1}^{\infty} F_X(\boldsymbol{K})K\mathrm{d}K, S_Y(K) = S_Z(K) = \frac{1}{2}S_X(K) - \frac{1}{2}\frac{\mathrm{d}}{\mathrm{d}K}S_X(K)$$

式中：$\boldsymbol{K}$为空间频率矢量；$F_X(\boldsymbol{K}) = \dfrac{1}{(2\pi)^3}\int R_X(\boldsymbol{r}' - \boldsymbol{r})\exp(-\mathrm{j}\boldsymbol{K}(\boldsymbol{r}' - \boldsymbol{r}))\mathrm{d}V$为风速均匀场相关函数的傅里叶变换的频谱密度中张量[14]。对于考虑了连续性方程的各向同性矢量场，频谱密度张量具有以下形式[16]：

$$F_X(\boldsymbol{K}) = \left(1 - \frac{K_1^2}{K^2}\right)\frac{E(K)}{4\pi K^2} \tag{2.5}$$

式中：K为空间频率矢量的模；K_1为沿OX轴的空间频率；$E(K) = 0.25\varepsilon^{2/3}K^{-5/3}$为各同性不可压缩湍流的在高空间频率下的光谱密度，满足 Kolmogorov – Obukhov 定律。

因此，对于各向同性场，风的湍流脉动速度投影的一维频谱由以下公式定义[14]：

$$S_X(K_1) = \frac{1}{2}\int_{K_1}^{\infty}\left(1 - \frac{K_1^2}{K^2}\right)\frac{E(K)}{K}\mathrm{d}K \tag{2.6}$$

$$S_Y(K_1) = S_Z(K_1) = \frac{1}{4}\int_{K_1}^{\infty}\left(1 + \frac{K_1^2}{K^2}\right)\frac{E(K)}{K}\mathrm{d}K \tag{2.7}$$

湍流脉动在 OX 的投影的相关函数通常用以下表达式[15]描述：

$$R_X(r) = \frac{(r/a)^n \sigma_X^2}{2^{n-1}G(n)}K_n(r/a) \tag{2.8}$$

$$R_Y(r) = R_Z(r) = \frac{(r/a)^n \sigma_{Y,Z}^2}{2^n G(n)}[2K_n(r/a) - (r/a)K_{n-1}(r/a)] \tag{2.9}$$

式中：$K_n(x)$为一个虚变量的贝塞尔函数；σ_X^2、σ_Y^2、σ_Z^2均为风速湍流波动的离差；n 和 a 均为定义依赖形式的参数。参数 a 与湍流外部尺度的比值有关：

$$a = L_0 G(n)/[\sqrt{\pi}G(n+1/2)] \tag{2.10}$$

式中：$G(n)$为伽马函数。

由式(2.8)～式(2.10)可以得到，以文献[15]中的形式表示的湍流速度分量的频谱密度比值为

$$S_X(K_1) = 4\sigma_X^2 L_0 \frac{1}{(1+4\pi^2 a^2 K_1^2)^{n+1/2}} \tag{2.11}$$

$$S_Y(K_1) = 2\sigma_Y^2 L_0 \frac{1+8\pi^2 a^2 K_1^2(n+1)}{(1+4\pi^2 a^2 K_1^2)^{n+3/2}} \tag{2.12}$$

$$S_Z(K_1) = 2\sigma_Z^2 L_0 \frac{1+8\pi^2 a^2 K_1^2(n+1)}{(1+4\pi^2 a^2 K_1^2)^{n+3/2}} \tag{2.13}$$

式(2.9)～式(2.11)描述了湍流能量分布密度对尺度 L、湍流速度的投影的离差和形状参数 n 的依赖性。更改 n 的值，可能会得到多种形式的依赖关系。特别地，有两个众所周知的模型[15,18]，其中之一是由 Draydon 提出的。其中，若 $n=1/2$，则 $a=L_0$，则

$$S_X(K_1) = 4\sigma_X^2 L_0 \frac{1}{1+(2\pi K_1 L_0)^2} \tag{2.14}$$

$$S_Y(K_1) = 2\sigma_Y^2 L_0 \frac{1-3(2\pi K_1 L_0)^2}{(1+(2\pi K_1 L_0)^2)^2} \tag{2.15}$$

$$S_Z(K_1) = 2\sigma_Z^2 L_0 \frac{1-3(2\pi K_1 L_0)^2}{(1+(2\pi K_1 L_0)^2)^2} \tag{2.16}$$

对应的关系函数有如下形式：

$$R_X(r) = \sigma_X^2 \exp(-r/L_0) \tag{2.17}$$

$$R_Y(r) = R_Z(r) = \sigma_{Y,Z}^2\left(1 - \frac{1}{2}\frac{r}{L_0}\right)\exp\left(-\frac{r}{L_0}\right) \tag{2.18}$$

在 Karman 提出的第二个模型[19]中，$n=1/3$，则

$$a = L_0 \frac{\mathrm{G}(1/3)}{\sqrt{\pi}\mathrm{G}(5/6)} \approx 1.339L_0$$

$$S_X(K_1)=4\,\sigma_X^2 L_0\frac{1}{[1+(2\pi\,K_1 1.339\,L_0)]^{5/6}} \tag{2.19}$$

$$S_Y(K_1)=2\,\sigma_Y^2 L_0\frac{(1+8/3)(2\pi\,K_1 1.339\,L_0)^2}{(1+(2\pi\,K_1 1.339\,L_0)^2)^{11/6}} \tag{2.20}$$

$$S_Z(K_1)=2\,\sigma_Z^2 L_0\frac{(1+8/3)(2\pi\,K_1 1.339\,L_0)^2}{(1+(2\pi\,K_1 1.339\,L_0)^2)^{11/6}} \tag{2.21}$$

$$R_X(r)=2^{2/3}\sigma_X^2\frac{(r/a)^{1/3}}{G(1/3)}K_{1/3}(r/a) \tag{2.22}$$

$$R_Y(r)=R_Z(r)=2^{2/3}\sigma_{Y,Z}^2\frac{(r/a)^{1/3}}{G(1/3)}\left[K_{1/3}(r/a)-\frac{(r/a)}{2}K_{2/3}(r/a)\right] \tag{2.23}$$

式中：$K_{1/3}(x)$为虚参数的分数阶形式的修正贝塞尔函数。

Draydon 得到的表达式更方便用于解析计算，但是 Karman 模型在建模时更可取，因为它与大气中涡旋的理论描述能更好地协调。

对多普勒测量过程中由机载雷达估算的径向风速的湍流波动V_m的随机实现建模，可以使用频谱方法[20]。因此，在对湍流波动频谱进行数值计算之后，有

$$S_X(K_1)\ =\int_0^{\infty}\mathrm{d}rR_X(r)\exp\,(-\mathrm{j}2\pi\,K_1 r)$$

利用快速傅里叶变换（FFT）在光谱区域对实现$V_m(r)$进行建模，有

$$V_m(\mathrm{i}\delta r)\ =\ \mathrm{Re}\left\{\sum_{k=0}^{N-1}\xi_k\left[\frac{1}{2N\delta r}S_X\left(\frac{k}{N\delta r}\right)\right]^{1/2}\exp\left(\mathrm{j}2\pi\,\frac{k\mathrm{i}}{N}\right)\right\} \tag{2.24}$$

式中：$i\delta r=r$为范围的当前值；i为范围分辨率元素的数目；N为频谱通道（FFT 点）的数量；ξ_k为正常规律下的复合伪随机值分布，并满足$\langle\xi_k\xi_k{}'\rangle=0$，$\langle\xi_k\xi_k^*\rangle=1$。

因此，在生成气象目标反射的雷达信号之前，必须先在考虑气象目标特征参数的空间分布，特别是在风切变和湍流条件下径向风速三维场的空间结构及含水量场的空间结构的情况下对气象目标进行建模。

2.3 机载飞行器运动的数学模型

飞行器自身的运动导致视区中所有雷达目标相对于雷达 APC 的额外移动。由于机载雷达在多普勒测量过程中确定了雷达目标相对运动的径向速度，飞行器也就是飞行器自身的运动使雷达目标径向速度的有效频谱失真。

文献[21]中指出，飞行器的空间运动可以看作是固定基本轨道上的运动和由与风向、风速、压力、空气密度、空气速度矢量的方向和模值的连续随机改变及角度波动而引起的，与基本轨道有偏差的随机飞行器的运动的叠加。一方面，飞行器控制系统并不总是能够对这些偏差做出反应并支持设定的飞行模式；另一

方面,它也使得飞行器运动模式有更多可能。

飞行器的随机运动包括飞行器作为实体的随机运动(轨迹不规则,TI)和 PAC 的弹性位移(结构弹性模式,EMS)[22]的弹性位移,即

$$\boldsymbol{r} = \boldsymbol{r}_{hc} + \boldsymbol{r}_{ed} \tag{2.25}$$

式中:$\boldsymbol{r}_{hc}$为作为固体的随机飞行器运动的矢量;$\boldsymbol{r}_{\mathrm{ed}} = \boldsymbol{r}_{\mathrm{cm}} + \boldsymbol{r}_{ep}$为 PAC 的弹性位移矢量;$\boldsymbol{r}_{\mathrm{cm}}$为弹性飞行器的质心(CM)的随机运动矢量;$\boldsymbol{r}_{ep} = \underline{\boldsymbol{\Psi}}\mathbf{r}_a$为由于飞行器在航向、切线和滚动运动中的角波动,PAC 相对质心的随机运动的矢量,$\underline{\boldsymbol{\Psi}} = \begin{vmatrix} 1 & -\boldsymbol{\psi}_1(t) & \boldsymbol{\psi}_2(t) \\ \boldsymbol{\psi}_1(t) & 1 & -\boldsymbol{\psi}_3(t) \\ -\boldsymbol{\psi}_2(t) & \boldsymbol{\psi}_3(t) & 1 \end{vmatrix}$为在路线$\boldsymbol{\psi}_1(t)$、切线$\boldsymbol{\psi}_2(t)$和滚动运动$\boldsymbol{\psi}_3(t)$的较小角度值下,从 BCS 转换到地面坐标系的矩阵,$\boldsymbol{r}_a = |x_a y_a z_a|^{\mathrm{T}}$为 BCS 中 PAC 相对于 CM 的位置矢量。

轨迹不规则(TI)表示飞行器对湍流大气和控制系统噪声的影响的反应。它们包括飞行器与设定的飞行轨迹的偏差,其角度波动(方位角平面中的航向漂移,垂直平面中迎角的出现及相对于构造轴的滚动运动),风速的方向和模值的随机变化等。另外,在湍流中飞行时,在空气动力的影响下,存在飞行器结构元件的弹性模式——EMS,这在现代重型高速飞行器中非常重要。在真实的飞行条件下,同时存在 TI 和 EMS 会导致 APC 轨迹处的随机偏差,从而导致到达雷达接收器输入的信号出现幅度和相位失真。这种失真被称为轨迹失真[21]。它们会大大降低站点的准确性。

为了评估 TI 和 EMS 对风切变和湍流危险的检测和确定效率的影响,有必要了解它们的统计特征。针对其在湍流大气中飞行器运动的系统数学模型进行的研究表明[22],任何 TI 和 EMS 参数的概率密度都可以通过零数学期望的正常平稳随机过程和这种类型的相关函数来近似,即

$$K_i(\tau) = \sigma_i^2 \mathrm{e}^{-\frac{\tau^2}{T_i^2}} \cos\frac{\pi\tau}{2\tau_i} \tag{2.26}$$

式中:σ_i^2为第 i 个参数的离差;T_i为第 i 个参数的相关区间;τ_i为相关的条件时间,决定了相关函数的波动频率。对于所有类型的满足条件 $T_i \gg \tau_i$[22]及满足观察间隔$T_n \leqslant 1\mathrm{s}$ 的飞行器随机运动,观察到:对于 TN,$T_i \gg \tau_i > T_{\mathrm{n}}$;对于 EMS[21],$T_i > T_n \geqslant \tau_i$;而对于 TI 和 EMS[21],$T_i/\tau_i = 5 \sim 10$[21]。

分析表明[23],TI 是一个缓慢的过程,相关间隔从单位时间到数十秒,这取决于飞行器的类型。特别是T_i的τ_i在 2 ~ 12s 内变化时,角度波动 1 ~ 5s。T_i的 RMS 的值σ_i为数十米,滚动运动和航向时的角度偏差为 1° ~ 2°(切线时减小 1/5 ~ 1/3)。飞行器 EMS 的自身频率要比 TI 高得多,并且通常具有多个音调,其中第一个音

调接近1～2 Hz(τ_i接近1s[21])。EMS线性偏差的σ_i值在毫米的十分之一到几厘米的范围内,取决于飞行器结构的灵活性。

在飞行器的大部分进展中,其运动由非常小的频率来表征,所以在这种情况下,EMS对飞行动态没有明显的影响,因此通常将飞行器视为固体。同时,在大气湍流飞行中,过载的变化很剧烈,实际上重复了风速的脉动。在这些情况下,EMS可能会对飞行器的飞行动态造成大的影响。在飞行器机身中安装天线系统时,EMS的影响在有灵活结构的重型飞行器上有很大的影响。随着飞行器尺寸的减小和结构硬度的增加,机身的弯曲强度减小,且对于较轻飞行器的前机身来说,可以忽略不计。EMS的最基本类型是机翼的弯曲和扭转,以及机身沿构造轴的弯曲。

空气动力振动也会影响飞行器结构元件的位置。振动的特性和强度在很大程度上取决于飞行模式和引航员的类型。在近声速模式($0.8Ma \ll W < 1.0Ma$)下,振动幅度比在亚声速和超声速模式下的飞行高3～5倍。波动的频率范围为3～1000Hz。最高300Hz频率范围内的总振动加速度为10g及以上。飞行器结构元素的振动位移沿BCS的Y轴和Z轴最大,达毫米级。

因此,ARC相对于基本轨迹的最终位置由TI,围绕CM的机身旋转,飞行器结构的弯曲波动和扭转,以及空气动力学振动确定。所有特定的波动都具有窄带特征,并由类型CF(式(2.26))来描述。在这种情况下,在湍流大气中飞行器运动的动力学模型可以通过每个坐标具有恒定系数的线性微分方程系统来表示[18]。系统方程式的形式为

$$a_0\frac{\mathrm{d}^n y}{\mathrm{d}t^n}+a_1\frac{\mathrm{d}^{n-1}y}{\mathrm{d}t^{n-1}}+\cdots+a_n y=b_0\frac{\mathrm{d}^m x}{\mathrm{d}t^m}+b_1\frac{\mathrm{d}^{m-1}x}{\mathrm{d}t^{m-1}}+\cdots+b_m x \tag{2.27}$$

式中:x为输入扰动;y为飞行器的任意坐标;a_i、b_j均为取决于飞行器设计的常系数。

传递函数(TF)单元对应线性微分方程式(2.27),即

$$H(\mathrm{j}\omega)=\frac{b_0(\mathrm{j}\omega)^m+b_1(\mathrm{j}\omega)^{m-1}+\cdots+b_m}{a_0(\mathrm{j}\omega)^n+a_1(\mathrm{j}\omega)^{n-1}+\cdots+a_n} \tag{2.28}$$

因此,飞行器可以看作是一个TF[式(2.28)]的线性滤波器,以湍流大气到达的随机影响的形式输入随机信号。沿坐标y轴的波动频谱密度为

$$S_y(\omega)=|H(\mathrm{j}\omega)|^2 S_x(\omega) \tag{2.29}$$

式中:$S_x(\omega)$为输入干扰的频谱密度。

已知在风影响下飞行器纵向和横向运动的TF的各种解析表达式[18,24]。特别是在自动驾驶仪控制剖面[18]:

$$\Delta\delta_{\beta} = -i_{\vartheta}(\Delta\vartheta_{3} - \Delta\vartheta) + i_{\mathrm{d}\vartheta/\mathrm{d}t}\frac{\mathrm{d}\Delta\vartheta}{\mathrm{d}t} + i_{z}\Delta S_{\beta} \tag{2.30}$$

式中：$\Delta\delta_{\beta}$ 为升降舵偏转角度；i_{ϑ} 为空间方位角的齿轮比；$\Delta\vartheta_{3}$ 为空间方位角的预定增量值 $\Delta\vartheta$；$i_{\mathrm{d}\vartheta/\mathrm{d}t}$ 为角速度的齿轮比；i_{z} 为高度的齿轮比。

传递函数的形式为如下：

（1）对于垂直风分量影响下的空间方位角：

$$H_{\vartheta z}(\mathrm{j}2\pi f) = \frac{c_0(\mathrm{j}2\pi f)^3 + c_1(\mathrm{j}2\pi f)^2 + c_2(\mathrm{j}2\pi f) + c_3}{(\mathrm{j}2\pi f)^5 + d_1(\mathrm{j}2\pi f)^4 + d_2(\mathrm{j}2\pi f)^3 + d_3(\mathrm{j}2\pi f)^2 + d_4(\mathrm{j}2\pi f) + d_5}$$

（2）对于水平风分量影响下的空间方位角：

$$H_{\vartheta x}(\mathrm{j}2\pi f) = \frac{e_0(\mathrm{j}2\pi f)^3 + e_1(\mathrm{j}2\pi f)^2 + e_2(\mathrm{j}2\pi f)}{(\mathrm{j}2\pi f)^5 + f_1(\mathrm{j}2\pi f)^4 + f_2(\mathrm{j}2\pi f)^3 + f_3(\mathrm{j}2\pi f)^2 + f_4(\mathrm{j}2\pi f) + f_5}$$

（3）对于侧风分量影响下的倾斜角：

$$H_{\gamma y}(\mathrm{j}2\pi f) = \frac{1}{W}\frac{g_0(\mathrm{j}2\pi f)^3 + g_1(\mathrm{j}2\pi f)^2 + g_2(\mathrm{j}2\pi f)}{(\mathrm{j}2\pi f)^5 + p_1(\mathrm{j}2\pi f)^4 + p_2(\mathrm{j}2\pi f)^3 + p_3(\mathrm{j}2\pi f)^2 + p_4(\mathrm{j}2\pi f) + p_5}$$

（4）对于侧风分量影响下的方位角：

$$H_{y}(\mathrm{j}2\pi f) = \frac{1}{W}\frac{q_0(\mathrm{j}2\pi f)^3 + q_1(\mathrm{j}2\pi f)^2 + q_2(\mathrm{j}2\pi f)}{(\mathrm{j}2\pi f)^5 + p_1(\mathrm{j}2\pi f)^4 + p_2(\mathrm{j}2\pi f)^3 + p_3(\mathrm{j}2\pi f)^2 + p_4(\mathrm{j}2\pi f) + p_5}$$

（5）对于某侧风分量影响下的 CM 坐标 y：

$$H_{\vartheta z}(\mathrm{j}2\pi f) = \frac{h_0(\mathrm{j}2\pi f)^4 + (k_1 - q_0)(\mathrm{j}2\pi f)^3 + (k_2 - q_1)(\mathrm{j}2\pi f)^2 + (k_3 - q_2)(\mathrm{j}2\pi f) + l_5}{(\mathrm{j}2\pi f)[(\mathrm{j}2\pi f)^5 + l_1(\mathrm{j}2\pi f)^4 + l_2(\mathrm{j}2\pi f)^3 + l_3(\mathrm{j}2\pi f)^2 + l_4(\mathrm{j}2\pi f) + l_5]}$$

式中：W 为在不受干扰的大气中的飞行器气流速度；c_i、d_i、e_i、f_i、g_i、h_i、k_i、l_i、p_i、q_i 均为依赖于飞行器和自动驾驶仪控制剖面设计数据的常系数。

在用于估计系数 c_i、d_i、e_i、f_i、g_i、h_i、k_i、l_i、p_i、q_i 的自然飞行实验的结果缺失的情况下，在第一近似中可以考虑由一致连接的振荡和惯性分量组成，且有此形式传递函数（对于假设的飞行器[23]的 1 号模型）的飞行器线性系统，则有

$$H(p) = \frac{K_{\delta}}{p^2 + 4\pi d_K f_K p + (2\pi f_K)^2}\frac{1}{1 + T_V p}$$

式中：K_{δ} 为角度（切线、航向）上的转移系数，在稳定角上的飞行器位置的通道中，$K_{\delta} \approx V_z/W$；d_K 为波动的阻尼系数（1 ~ 3）；f_K 为飞行器自身短周期振荡的频率（约为 2Hz）；T_V 为 AV 的气动时间常数（图 −154M 时为 2 ~ 3s）。

利用 TF 描述了飞行器动力学特性后，利用式（2.29）可以得到飞行器 APC 相对于基本轨迹的波动频谱密度，以及飞行器在 APC 周围的切线角、漂移角和滚转角值的谱密度。这些参数的瞬时值完全定义了飞行器 APC 的当前位置。

2.4 气象目标无线电信号的数学模型

2.4.1 气象目标反射的无线电信号的结构

对物体的分析需要针对空间(体积)分布的由大量随机定位独立运动的基本反射体即水汽凝结体(HM)组成的雷达目标的方法。因此,不可能定义气象目标雷达特征的任务的严格解决方法。该任务的近似解决方法是在结合电动力学规定和随机过程理论的基础上构建的。

让由雷达天线系统辐射的电磁波降到充满反射气象目标粒子的区域。将气象目标的所有体积分解为单独允许的V_i体积。在一个较远的区域中,可以近似地认为V_i的体积具有以下基础的圆柱体形式:

$$r^2\int_0^{2\pi}\int_0^{\pi} G^2(\alpha,\beta)\sin\alpha \mathrm{d}\alpha \mathrm{d}\beta,\text{高度}\int_0^{\infty} w^2(r)\,\mathrm{d}r$$

式中:$G(\alpha,\beta)$为功率的二维天线系统方向图;权重函数$w(r)$描述了范围[25]上的雷达移相器形式。通过方向图的高斯形式,将得到

$$\int_0^{2\pi}\int_0^{\pi} G^2(\alpha,\beta)\sin\alpha \mathrm{d}\alpha \mathrm{d}\beta = \frac{\pi}{4}\frac{\Delta\alpha\Delta\beta}{2\ln 2}$$

范围上的权重函数类型$w(r)$由雷达接收路径和移相器频谱的频率特性决定。如果引入L_r系数,考虑移相器频谱与雷达接收器频率特性的协调程度[14],则

$$\int_0^{\infty} w^2(r)\,\mathrm{d}r = \frac{c\tau_e}{2}L_r$$

如果对于带有矩形包络高斯 AFC 和雷达接收器的 IFA 滤波器线性 PFC 的脉冲雷达来说,$L_r \approx 0.589$[14],那么雷达允许体积为

$$V = r^2\int_0^{2\pi}\int_0^{\pi} G^2(\alpha,\beta)\sin\alpha \mathrm{d}\alpha \mathrm{d}\beta\int_0^{\infty} w^2(r)\,\mathrm{d}r = \frac{\pi}{16\ln 2}r^2\Delta\alpha\Delta\beta c\,\tau_e\,L_r \tag{2.31}$$

通常,水汽凝结体会反复发生电磁波的反射。但是,如文献[26]所示,对于脉冲持续时间为$\tau_i \leqslant 1\mu s$ 的脉冲雷达,也许可以不考虑大多数气象目标的重复反射。并且任何气象目标允许体积的移相器离差,都可以被看作互相不影响电磁波反射过程的独立基本反射体的部分信号的叠加。

位于V_i体积中的一组独立移动的水汽凝结体(HM)反射的信号(式(1.6))包含与水汽凝结体速度径向分量频谱相对应的多普勒频率频谱。由于与载波频率相比,反射体相互运动会带来较小的频谱变宽,因此信号(式(1.6))将代表窄带随机过程(式(1.12))。信号(式(1.12))振幅因数的分布与气象目标上特定有效

回波比的分布有关，如 1.2 节所示，是由瑞利分布描述，并且信号(式(1.12))的随机相位均匀分布在间隔$[-\pi,\pi]$[27-28]上。

在现代和透视机载雷达中，雷达目标反射信号的处理是通过数字方法在视频频率上进行的，经过线性模拟处理和雷达接收器正交相位检测后的信号(式(1.12))在数模转换器模块中被转换为复包络正交分量的离散读数[29]，即

$$\dot{S}(t)=A(t)\exp[\mathrm{j}\varphi_0+\mathrm{j}\varphi(t)] \tag{2.32}$$

对于具有雷达 LRF 和 ARF 的相干脉冲机载雷达，可以用矢量的形式表示由 PSP 输入处的任何允许气象目标体积所反射的信号的复包络的离散读数，即

$$\boldsymbol{S}=[\dot{S}_m],\quad m=1,2,\cdots,M \tag{2.33}$$

式中：M 为反射信号序列中的脉冲数(封装大小)；m 为一个包中脉冲的数量；$\dot{S}_m=\dot{S}(t_m)=\dot{S}(mT_n)=\dot{S}_m^c+\mathrm{j}\dot{S}_m^s$ 为矢量元素，表示在此允许体积内所有基本反射器的复信号包络的附加混合，其中 $\dot{S}_m^c=A(mT_n)\cos[\varphi_0+\varphi(mT_n)]$ 和 $\dot{S}_m^s=A(mT_n)\sin[\varphi_0+\varphi(mT_n)]$ 分别为复合气象目标信号包络的余弦(同相)和正弦(正交)分量。

$$\dot{S}_m=\sum_n\dot{S}_n(mT_n)=\sum_n A_nG(\alpha_n)G(\beta_n)\,\sigma_n^{1/2}\exp\left[\mathrm{j}2\pi f_0\pm\mathrm{j}4\pi\frac{V_n(mT_n)}{c}f_0mT_n\right] \tag{2.34}$$

因此，创建气象目标信号的模型的问题归结为创建两个统计学意义上相连接的离散随机过程的数学模型的问题，这两个离散过程表示由允许气象目标体积反应的信号的复包络的两个正交。

令风速平均值的径向分量$\overline{V}=0$。

如果在允许体积内有大量的反射体，那么根据概率的中心极限定理，由气象目标允许体积反射信号复包络的指定正交分量可以视为互为独立的数学期望为零且离差σ_s^2等于反射信号平均功率的高斯随机过程[23,30-31]，即

$$\dot{S}_{m0}^c=A(mT_n)\cos\varphi_0\text{和}\dot{S}_{m0}^s=A(mT_n)\sin\varphi_0$$

正交分量的幅度按照瑞利定律分布，相位在间隔$[-\pi,\pi]$上均匀分布。

现在将考虑$\overline{V}\neq0$的情况，同时反射信号的频谱在$\overline{\omega}$上发生偏移。复合信号包络的正交分量由以下表达式定义：

$$\begin{aligned}\dot{S}_m^c&=A(mT_n)\cos[\varphi_0+\varphi(mT_n)]=A(mT_n)\{\cos\varphi_0\cos\varphi(mT_n)-\sin\varphi_0\sin\varphi(mT_n)\}\\&=\dot{S}_{m0}^c\cos\varphi(mT_n)-\dot{S}_{m0}^s\sin\varphi(mT_n)\\\dot{S}_m^s&=A(mT_n)\sin[\varphi_0+\varphi(mT_n)]=A(mT_n)\{\sin\varphi_0\cos\varphi(mT_n)+\cos\varphi_0\sin\varphi(mT_n)\}\\&=\dot{S}_{m0}^s\cos\varphi(mT_n)+\dot{S}_{m0}^s\sin\varphi(mT_n)\end{aligned}$$

是正常随机过程$\dot{S}^c_{m0}$、$\dot{S}^s_{m0}$的线性组合，表示正常过程。

在对一组实例进行平均之后，将得到随机过程$\dot{S}^c_m$和$\dot{S}^s_m$的数学期望值等于零，即它们将与过程$\dot{S}^c_{m0}$和$\dot{S}^s_{m0}$的数学期望值相一致，并且离差等于σ_s^2。这与过程的物理方面是一致的，因为在反射信号存在风能的情况下，平均来说不会改变。

因此，在没有风的情况下，由气象目标允许体积反射信号的数学模型代表两个一阶独立马尔可夫过程的模型[32-33]；在有风的情况下，信号复合包络的正交分量成为相应的二阶马尔可夫过程。

对于由允许气象目标体积反射信号的完整统计描述，仅了解一维分布规律是不够的，还需要估计其通常由非平稳自相关函数（ACF）的复杂时空所表征的各种瞬时值之间的关系，即

$$B(t_1,t_2)=\overline{s(t_1)s^*(t_2)}$$

令$\tau=t_2-t_1$；$t=(t_2+t_1)/2$，则

$$B(\tau,t)=\overline{s(t-\tau/2)s^*(t+\tau/2)} \tag{2.35}$$

虽然式（2.35）包含了关于反射信号的功率和频谱特性的完整信息，但将这些数据进行划分是很方便的，将ACF写成以下乘积的形式：

$$B(\tau,t)=P_c(t)\rho(\tau,t)$$

式中：$P_c(t)=B(0,t)=\overline{s(t)s^*(t)}=\overline{|s(t)|^2}$为信号的功率［式（1.12）］；$\rho(\tau,t)$为信号的额定ACF（或相关系数）（式（1.12）），$\rho(\tau,t)=\dfrac{B(\tau,t)}{P_c(t)}=\dfrac{\overline{s(t-\tau/2)s^*(t+\tau/2)}}{\overline{s(t)s^*(t)}}$。

如文献［34］所示，反射信号波动的额定ACF可以表示为两个因子的乘积，即

$$\rho(\tau,t)=\rho_r(\tau,t)\rho_g(\tau,t) \tag{2.36}$$

式中：第一项描述了在允许体积内由基本信号的多普勒频率差异引起的缓慢波动（周期波动）；第二个因子是周期函数τ，它描述了与周期移相器空间分布有关的快速波动（周期内波动）。

由于对实际气象目标的二维信号（过程）概率密度的分析测定是困难的[26,35]，并且由于气象目标微观结构的设置特征的精度低，数值模拟给出的结果误差较大，因此通常通过实验来确定额定ACF。

作为图2.5中的示例，给出了表征信号内在周期波动的层积云覆盖物允许体积的信号的额定时间ACF $\rho_r(\tau,t)$ [30]，并在图2.6中给出了表征空间反射信号从一个体积到另一个体积的强度变化的额定空间ACF $\rho_g(\tau,t)$[26,35]。

对ACF $\rho_r(\tau,t)$的分析（图2.5）如下：

（1）层积云反射信号的ACF几乎等于超过3s的时间间隔的单位。

（2）层云反射信号的ACF在60～90s的时间间隔内，几乎等于零，即该值是指定信号的相关时间[31]。

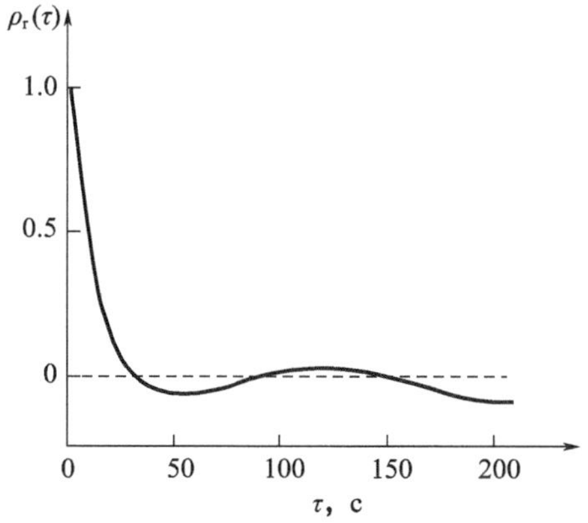

图 2.5　层积云反射信号的时间额定 ACF

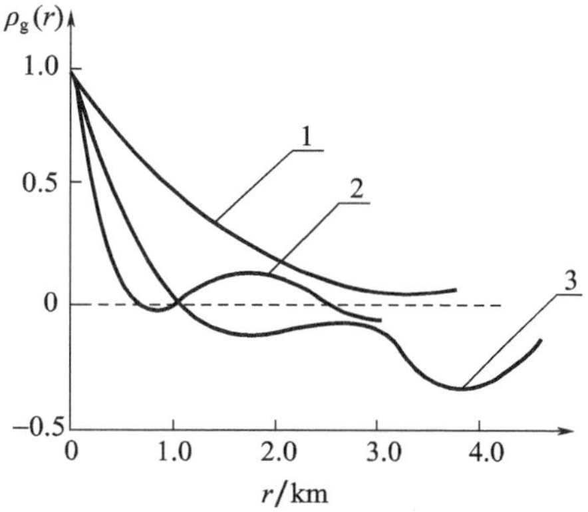

图 2.6　反射信号的空间额定 ACF
1—层积云;2—层云;3—积雨云。

图 2.6 中给出的通过零水平的,可以是依赖第一个转变的相关空间半径,受云层覆盖类型的影响从 0.7km 变化到 3.3km。还应注意的是,反射信号的相关特性明显取决于气象目标的范围[36]。因此,对于 $\lambda=3$cm 的信号,相关距离 τ 在从 5km 增加到 100km 的范围内的减小可以通过下式估算:

$$\tau(r)=\tau_0\exp(-\gamma r)$$

式中:τ_0为初始范围r_0的相关间隔;$\gamma=0.021$。

呈现的依赖性可以通过允许的V_i体积随范围增加的增加来解释。在这方面,在V_i内观察到具有较宽的速度间隔的反射体,它导致数字信号加宽并减小了反射信号的相关间隔。

表示数学期望确定的期间波动的 ACF 值是方便的,有

$$\rho_r(t_i,t_k)=\frac{\overline{\dot{S}(t_i)\dot{S}^*(t_k)}}{\overline{\dot{S}(t_i)\dot{S}^*(t_i)}}=\frac{\overline{\dot{S}(t_i)\dot{S}^*(t_k)}}{\overline{P}_c}$$

以自相关矩阵(ACM)的形式表示,大小为 $M\times M$。

$$\underline{\boldsymbol{B}}_r=[\rho_{rik}] \tag{2.37}$$

上式是由已知的比例设定的元素[37]:

$$\rho_{rik}=\rho_{0ik}\exp[-\mathrm{j}(i-k)2\pi\bar{f}T_n] \tag{2.38}$$

$$\rho_{0ik}=\exp[-\frac{(i-k)}{2}\pi\Delta f^2T_n^2] \tag{2.39}$$

波动的瞬时(时间和频率)频谱:

$$S(f,t)=\int_{-\infty}^{\infty}B(\tau,t)\exp(-\mathrm{j}2\pi f\tau)\mathrm{d}\tau \tag{2.40}$$

频率区域中反射信号的一般特性通过傅里叶变换与反射信号的 ACF 连接。

两个频谱也对应于ACF(式(2.36))的两个组成部分:缓慢(多普勒、周期间)波动的频谱和快速起伏(周期内起伏、范围内起伏)的频谱。

2.4.2 气象目标反射无线电信号的功率特性

根据填充全部允许体积的空间分布目标的雷达观测范围的方程,允许气象目标体积反射信号[式(1.12)]的平均功率为

$$\overline{P}_c = \int_{V_i} P_d \mathrm{d} V_i = \frac{P_i K_g^2 \lambda^2}{(4\pi)^3 r^4} F^4 \int_{V_i} \sigma(V) \mathrm{d}V_i \tag{2.41}$$

式中:P_d为一个体积单位的电磁波离差所产生的特定功率;P_i为雷达探测脉冲信号的功率;K_g为天线放大系数;F 为大气的电磁波场强度衰减系数;$\sigma(V)$为基本反射体的 EER 在气象目标体积内的分布。

容许体积的总 EER 值$\sigma_\Sigma = \int_{V_i} \sigma(V) \mathrm{d}V_i$ 在很大程度上取决于下降 EMW 离差的相干和非相干分量的比率。文献[26,35]表明,在所考虑的3cm 波段,相干离差可以忽略。在这种情况下,总有效回波率可以用表示气象目标的反射强度的特定有效回波率 $\sigma_{бa}$等于气象目标单位体积中基本反射体 EER 之和,以及允许的体积值三者的乘积来表示:

$$\sigma_\Sigma = \int_{V_i} \sigma(V) \mathrm{d}V_i = \sigma_d V_i \tag{2.42}$$

式中:

$$\sigma_d = \frac{\sigma_\Sigma}{V_i} = \frac{1}{V_i} \sum_{i=1}^{N} \sigma_i \tag{2.43}$$

式中:N 为在允许体积中基本反射体的数目。

水滴、冰晶、雪花、冰雹和雪晶都属于反射移相器的气象目标粒子。相似粒子的雷达特性可以用两种已知的方法之一来计算[26,35]:严格的(根据 Mi 衍射理论)和近似的(瑞利方法),而近似方法是一个精确方法在粒子相对于下降 EMW 长度为小尺度时的极限情况。在3cm 范围内,满足瑞利方法的适用条件,表征粒子在雷达方向上传播能量总量的球形粒子 EER 可表达为[6,38]

$$\sigma_i = 64\pi^5 \left| \frac{m^2 - 1}{m^2 + 2} \right|^2 \frac{R_i^6}{\lambda^4} = \pi^5 K_{\mathrm{hm}}^2 \frac{D_i^6}{\lambda^4} \tag{2.44}$$

式中:R_i和D_i分别为散射粒子的半径和直径;m 为与颗粒的介电导率 ε 相关($m = \sqrt{\varepsilon}$)的颗粒复折射率;$K_{\mathrm{hm}} = \left| \frac{m^2 - 1}{m^2 + 2} \right|$为表征水汽凝结体介电特性的系数,对于水来说,$K_{\mathrm{hm}}^2 = 0.93$[39-40],对于冰来说,$K_{\mathrm{hm}}^2 = 0.197$[31]。

将式(2.44)代入式(2.41),得到特定气象目标 EER 的表达式为

$$\sigma_d = \frac{1}{V_i}\sum_{i=1}^{N}\frac{\pi^5 K_{\mathrm{hm}}^2}{\lambda^4}D_i^6 = \frac{\pi^5 K_{\mathrm{hm}}^2}{\lambda^4}\sum_{i=1}^{N}\frac{D_i^6}{V_i}$$

式中：$\sum_{i=1}^{N}\frac{D_i^6}{V_i}$ 为雷达反射率 Z 气象目标[41]。

雷达反射率可以解释为气象目标单位体积中的颗粒直径的平均和的六次方。一般来说，雷达反射率是由气象目标颗粒在单位体积 $N(D)$ 内的分布函数定义的，即

$$Z = \int_0^{+\infty} D^6 N(D)\,\mathrm{d}D \tag{2.45}$$

式中：$N(D)\mathrm{d}D$ 为单个气象目标体积中直径从 D 到 $D+\mathrm{d}D$ 的 HM 数。在实际中，在$Z_0 = 1\mathrm{mm}^6/\mathrm{m}^3$的情况下，以单位 $\mathrm{mm}^6/\mathrm{m}^3$ 或 dBz 来测量云层和降雨的雷达反射率。

考虑到雷达反射率概念的引入，可以将特定气象目标 EER 的表达式记为

$$\sigma_\mathrm{d} = (\pi^5 K_{\mathrm{hm}}^2/\lambda^4)Z \tag{2.46}$$

因此，特定气象目标 ERR 由雷达的波长和气象目标雷达反射率来定义。

用式(2.42)、式(2.46)、式(2.31)代替式(2.41)代入雷达观测范围方程，得到允许气象目标体积反射信号的平均功率表达式为

$$\overline{P}_c = \frac{\pi^3}{2^{10}\ln 2}\frac{P_1 G^2 \lambda^2 F^4 \Delta\alpha\Delta\beta c\,\tau_i}{\lambda^4}K_{\mathrm{hm}}^2\frac{Z}{r^2}L_r \tag{2.47}$$

考虑到前面介绍的势能Π_M（式(1.24)）的概念，可以写成以下的形式。

$$\overline{P}_c = \Pi_M P_{\min} K_{\mathrm{hm}}^2 \frac{Z}{r^2}L_r \tag{2.48}$$

为了确定气象目标反射信号的功率参数，必须考虑其雷达的空间分布。我们在气象雷达定位工作中获得最大分布的式(2.48)中替换 Marshall 和 Palmer[38,41] 在经验数据近似的基础上得到的单位体积大小的气象目标粒子分布，即

$$N(D) = \begin{cases} N_0 \exp[-\Lambda D] & D \leqslant 6\mathrm{mm} \\ 0 & D > 6\mathrm{mm} \end{cases} \tag{2.49}$$

式中：$N_0 = 0.08\mathrm{cm}^{-4}$为归一化参数；$\Lambda = 41\,\eta^{0.21}$，该参数取决于气象目标的含水量 η（参见 2.2 节）。

雷达反射率和气象目标含水量之间的联系由以下形式的幂函数定义[31,41]：

$$Z = A\,\eta^b \tag{2.50}$$

式中：A 和 b 均取决于气象目标的类型。

特别地，对于强积云来说，$A = 16.3$，$b = 1.46$[31]；对于雨层云来说，$A = 1380$，$b = 1.07$[41]。在式(2.50)中，雷达反射率 Z 以 $\mathrm{mm}^6/\mathrm{m}^3$ 为单位，水分含量 η 以 g/m^3 为单位。

考虑到式(2.2),雷达反射率的空间分布可以表达如下:

$$Z(\zeta)=A\left[\frac{\zeta^m(1-\zeta)^p}{\zeta_0^m(1-\zeta_0)^p}\eta_{\max}\right]^b \tag{2.51}$$

为了计算允许气象目标体积高度的依赖性,在 MATLAB 系统中开发了 2.2 节所述的使用 Aquatic 程序用于计算气象目标的水分含量作为高度的函数的 Reflectivity 程序(附录 D)。如图 2.7 所示的 Reflectivity 程序计算雷达反射率的结果表明,雷达反射率明显依赖于高度,最大雷达反射率表征气象目标的顶层。

考虑比值表达式(2.51),确定气象目标 EER[式(2.46)]对于雷达反射率的空间分布:

$$\sigma_d(z)=\frac{\pi^5\times10^{-15}K^2}{\lambda^4}A\left[\frac{(z-z_{\min})^m(z_{\max}-z)^p}{(z_{\max}-z_{\min})^{m+p}}\frac{(m+p)^{m+p}}{m^m p^p}\eta_{\max}\right]^b \tag{2.52}$$

如果方向图在高度上覆盖所有气象目标角的大小,那么允许体积的中心高度$z_0=(z_{\max}+z_{\min})/2$,并且式(2.52)得到简化:

$$\sigma_d=\frac{\pi^5\times10^{-15}K^2}{\lambda^4}A\left[\frac{(m+p)^{m+p}}{2^{m+p}m^m p^p}\eta_{\max}\right]^b \tag{2.53}$$

考虑式(2.31)和式(2.53),允许气象目标体积[式(2.52)]的总 EER 可表示为

$$\sigma_\Sigma(r)=\frac{\pi^6\times10^{-15}}{16\ln2}\frac{r^2\Delta\alpha\Delta\beta c\,\tau_è}{\lambda^4}K^2L_rA\left[\frac{(m+p)^{m+p}}{2^{m+p}m^m p^p}\eta_{\max}\right]^b \tag{2.54}$$

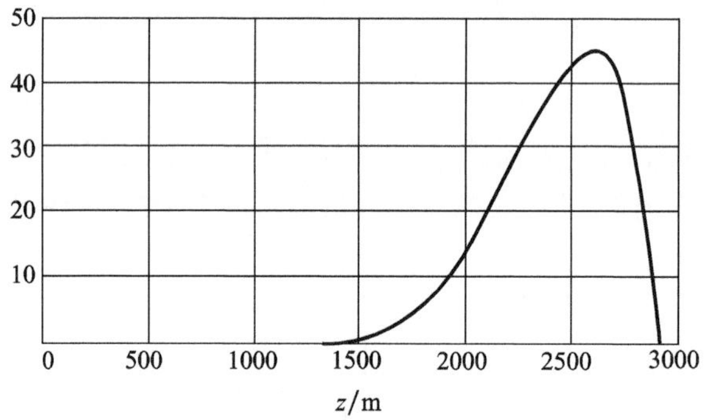

图 2.7 雷达反射率对气象目标超过 US 水平高度的依赖性

在图 2.8 中,通过在 MATLAB 系统 SEpr 程序(见附录 D)中实现了基本数据比率(式(2.54)),所得范围内允许气象目标体积总有效回波比的依赖性$\sigma_\Sigma(r)$表示为:$\Delta\alpha=\Delta\beta=1°$,$\tau_u=1\mu s$,$K^2=0.93$,$\lambda=0.03m$,$L_r=0.589$,$A=16.3$,$b=1.46$,$\eta_{\max}=2.0g/m^3$,$m=2.8$,$p=0.38$。计算表明,指定参数的气象目标 EER 非常可观(数百平方米),并且在平方律下随着范围的增加而增加(式(2.57))。但是在某些范围的值上,由于允许体积的交叉量显著增加,水汽

凝结体填充的条件被破坏(见附录 E)。同时,EER 增长率(在范围增长的过程中)降低。当在某个范围内允许体积覆盖整个气象目标时,EER 的增加将停止。

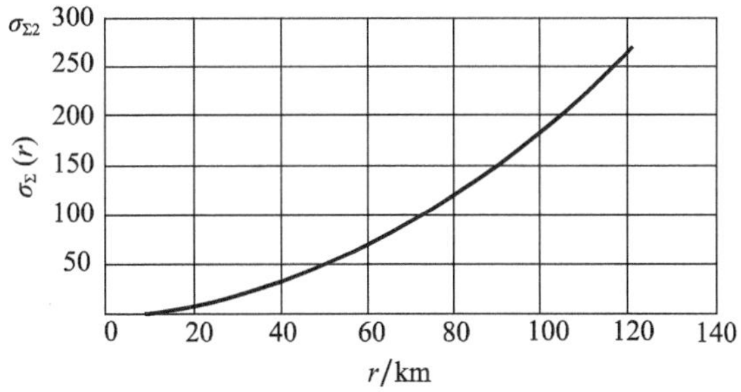

图 2.8　允许气象目标范围内体积的总有效回波比的依赖关系

考虑到式(2.54),气象目标允许体积反射信号的平均功率[式(2.51)]的空间分布可表达为

$$\overline{P}_c(r,\beta)=\frac{\Pi_M P_{\min}K^2L_rA}{r^2}\left[\frac{(z-z_{\min})^m(z_{\max}-z)^p}{(z_{\max}-z_{\min})^{m+p}}\frac{(m+p)^{m+p}}{m^mp^p}\eta_{\max}\right]^b \tag{2.55}$$

如果方向图覆盖了气象目标在高度上的所有大小的角度,那么通过类比式(2.53),式(2.55)也变得简单:

$$\overline{P}_c(r_0)=\frac{\Pi_M P_{\min}K^2L_rA}{r_0^2}\left[\frac{(m+p)^{m+p}}{2^{m+p}m^mp^p}\eta_{\max}\right]^b \tag{2.56}$$

此处应注意,为了确保在不同范围内,具有相同 EER 的气象目标反射信号的检测特性具有恒定性,有必要适当改变雷达的能量(气象)势,尤其是移相器的脉冲功率或其持续时间。然而,移相器持续时间的增加会大大降低大气湍流危险评估的准确性。

尽管在电路决策和元器件基础上存在差异,但现有绝大多数国产机载雷达都是在分析反射信号平均功率的基础上进行雷达反射率评估的(式(2.51)),即

$$Z=r^2C_1^{-1}\overline{P}_c \tag{2.57}$$

式中:$C_1=\Pi_M P_{\min}K^2L_r$为考虑雷达的功率机会的系数。

一般来说,允许气象目标体积反射信号的飞行器频率的周期平均功率为[14]

$$\overline{P}_c=B(0)=\overline{s(t)s^*(t)}\sim\sum_{n=1}^{N}(A_nG(\alpha_n)G(\beta_n)\sigma_n^{1/2})^2+$$
$$\sum_{n=1}^{N}\sum_{\substack{l=1\\l\neq n}}^{N}(A_nG(\alpha_n)G(\beta_n)\sigma_n^{1/2})(A_lG(\alpha_l)G(\beta_l)\sigma_l^{1/2})\exp[\mathrm{j}4\pi(r_n-r_l)/\lambda] \tag{2.58}$$

式中:第一个求和项是不取决于 HM 的位置的常数,在允许的体积中表征反射信

号的功率的平均值$\overline{P}_c$,并由此确定雷达反射率值;第二个求和项表示瞬时功率的波动部分,它取决于反射体在V_i中的相对位置,也取决于它们相对于雷达的位置。

尽管在某些情况下式(2.58)中的第二个求和项可能远大于第一个求和项(第二个求和项包含$N(N-1)$个分量,然而第一个求和项只有N个分量),但在许多连续读数上的平均值趋向于零(因为其中指数乘数的时间平均值趋向于零[14])。因此,如果不将M上的信号平均为连续读数,就无法准确评估表征雷达反射率的反射信号的平均功率,则

$$\overline{P}_c = \frac{1}{M}\sum_{m=1}^{M} P_{cm} \tag{2.59}$$

式中:P_{cm}表示m(探测周期)中反射信号的瞬时功率。

允许体积反射信号读数的总数M由其辐射时间决定。如果在获得平均值$\overline{P}_c$时所使用的读数不相关,则RMS评估误差$\overline{P}_c$,因此,相干积累时的雷达反射率评估与$1/M$成正比。然而,通常由于反射信号的相关性,反射信号功率(式(2.58))的波动部分的数学期望不等于零,这增加了RMS的雷达反射率评估误差。相关程度取决于雷达参数(脉冲的重复周期、方向图的宽度、光束的视角)和气象目标参数(湍流度、风切变的值)。此外,对于移动飞行器板上的雷达的布置,相关度也取决于飞行器的运动速度。

有必要定义不相关(有效)读数的数量M_{E}。在等距读数时,M_E的值等于[42]

$$\frac{1}{M_{\mathrm{E}}} = \frac{1}{M} + \frac{2}{M}\sum_{m=1}^{M-1}\left(1 - \frac{m}{M}\right)\rho(mT_n) \tag{2.60}$$

从式(2.60)中可以看出,如果读数不和时间间隔T_p关联,那么对于任何$t\neq 0$都有$\rho(m\,T_n)=0$,式(2.60)将变为等式$M_{\mathrm{E}}=M$,那么反射脉冲的整个累积包将有效。但是,如果读数部分相关,尽管包的大小将保持等于M个读数,但$M_{\mathrm{E}}<M$,并且雷达反射率评估的RMS误差将增加。

2.4.3 在大气风切变和湍流条件下气象目标反射无线电信号的频谱特征

如2.1节所述,允许气象目标体积反射的雷达信号代表了填充该体积的粒子的反射的叠加,并且包含与不同反射体速度径向分量频谱相对应的频谱。此处应注意,反射信号的数字信号描述了反射体的径向速度分布,其考虑了每个反射体对反射信号的影响[25,43],这是由包含在基本反射体部分信号中的允许体积内信号的部分功率定义的。

1. 气象目标反射信号的多普勒频谱的平均频率和宽度的空间分布

设置在空间中的一组反射体,其径向速度场$V(\boldsymbol{r}_n,t)$和雷达反射率场由特定EER$\sigma(\boldsymbol{r}_n,t)$的分布来表征,其中$\boldsymbol{r}_n$为气象目标粒子的半径矢量(图2.9)。假设场$V(\boldsymbol{r}_n,t)$和$\sigma(\boldsymbol{r}_n,t)$在观察中的任何情况下都是静止的,即$V(\boldsymbol{r}_n,t)$和$\sigma(\boldsymbol{r}_n,t)$

的值在指定的时间内不发生变化。因此，$V(\boldsymbol{r}_n,t)=V(\boldsymbol{r}_n)$，$\sigma(\boldsymbol{r}_n,t)=\sigma(\boldsymbol{r}_n)$。令允许体积的中心位于点$\boldsymbol{r}_0$处，该体积对应的辐射函数由以下表达式描述：

$$I(\boldsymbol{r}_0,\boldsymbol{r}_n)=\frac{C_1G^4(\alpha_n-\alpha_0,\beta_n-\beta_0)\,|w(r_0,r_n)|^2}{r_n^4} \tag{2.61}$$

式中：C_1 为由雷达的功率机会确定的常数。

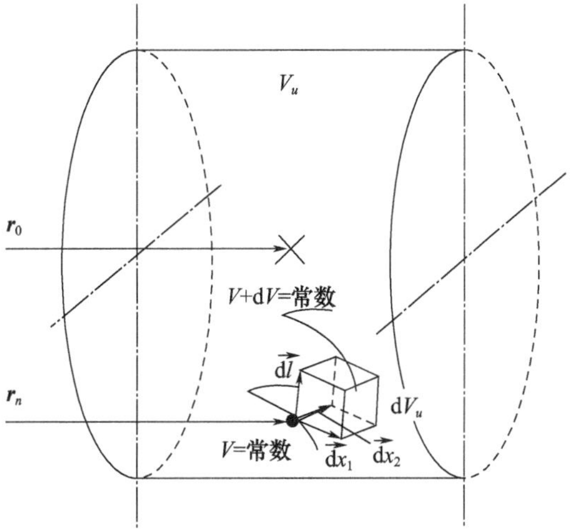

图2.9 定义了气象目标反射信号功率频谱的空间比

让我们在空间中设定一个同位旋表面 $V(\boldsymbol{r}_n)=$常数，并找出以从 V 到 $V+\mathrm{d}V$ 的速度运动的反射体对功率的总贡献。贡献的值将等于被限制在两个恒定速度表面上的体积所散布的总功率：V 和 $V+\mathrm{d}V$。现在让我们设置基本体积，其中 $\mathrm{d}x_1$ 和 $\mathrm{d}x_2$表示属于曲面 $V(\boldsymbol{r}_n)=$常数的两个正交拱的长度，它们在点$\boldsymbol{r}_n$上相交（图2.9）。

第三坐标 $\mathrm{d}l$ 垂直于曲面 $V(\boldsymbol{r}_n)=$常数，可表达如下：

$$\mathrm{d}l=|\mathrm{grad}V(\boldsymbol{r}_n)|^{-1}\mathrm{d}V$$

这个基本体积对反射信号平均功率的贡献为

$$\mathrm{d}\overline{P}(V)=\sigma(\boldsymbol{r}_n)I(\boldsymbol{r}_0,\boldsymbol{r}_n)\mathrm{d}x_1\mathrm{d}x_2\mathrm{d}l=\sigma(\boldsymbol{r}_n)I(\boldsymbol{r}_0,\boldsymbol{r}_n)\,|\mathrm{grad}\ V(\boldsymbol{r}_n)|^{-1}\mathrm{d}x_1\mathrm{d}x_2\mathrm{d}V \tag{2.62}$$

同位旋表面上的积分给出速度区间$[V,V+\mathrm{d}V]$的总功率值，其定义等于功率谱密度与 $\mathrm{d}V$ 的乘积：

$$\overline{P}(\boldsymbol{r}_0,V)=\overline{S}(\boldsymbol{r}_0,V)\mathrm{d}V=\left[\iint\sigma(\boldsymbol{r}_n)I(\boldsymbol{r}_0,\boldsymbol{r}_n)\,|\ \mathrm{grad}V(\boldsymbol{r}_n)\ |^{-1}\mathrm{d}x_1\mathrm{d}x_2\right]\mathrm{d}V \tag{2.63}$$

式中：$\overline{S}(\boldsymbol{r}_0,V)$为功率谱的平均密度。

现在考虑平均径向速度，如文献[25]所示，它的值是由功率分布来衡量的。

$$\overline{V}_M(\boldsymbol{r}_0) = \int_{-\infty}^{\infty} V\overline{S}_n(\boldsymbol{r}_0, V)\mathrm{d}V \tag{2.64}$$

式中：

$$\overline{S}_n(\boldsymbol{r}_0, V) = \overline{S}(\boldsymbol{r}_0, V) / \int_{-\infty}^{\infty} \overline{S}(\boldsymbol{r}_0, V)\mathrm{d}V \tag{2.65}$$

表示功率谱的额定平均密度。这个积分等于反射信号总功率的分母[式(2.65)]，可以通过对体积积分来得到，即

$$\int_{-\infty}^{\infty} \overline{S}(\boldsymbol{r}_0, V)\mathrm{d}V = \overline{P}(\boldsymbol{r}_0) = \int_{V_i} \sigma(\boldsymbol{r}_n) I(\boldsymbol{r}_0, \boldsymbol{r}_n)\mathrm{d}V_i \tag{2.66}$$

将式(2.63)、式(2.65)、式(2.66)代入式(2.64)中，可以得到点 $V(\boldsymbol{r}_n)$ 的速度与功率$\overline{V}_M(\boldsymbol{r}_0)$的力矩权重(式(2.70))间的联系：

$$\overline{V}_M(\boldsymbol{r}_0) = \frac{\int_{V_i} V(\boldsymbol{r}_n)\sigma(\boldsymbol{r}_n) I(\boldsymbol{r}_0, \boldsymbol{r}_n)\mathrm{d}V_i}{\int_{V_i} \sigma(\boldsymbol{r}_n) I(\boldsymbol{r}_0, \boldsymbol{r}_n)\mathrm{d}V_i} \tag{2.67}$$

由功率(特定的有效回波比)和辐射函数(式(2.61))共同贡献确定的值(式(2.67))可能与反射器速度空间的平均值有很大差异。

类似地，我们得到 HM 径向速度谱的均方宽度 ΔV_M 的权重值的表达式为

$$\Delta V_M^2(\boldsymbol{r}_0) = \int_{-\infty}^{\infty} [V - \overline{V}(\boldsymbol{r}_0)]^2 \overline{S}_n(\boldsymbol{r}_0, V)\mathrm{d}V \tag{2.68}$$

式(2.68)可以写成如下形式：

$$\Delta V_M^2(\boldsymbol{r}_0) = \frac{\int_{V_i} V^2(\boldsymbol{r}_n)\sigma(\boldsymbol{r}_n) I(\boldsymbol{r}_0, \boldsymbol{r}_n)\mathrm{d}V_i}{\int_{V_i} \sigma(\boldsymbol{r}_n) I(\boldsymbol{r}_0, \boldsymbol{r}_n)\mathrm{d}V_i} - (\overline{V}_M(\boldsymbol{r}_0))^2 \tag{2.69}$$

这种依赖关系表征了速度与平均速度的加权偏差。

$\overline{V}_M$和 ΔV_M在辐射函数设置的雷达允许体积的形式和大小，以及允许体积内特定 EER 上的贡献的依赖关系，通常会使得在反射雷达信号的数字信号力矩分析的基础上评估 HM 速度频谱参数真实值$\overline{V}$和 ΔV 的问题更加复杂。

2. 允许体积的大小对气象目标反射无线电信号频谱特征评估的影响

假设反射率 $\sigma(\boldsymbol{r}_n)$ 是一个常数，并且辐射函数 $I(\boldsymbol{r}_0, \boldsymbol{r}_n)$ 是固定的且只取决于$\boldsymbol{r}_0 - \boldsymbol{r}_n$的差值，则将式(2.64)转换为

$$\overline{V}(\boldsymbol{r}_0) = \int_{V_i} V(\boldsymbol{r}_n)\, I_n(\boldsymbol{r}_0 - \boldsymbol{r}_n)\mathrm{d}V_i \tag{2.70}$$

式中：$I_n(\boldsymbol{r}_0 - \boldsymbol{r}_n) = \dfrac{I(\boldsymbol{r}_0 - \boldsymbol{r}_n)}{\int_{V_i} I(\boldsymbol{r}_0 - \boldsymbol{r}_n)\mathrm{d}V_i}$为辐射的额定函数。

假设允许体积的值与范围相比较小，因此可以忽略径向速度在允许体积中的差异。式(2.70)代表卷积积分，因此平均径向速度的空间谱$F_{\bar{v}}(\boldsymbol{K})$的表达式可以写为

$$F_{\bar{v}}(\boldsymbol{K}) = (2\pi)^6 F_X(\boldsymbol{K}) |F(\boldsymbol{K})|^2 \tag{2.71}$$

式中：$\boldsymbol{K}$ 为空间波数量；$F_X(\boldsymbol{K})$ 为一点的径向速度谱[式(2.5)]；$F(\boldsymbol{K})$ 为辐射函数 $I_n(\boldsymbol{r}_0-\boldsymbol{r}_1)$ 的傅里叶变换。

因此，在雷达测量中，湍流的空间谱通过允许体积的权重函数进行过滤，从而导致在比例尺上减小了观察到的湍流强度，并小于允许体积的径向尺寸。

对于辐射 $I_n(\boldsymbol{r}_0-\boldsymbol{r}_n)$ 的大部分函数，对 $F(\boldsymbol{K})$ 值的良好近似是三维高斯函数[14]，即

$$|F(\boldsymbol{K})|^2=(2\pi)^{-6}\exp[-K_X^2\sigma_r^2-(K_Y^2+K_Z^2)r^2\sigma_\alpha^2] \tag{2.72}$$

式中：K_X、K_Y、K_Z 分别为沿 OX、OY、OZ 轴的湍流的空间频率；σ_α^2 为 ADP（用于辐射和接收）的第二中心矩，对于具有圆对称性的高斯型 ADP，可以表达如下：

$$\sigma_\alpha^2=\sigma_\beta^2=\Delta\alpha^2/(16\ln 2)=\Delta\beta^2/(16\ln 2)$$

式中：σ_r^2 为空间分辨率函数的第二中心矩。

用式(2.6)和式(2.7)替换了式(2.71)之后，得到了湍流的一维频谱的测量雷达（经允许体积过滤）的方程如下[14]：

$$S_X(K_X)=\frac{(2\pi)^6}{2}\int_{K_X}^{\infty}\left(1-\frac{K_X^2}{K^2}\right)\frac{E(K)}{K}|F(K)|^2\mathrm{d}K \tag{2.73}$$

$$S_Y(K_Y)=\frac{(2\pi)^6}{4}\int_{K_Y}^{\infty}\left(1+\frac{K_Y^2}{K^2}\right)\frac{E(K)}{K}|F(K)|^2\mathrm{d}K \tag{2.74}$$

$$S_Z(K_Z)=\frac{(2\pi)^6}{4}\int_{K_Z}^{\infty}\left(1+\frac{K_Z^2}{K^2}\right)\frac{E(K)}{K}|F(K)|^2\mathrm{d}K \tag{2.75}$$

让我们设置通过 ΔV_p^2 的点的湍流速度离差：

$$\Delta V_p^2=\langle v^2\rangle-\langle v\rangle^2$$

式中：尖括号表示集合平均。

在雷达反射率的均匀结构下，径向速度 ΔV 的频谱宽度定义为

$$\Delta V^2=\overline{v^2}-(\bar{v})^2 \tag{2.76}$$

式中："—"表示考虑到方向图的影响和允许体积大小的速度的空间平均。

集合平均时平均多普勒速度的离差具有以下形式：

$$\sigma_{\bar{v}}^2=\langle(\bar{v})^2\rangle-\langle\bar{v}\rangle^2 \tag{2.77}$$

假设湍流具有局部均匀性，辐射函数 $I_n(\boldsymbol{r}_0-\boldsymbol{r}_1)$ 的轴对称性并且考虑到集合平均和空间平均运算的执行顺序是可以改变的，将式(2.77)记为

$$\sigma_{\bar{v}}^2=\langle(\bar{v})^2\rangle-\overline{\langle v\rangle^2} \tag{2.78}$$

然后将式(2.78)考虑在内的比率[式(2.76)]呈现在表格中：

$$\Delta V_p^2=\langle\sigma_v^2\rangle+\sigma_{\bar{v}}^2 \tag{2.79}$$

式(2.79)表明，该点的离差等于集合平均时的频谱宽度平方与辐射函数（允许体积）加权的速度的空间离差之和。

让我们通过相应的频谱特性表示在点上测得的速度的离差值并在允许体积上求平均：

$$\Delta V_p^2 = \int F_X(\boldsymbol{K})\mathrm{d}V \text{ 和 } \sigma_{\bar{v}}^2 = \int F_{\bar{v}}(\boldsymbol{K})\mathrm{d}V$$

在这种情况下，考虑到式(2.68)的数字信号宽度为：

$$\Delta V_p^2 = \int F_X(\boldsymbol{K})\mathrm{d}V - \int F_{\bar{v}}(\boldsymbol{K})\mathrm{d}V = \int [1 - (2\pi)^6 |F(\boldsymbol{K})|^2] F_X(\boldsymbol{K})\mathrm{d}V \tag{2.80}$$

将式(2.5)和式(2.72)代入式(2.80)后，得到以下依赖关系：

$$\begin{aligned}\Delta V_p^2 &= \int_{V_{\mathrm{H}}} [1 - \exp[-K_X^2\sigma_r^2 - (K^2 - K_X^2)r^2\sigma_\alpha^2]]\left(1 - \frac{K_X^2}{K^2}\right)\frac{E(K)}{4\pi K^2}\mathrm{d}V \\ &\approx [1 - \exp[-K_X^2\sigma_r^2 - (K^2 - K_X^2)r^2\sigma_\alpha^2]]\left(1 - \frac{K_X^2}{K^2}\right)\frac{E(K)}{4\pi K^2}V_{\mathrm{H}}\end{aligned}$$

在 $E(K) = A\varepsilon^{2/3}K^{-5/3}$ 时，径向速度谱的宽度为：

$$\Delta V_p^2(K_X) = [1 - \exp[-K_X^2\sigma_r^2 - (K^2 - K_X^2)r^2\sigma_\alpha^2]]\left(1 - \frac{K_X^2}{K^2}\right)\frac{A\varepsilon^{2/3}K^{-11/3}}{4\pi}V_{\mathrm{H}}$$

湍流的垂直尺度比水平尺度小 1 个数量级[14]，对于空间频率则相反，因此 $K^2 = K_X^2 + K_Y^2 + K_Z^2 \approx 2K_X^2$。在这种情况下，有

$$\Delta V_p^2(K_X) = [1 - \exp[-K_X^2\sigma_r^2 - K_X^2r^2\sigma_\alpha^2]]\frac{A\varepsilon^{2/3}K^{-11/3}}{8\pi}V_{\mathrm{H}} \tag{2.81}$$

在专门分析使用飞机实验室获得的实验数据的出版物[14,44-45]中，注意到式(2.81)中的指数和在大多数情况下，特别是对于具有高分辨率的机载雷达，是无关紧要的，因此几乎在很大程度上可以将式(2.70)和式(2.82)中的相应权重的值视为 V_i 体积内的常数。在这种情况下，对 $\overline{V}_M$ 和 ΔV_M 的评估也将很接近 $\overline{V}$ 和 ΔV 的真实值。因此，进一步假设：

$$\overline{V} \approx \overline{V}_M, \Delta V \approx \Delta V_M \tag{2.82}$$

3. 探测信号重复周期对气象目标反射无线电信号的频谱特征评估的影响

基于均匀风切变和一系列增加径向速度频谱宽度的因素（湍流、光束运动、飞行器的运动等）同时独立产生的影响导致以下事实：反射信号可以认为是符合高斯形式的[14]，即

$$S(f) = \frac{S}{\sqrt{2\pi}\Delta f}\exp\left[-\frac{(f - \bar{f})^2}{2\Delta f^2}\right] + \frac{2NT_n}{\lambda} \tag{2.83}$$

相应的 ACF 将具有以下形式：

$$\begin{aligned}B(mT_n) &= S\exp[-2(\pi\Delta f mT_n)^2]\exp[-\mathrm{j}2\pi\bar{f}mT_n] + N\delta m \\ &= S\rho(mT_n)\exp[-\mathrm{j}2\pi\bar{f}mT_n] + N\delta m\end{aligned} \tag{2.84}$$

式中：$\rho(mT_n) = \exp[-2(\pi\Delta f mT_n)^2]$ 为额定相关系数；N 为雷达接收器噪声功率的谱密度。

读数之间的相关性对于确保气象目标反射信号参数评估的高精确度非常必要。相关系数（式(2.87)）将随着重复周期T_n的减少而增加。同时，平均功率评估值和数字信号的均方根宽度的离差[14]，即

$$\mathrm{var}\ (\bar{f}) \approx \lambda^2 \frac{(1+N/S)^2-\rho^2(T_n)}{8M\rho^2(T_n)T_n^2}$$

$$\mathrm{var}\ (\Delta f) \approx \lambda^2 \frac{(1-\rho^2(T_n))^2+2(1-\rho^2(T_n))N/S+(1+\rho^2(T_n))(N/S)^2}{32\pi^2 M\Delta f\rho^2(T_n)T_n^2}$$

在指数定律下会减少。

让我们定义可能的变化的极限T_n。根据文献[14]，不等式在正确的情况下，提供了读数的高相关性：

$$\lambda/(2T_n) \geqslant 2\pi\Delta V \tag{2.85}$$

即湍流气象目标速度谱的宽度应明显小于明确确定速度的间隔。

另外，重复周期的减少受到在雷达覆盖范围内，对气象目标范围进行明确测量的需要的限制。明确测量范围的最大值为

$$r_{\max} = cT_n/2 \tag{2.86}$$

从式(2.85)和式(2.86)开始，定义重复周期允许值限值的等式为

$$2r_{\max}/c \leqslant T_n \leqslant \lambda/(4\pi\Delta V) \tag{2.87}$$

2.4.4　飞行器运动对气象目标反射雷达信号频谱和功率特性的影响

1. 飞行器运动对机载雷达接收气象目标信号平均频率和频谱宽度评估的影响

1.3 节提到的飞行器的自身移动，导致传播中的气象目标粒子对于 ASFC 的额外移动，并因此导致了在数字信号中出现额外成分的反射信号，从而扭曲了反射器径向速度的有效频谱。这种情况导致在评估信号的多普勒频谱参数时，需要考虑并补偿飞行器自身移动的影响。

让我们考虑一下径向和切向分量对飞行器速度的影响。为了评估这些分量的贡献，将引入一些限制条件：

(1) 飞行器在信号处理期间的移动值应远小于对反射信号的参数进行评估的范围。

(2) 飞行器的移动值不应超过相应方向上雷达允许体积的大小。

飞行器速度的径向分量的存在会导致反射信号（无形式失真）的整个所有数字信号沿频率轴并以值$\bar{f}_{dv}$（式(1.23)）发生切变。此外，飞行器运动的高径向速度（在较小的气象目标仰角下）还导致气象目标反射体积在信号处理期间的明显变化[34]。飞行器移动中的允许体积的空间位置的变化，导致V_i中形成的信号的反射体结构的变化，因此，导致反射信号的去相关，其表现为信号波动频谱的扩大[34]。这些波动的相关间隔等于完全更新允许体积所需的时间，即

$$\tau_f = \frac{-\tau_C}{2} \cdot \frac{1}{W_r}$$

数字信号的信号扩展由另一个移动雷达接收到,还有另一个原因,即由飞行器的切向运动导致的反射体规则交叉(相对于辐射方向)运动也会导致这样的情况[46-47]。让我们考虑飞行器在方位角平面(仰角平面上的运动影响相似)上的切向运动的情况。让飞行器以速度 W 移动,并且 DR 的最大值与移动方向成角度$\alpha_0 \neq 0$。

每个进入允许气象目标体积的水汽凝结体取决于其方位角α_n的径向速度关于雷达移动可表达如下:

$$V_n = W\cos\alpha_n$$

因此,在允许的体积范围内,辐射速度的离差是由表达式定义的,即

$$\partial V = W\sin\alpha\partial\alpha$$

在狭窄的方向图处,即在小范围内改变 α 的情况下,当速度V_n和方位角α_n之间仍然近似成比例关系时,有

$$\partial V = W_\tau \Delta\alpha$$

即速度的离差由飞行器交叉运动速度和 DR 的宽度的乘积定义,其中多普勒频率的范围或由飞行器在方位平面上的交叉运动引起的波动的频谱的宽度为

$$\Delta f_\tau = \frac{2\partial V}{\lambda} = \frac{2\ W_\tau \Delta\alpha}{\lambda} \tag{2.88}$$

例如,在飞行器的切向速度$W_\tau = 30\text{m/s}$、波长 $\lambda = 3\text{cm}$ 和方向图宽度 $\Delta\alpha = 2.6°$时,反射谱的宽度 $\Delta f_\tau \approx 100\text{Hz}$,甚至是方向图与飞行器方向的微小偏差($W_\tau = 30\text{m/s}, W = 600\text{m/s}, \alpha_0 = 3°$)也会导致反射信号的频谱明显拓宽。

如果飞行器同时在两个平面(方位角和仰角)中存在切向运动,则在这种情况下波动谱的宽度为

$$\Delta f_\tau = \sqrt{\Delta f_y^2 + \Delta f_z^2} = \frac{2}{\lambda}\sqrt{(W_y \Delta\alpha)^2 + (W_z \Delta\beta)^2} \tag{2.89}$$

式中:W_y、W_z分别为OY_a轴和OZ_a轴上的飞行器速度投影。

让我们估计由气象目标反射并被移动雷达接收的 ACF 信号类型的飞行器移动的影响。被研究的允许体积的飞行器回弹的非零径向速度的存在,导致频率表征的额外移相的反射信号的出现(式(2.89))。飞行器的切向运动会导致 ACF 模值的减少,因为它依赖于方向图值。在方向图可分离性的假设下,通过广泛使用的高斯函数对其进行近似:

$$G(\alpha_n) = \exp\left(-\frac{(\alpha_n - \alpha_0)^2}{\Delta\alpha}\right); \quad G(\beta_n) = \exp\left(-\frac{(\beta_n - \beta_0)^2}{\Delta\beta}\right) \tag{2.90}$$

然后,由于飞行器移动到反射信号的 ACF,将出现因子:

$$B_{\pi‰}(\tau) = \exp\left(j\frac{4\pi\ \Delta_r}{\lambda}\right)\exp\left(-\frac{2\pi^2\Delta_y^2\Delta\ \alpha^2}{\lambda^2}\right)\exp\left(-\frac{2\pi^2\Delta_z^2\Delta\ \beta^2}{\lambda^2}\right) \tag{2.91}$$

式中：Δ_r为飞行器在时间 τ 中的径向运动；Δ_y、Δ_z分别为飞行器在时间 τ 中分别沿 OY_a轴和 OZ_a轴的运动。

为了排除时间 τ 的径向和切向运动引起的信号波动，有必要固定允许体积在空间中相对于雷达 APC 的位置，或者换句话说，通过移动 APC 使其在反射信号处理期间相对于允许气象目标体积的中心位置保持恒定（所谓的“雷达无运动”模式）。

下面确定 APC 偏移值。为此目的，需要估计飞行器移动导致的关于 APC 允许体积的位置变化速度的相应投影。

（1）径向投影$W_r = W\cos\alpha_0\cos\beta_0$；

（2）到 OY_a轴的投影 $W_y = W\sin\alpha_0$；

（3）到 OZ_a轴的投影 $W_z = W\cos\alpha_0\sin\beta_0$。

那么对于时间 τ，允许体积的相对运动如下

（1）径向投影$\Delta_r = W\tau\cos\alpha_0\cos\beta_0$；

（2）沿着OY_a轴

$$\Delta_y = W\tau\sin\alpha_0 \tag{2.92}$$

（3）沿着 OZ_a轴

$$\Delta_z = W\tau\cos\alpha_0\sin\beta_0$$

考虑到式（2.92），由飞行器移动引起的 ACF 乘数的（式（2.91））将具有以下形式。

$$B_{\pi‰}(\tau) = \exp\left(\mathrm{j}4\pi\frac{W\tau\cos\alpha_0\cos\beta_0}{\lambda}\right)\exp\left(-2\pi^2\left(\frac{W\tau\sin\alpha_0\Delta\alpha}{\lambda}\right)^2\right)\times \exp\left(-2\pi^2\left(\frac{W\tau\cos\alpha_0\sin\beta_0\Delta\beta}{\lambda}\right)^2\right) \tag{2.93}$$

坐标系 $OX_aY_aZ_a$ 对应于在水平和垂直平面上使用带有机械扫描的移相器的情况。但是，如果移相器与使用带电子扫描的相控阵天线（phased antenna array，PAA）时出现的 X 轴牢固连接，那么必须传递到坐标 X_aYZ 的系统。对于这种情况，可以得到

$$\begin{cases}\Delta'_r = W\tau\sec\alpha_0\sec\beta_0\\ \Delta'_y = W\tau\tan\alpha_0\\ \Delta'_z = W\tau\sec\alpha_0\tan\beta_0\end{cases} \tag{2.94}$$

然后，由带有 PAA 的飞行器的运动引起的 ACF 的乘数表达式将具有以下形式：

$$B'_{\pi‰}(\tau) = \exp\left(\mathrm{j}4\pi\frac{W\tau\sec\alpha_0\sec\beta_0}{\lambda}\right)\exp\left(-2\pi^2\left(\frac{W\tau\tan\alpha_0\Delta\alpha}{\lambda}\right)^2\right)\times \exp\left(-2\pi^2\left(\frac{W\tau\sec\alpha_0\tan\beta_0\Delta\beta}{\lambda}\right)^2\right) \tag{2.95}$$

设下列比值对天线系统(antenna system)来说是正确的:

$$\Delta\alpha \approx \lambda / L_y, \Delta\beta \approx \lambda / L_z$$

式中:L_y、L_z分别为天线系统(antenna system)孔径在水平和垂直平面上的线性大小。

如果我们引入以下定义:

$$\bar{f}_{\partial\beta} = \frac{2\Delta_r}{\lambda\tau}, \Delta f_y = \frac{\Delta_y \Delta\alpha}{\lambda\tau} \approx \frac{\Delta y}{L_y \tau}, \Delta f_z = \frac{\Delta_z \Delta\beta}{\lambda\tau} \approx \frac{\Delta_z}{L_z \tau}$$

式(2.95)可以写为

$$B_{dv}(\tau) = \exp\left(\mathrm{j}2\pi \bar{f}_{dv}\tau\right)\exp\left(-\pi(\Delta f_y + \Delta f_z)\tau\right) \tag{2.96}$$

因此,雷达在移动飞行器上接收到的反射信号的 ACF 及它们的数字信号不同于静止雷达点所接收到的信号的自相交函数和频谱。除参数$\bar{f}$和 Δf 之外,取决于水汽凝结体径向速度谱的参数$\bar{V}$和 ΔV,移动雷达接收的信号的自相交函数还将取决于参数$\bar{f}_{dv}$、Δf_y、Δf_z,该参数由飞行器自身的移动确定。同时,Δf_y和 Δf_z导致反射信号的数字信号的传播,而$\bar{f}_{dv}$导致它平均频率的偏移。图 2.10 说明了不同辐射类型和雷达安装位置的自相交函数额定模值。

大量实验数据证明[48-49]:

$$\Delta f_y \gg \Delta f, \Delta f_z \gg \Delta f$$

这些不等式表明,在没有补偿飞行器切向速度分量引起的 APC 运动时,不可能高精度地估计 Δf 的值,也不可能确定是否存在危险湍流区。因此得出结论:在检测危险气象目标区域时,有必要同时解决两个相互关联的问题:

(1) 评估气象目标粒子径向速度谱的矩。

(2) 对飞行器运动的影响进行补偿。

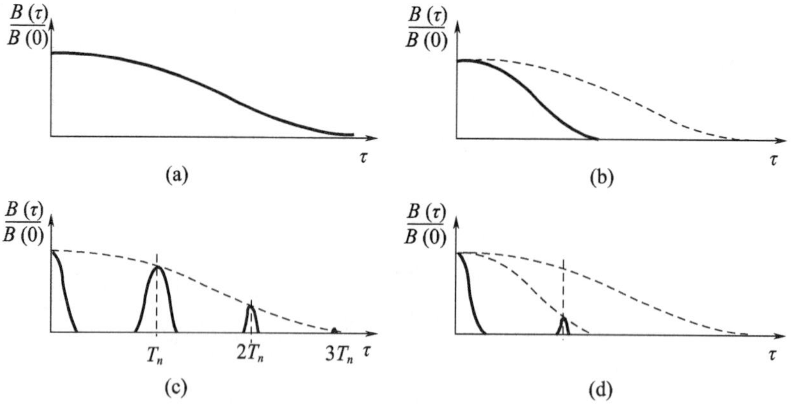

图 2.10　允许气象目标体积反射信号的额定 ACF 包络的类型

(a)连续辐射和静止雷达;(b)雷达位于移动的飞行器上;

(c)脉冲辐射和静止雷达;(d)雷达位于移动的飞行器上。

从式(2.96)可以得出,为了排除飞行器自身运动的影响,有必要满足以下条件。

$$\bar{f}_{dv}=0,\Delta f_y=0,\Delta f_z=0 \tag{2.97}$$

2. 飞行器运动对气象目标雷达反射率评估的影响

正如前文中所指出的,一般由于反射信号的相关性,被反射信号的波动部分的期望值(式(2.58))不等于零,这增加了雷达反射率评估误差。决定雷达在移动飞行器上放置时信号相关程度的因素之一是飞行器的移动速度和方向。

特别地,考虑到(式(2.88)),接收信号的相关系数(额定 ACF)可以表示为

$$\begin{aligned}\rho(\tau)&=\exp\{-[(2\pi\Delta f\tau)^2+(2\pi\Delta f_\tau\tau)^2]\}\\&=\exp\left\{-\left[\left(\frac{4\pi\Delta V\tau}{\lambda}\right)^2+4\pi\left(\frac{W\tau\Delta\alpha\sin\alpha_0\cos\beta_0}{\lambda}\right)^2+4\pi\left(\frac{W\tau\Delta\beta\sin\beta_0}{\lambda}\right)^2\right]\right\}\end{aligned} \tag{2.98}$$

随着时间间隔T_P所取反射信号 M 个读数的累积,它们之间的相关程度将因它们之间的延迟增加而不同。对于第 m 个读数($m\leqslant M$),延迟时间将为 mT_P,并且将(式(2.98))转换为

$$\rho(mT_n)=\exp\left[-m^2\left\{\left(\frac{4\pi\Delta VT_n}{\lambda}\right)^2+4\pi\left(\frac{WT_n\Delta\alpha\sin\alpha_0\cos\beta_0}{\lambda}\right)^2+4\pi\left(\frac{WT_n\Delta\beta\sin\beta_0}{\lambda}\right)^2\right\}\right]$$

然后得到

$$\rho(mT_n)=[\rho(T_n)]^{m^2} \tag{2.99}$$

知道相关系数$\rho(mT_n)$的值,在(式(2.60))中就可以定义有效(不相关)读数的数量M_E。方位函数 α 中的M_E值如图 2.11 所示(同时假设 $M=5,\beta=0$)。对图 2.11 中给出的依赖性的分析表明,在$\frac{WT_n}{\lambda}>10$、视角 $\alpha>30°$时,接收信号读数完全去相关,并且$M_E=M$。知道了 M_E值,就有可能根据方位角 α 定义平均功率$\bar{P}_{np}$评估的均方根误差。

在反射信号的连续部分相关读数的 M_E 的相干累积下,平均功率评估的均方根误差为

$$\sigma_{\bar{P}}=\frac{\sigma_{Pm}}{M_E} \tag{2.100}$$

式中:$\sigma_{\bar{P}}$为平均功率评估的均方根误差;σ_{Pm}为单个测量值P_{npm}的均方根误差[50],如文献[50]所示,为 5.57dB。

图 2.12 给出了由图 2.11 中M_E值的公式(式(2.100))计算的均方根误差值$\sigma_{\bar{P}}$。对图 2.12 中给出的飞行器自身运动对气象信号反射信号的功率特性影响的分析表明了对反射信号平均功率评估的误差,因此,在 $WT_n/\lambda>10$ 和方位角$\alpha_0>30°(M=5)$时,受到运动和选择相关性影响的雷达反射率在 2 ~2.2dB 范

围内；在 $WT_n/\lambda<10$ 和方位角$\alpha_0<30°(M=5)$时，在 3～5.6dB 范围内。改变接收包 M 的值（由于移相器的重复周期或方向图的扫描速度的改变），可以将雷达反射率评估误差降低至所需值。

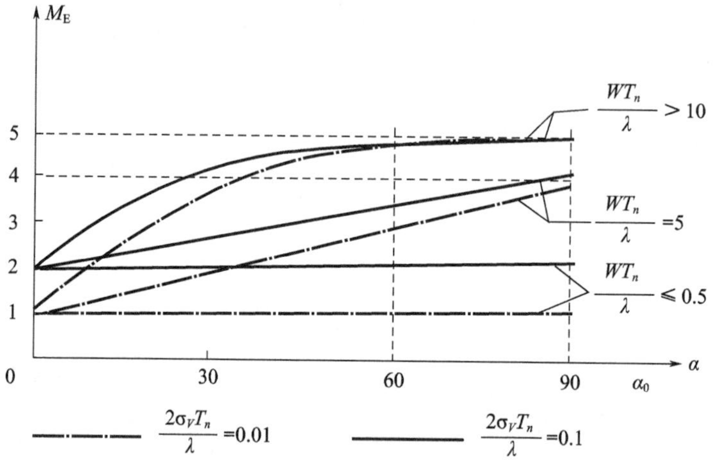

图 2.11　从方位角有效选择信号的大小的依赖关系（$M=5,\Delta\alpha=\Delta\beta=2.4°$时）

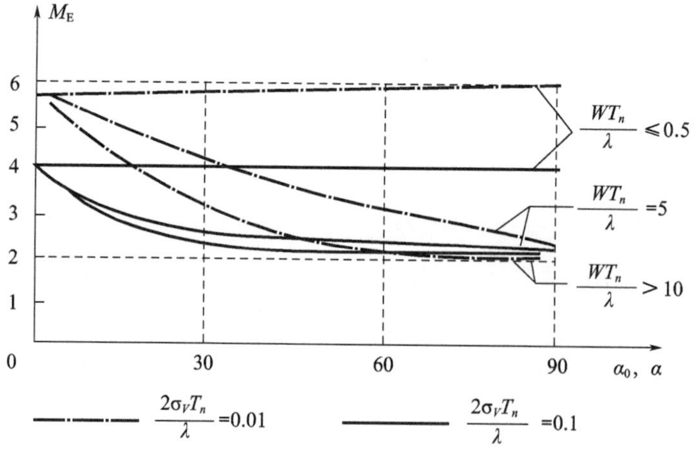

图 2.12　平均功率评估值的均方根误差在方位角上的依赖关系（在 $M=5,\Delta\alpha=\Delta\beta=2.4°$时）

然后，有必要确定发射的脉冲包 M 的大小，以获得有效包的恒定设定大小 M_E。飞行器前半球在所有方位角上 M_E 值的恒定性（$\alpha_0\leqslant\pm 90°$）将带来所有方位角上的雷达反射率评估均方根误差$\sigma_{\bar{P}}$的恒定性。让我们在考虑（式（2.99））的情况下对（式（2.60））进行变形：

$$\frac{1}{M_E}=\frac{1}{M}+\frac{2}{M}\sum_{m=1}^{M-1}\left(1-\frac{m}{M}\right)\rho\,(T_n)^{m^2} \tag{2.101}$$

为了确定发出的发射包 M 的尺寸,必须在有效包M_E的预设值处求解关于 M 的等式(2.101)。由于该方程的解析解的复杂性,考虑到雷达的以下技术特征,通过数值方法对 M 进行了评估:

(1) 波长 $\lambda=3.2\text{cm}$。

(2) 移相器的重复频率$F_p=1/T_p=1\text{kHz}$。

(3) 累积脉冲的有效数量$M_E=5$。

计算结果如图 2.13 所示。图 2.13(a)对应速度谱的均方根宽度为$\sigma_V=0.25\text{m/s}$ 的湍流情况;图 2.13(b)对应$\sigma_V=2.5\text{m/s}$ 的湍流情况。

在湍流情况下,速度谱的均方根宽度 $\Delta V=0.25\text{m/s}$。

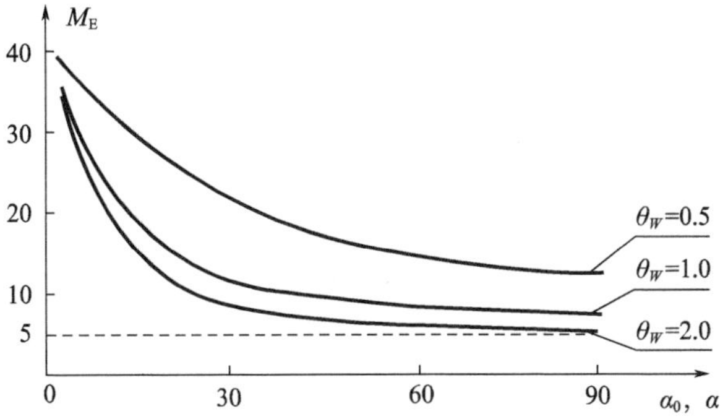

(a)

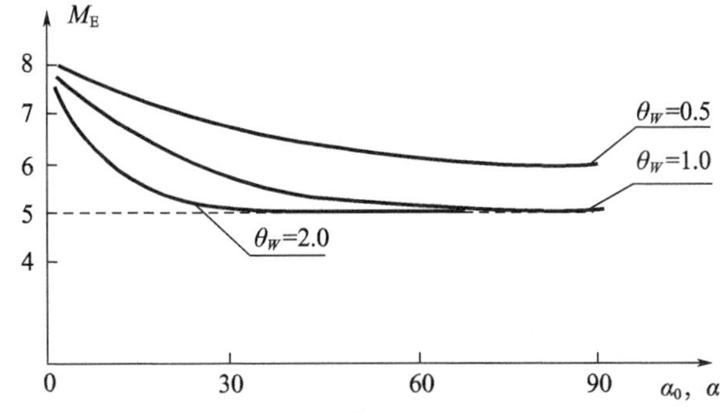

(b)

图 2.13 信号已处理包大小对接收到 M_E 有效选择的依赖关系

$\theta_W=2\sqrt{2\pi}W\,T_n\Delta\alpha/\lambda$,被作为计算参数,同时 θ_W有以下几种情况。

(1) $\theta_W=0.5$ 对应于组合 $\Delta\alpha=3°$, $W=450\text{km/h}$ 或 $\Delta\alpha=7°$, $W=200\text{km/h}$。

(2) $\theta_W=1$ 对应于组合 $\Delta\alpha=3°$, $W=900\text{km/h}$ 或 $\Delta\alpha=7°$, $W=400\text{km/h}$。

(3) $\theta_W=2$ 对应于 组合 $\Delta\alpha=7°$, $W=800\text{km/h}$。

对图 2.13 中给出的计算结果的分析表明，已发射脉冲包的值实际上很大程度上取决于气象目标、雷达飞行器和雷达的所有特性，包括水平面和垂直面上的视角（方位角和仰角上）。

2.4.5 利用参数模型描述气象目标反射的信号

现代透视式高速飞行器机载雷达和气象目标的接触时间极为有限，不允许接收大容量的反射信号（气象目标反射的无线电脉冲包）。不确定度的基本比率（参见 2.5 节）导致的包（选择）的短持续时间导致测量精度和移相器频率（速度）分辨率不够。

反射信号包的性质等于其在时域中与矩形窗口的乘积。同时，假定在观察间隔之外，信号及其 ACF 等于零。由于吉布斯效应而产生倍增效应，在处理信号的频谱中出现了近 -13dB 的最高旁瓣电平[33]。为了平滑过渡到零值，在多普勒分析之前，对复杂信号包络（或其 ACF）的离散读数进行加权处理[51]，即

$$\dot{S}_w(m) = W(m)\dot{S}(m)$$

式中：$W(m)$为权重窗口的函数。

使用加权处理来减少频谱旁瓣的掩蔽作用的应用，导致多普勒频谱主瓣的增宽，即高估了 YM 速度频谱的宽度，也导致功率损失且需要在加权处理中分配时间资源。

特别是在实际中，当信号是窄带且其 ACF 接近周期性时，指定的假设是不正确的。因此，基于一些关于接收信号性质的先验数据[52]使用一小段 ACF（或选择的反射信号的量很小），使其在观察间隔限制内继续进行是合理的。在许多实际情况下，可以通过有限阶线性系统（附录 C）相当精确地模拟导致形成反射信号的目标情况。通常，具有有理数转换函数的线性系统（成形过滤器）中输入和输出信号之间的连接由线性微分方程描述，即

$$s(m) = \sum_{k=1}^{p} a_k s(m-k) + \sum_{k=1}^{q} b_k e(m-k) + e(m) \tag{2.102}$$

式中：$s(m)$、$e(m)$分别为输出和入口系统信号；p 为自回归（AR）的阶数；q 为移动平均数（MA）的阶数；a_k和b_k分别为复数 AR 和 MA 系数。

模型（式(2.102)）称为自回归移动平均模型（ARMA）。

如果在（式(2.102)）中所有系数$b_k=0$，那么信号 $s(m)$ 表示其先前值的线性回归（自回归模型）：

$$s(m) = \sum_{k=1}^{p} a_k s(m-k) + e(m) \tag{2.103}$$

或者是矩阵形式

$$\boldsymbol{a}^{\mathrm{T}}\boldsymbol{S}(m) = \boldsymbol{b}^{\mathrm{T}}\boldsymbol{E}(m) \tag{2.104}$$

式中：T 为转置操作符号；$\boldsymbol{a}=[1\ \ -a_1\cdots\ \ -a_p]^{\mathrm{T}}-(p+1)$ 为 AR 系数的元素矢量；$\boldsymbol{S}(m)=[s(m)s(m-1)\cdots s(m-p)]^{\mathrm{T}}-(p+1)$ 为输出信号读数的元素矢量；$\boldsymbol{b}=[1\ b_1\cdots b_q]^{\mathrm{T}}-(q+1)$ 为 MA 系数的元素矢量；$\boldsymbol{E}(m)=[e(m)e(m-1)\cdots e(m-q)]^{\mathrm{T}}-(q+1)$ 为输入信号读数的元素矢量。

相应地，如果在式(2.102)中所有系数 $a_k=0$，那么这是移动平均模型。

在许多实际情况下，AR 模型可以相当精确地描述导致反射信号形成的目标情况。这和充分显示窄带频谱分量的能力有关联。基于有理数函数的其他模型(MA 和 ARMA)没有特定的优势，或者现在研究不足。

在使用零均值且离差为 σ_e^2 的离散复杂正态白噪声的形成信号 $e(m)$ 的情况下，将 AR 模型的参数和气象目标反射信号 ACF$s(m)$ 相联系的表达式为[53-54]

$$B(m)=\begin{cases}B^*(-m) & m<0\\ \sum\limits_{k=1}^{p} a_k B^*(k)+\sigma_e^2 & m=0\\ \sum\limits_{k=1}^{p} a_k B(m-k) & m>0\end{cases}\tag{2.105}$$

从式(2.105)中可以得出，当使用 AR 模型时，有机会无限地通过递归比率来继续明确信号 $s(t)$ 的 ACF：

$$B(m)=\sum_{k=1}^{p} a_k B(m-k)\text{，对于所有 } m>q\tag{2.106}$$

ACF 傅里叶变换(式(2.105))表示 $s(m)$ 信号的功率谱密度：

$$S(f)=\sigma_e^2\,T_n\left|1-\sum_{k=1}^{p} a_k\exp\left(-\mathrm{j}2\pi fkT_n\right)\right|^{-2}\tag{2.107}$$

或者使用矢量形式表达为

$$S(f)=\frac{\sigma_e^2 T_n}{\boldsymbol{c}_p^{\mathrm{H}}(f)\boldsymbol{a}\,\boldsymbol{a}^{\mathrm{H}}\boldsymbol{c}_p(f)}\tag{2.108}$$

式中：$\boldsymbol{c}_p(f)=[1,\exp(\mathrm{j}2\pi fT_n)\cdots\exp(\mathrm{j}2\pi fpT_n)]^{\mathrm{T}}$ 为复杂正弦波的向量；H 为 Hermite 共轭运算的符号，包括连续执行移调和复杂共轭运算。

从(式(2.107))中可以看出，为了通过处理实际信号的选择来评估 $S(f)$[52]，有必要定义 AR 系数 a_k 的值及形成信号(噪声)的离差 σ_e^2。

如果分解在谱线密度[式(2.107)]的分母中的多项式，那么它可以写为

$$S(f)=\sigma_e^2\,T_n\left(\prod_{k=1}^{p}|A_k(f)|\right)^{-2}\tag{2.109}$$

式中：$|A_k(f)|=\sqrt{\mathrm{Re}\{A_k(f)\}^2+\mathrm{Im}\{A_k(f)\}^2}$。$A_k(f)=1-|z_k|\exp[-\mathrm{j}(2\pi fT_n-F_k)]$ 为一阶 AR 过程的频谱；$z_k=|z_k|\exp(\mathrm{j}F_k)$ 为 AR 模型的极点(附录 C)。

由于气象目标反射信号可以通过低阶(第二阶或第五阶)AR 过程充分呈现[55-57],相应 AR 模型的极点定义可以通过计算多项式根的有效方法之一来执行(分析伴随矩阵自身值的方法、Laguerre 方法、Lobachevsky 方法等)。搜索特征多项式的根的有效方法之一是搜索相应矩阵的自身数字。该陈述通过搜索伴随矩阵自身的值,构成了根据 AR 系数的已知值评估模型的复杂极点的方法的基础[58]。

$$\underline{\boldsymbol{A}}_{\text{comp}}=\begin{bmatrix}-\dfrac{a_{p-1}}{a_p} & -\dfrac{a_{p-2}}{a_p} & \cdots & -\dfrac{a_1}{a_p} & -\dfrac{a_0}{a_p}\\ 1 & 0 & \cdots & 0 & 0\\ 0 & 1 & \cdots & 0 & 0\\ \vdots & \vdots & & \vdots & \vdots\\ 0 & 0 & \cdots & 1 & 0\end{bmatrix} \tag{2.110}$$

搜索复杂矩阵自身值的快速收敛数值算法之一是隐式转换 QR 算法[58]。

如果使用一阶的 AR 过程作为气象目标信号的模型,那么其相对于$\bar{f}$对称的频谱(式(2.107))由表达式定义(见附录 C),即

$$S(f)=\frac{\sigma_e^2T_n}{|1-a_1\exp(-\mathrm{j}2\pi fT_n)|^2}=\frac{\sigma_e^2T_n}{1+|a_1|^2-2|a_1|\cos(2\pi fT_n-\varPhi)}$$

式中:$a_1=|a_1|\exp(\mathrm{j}F)$为 AR 模型的未知复数系数。

如果 AR 系数的模$|a_1|\to1$,那么气象目标反射信号是频谱平均频率与频谱最大频率一致的窄带随机序列[59]。

$$\bar{f}=F/(2\pi T_n)=\mathrm{Arg}(a_1)/(2\pi T_n) \tag{2.111}$$

并且频谱 RMS 宽度的表达式经过多次转换后,变为[60]

$$\Delta f=\frac{1}{2\pi T_n}\left[\frac{\pi^2}{3}-4\sum_{k=1}^{\infty}\frac{(-1)^{k+1}}{k^2}|a_1|^k\right]^{1/2} \tag{2.112}$$

因此,AR 系数a_1的评估足以测量$\bar{f}$和 Δf。

在通过任意阶数的 AR 模型近似频谱的情况下,接收到的表达式具有非常简单的物理解释:每个 AR 系数对应于窄带随机序列的反射信号中存在的平均频率和频谱宽度。这发生在气象目标由几组以不同速度运动的反射体组成[61-62]的情况下。通常,对不同频谱分量的选择是由接收信号的多模态数字信号的局部最大值来确定的。在对频谱相应模式的强度评估的基础上更进一步,做出应考虑哪个 AR 模型极点的决定。

在此应注意,ARMA、AR 和 MA 模型的重要参数是模型的阶数。对接收频谱评估的分辨率和精度(色散)之间的折中的规定,取决于阶数的选择[54]。正如在文献[55-57]中指出的那样,气象目标反射信号可以通过低阶(第二阶或第五阶)的随机过程充分表达。如果选择的模型阶数太小,就会得到过于平滑

的频谱估计。在这种情况下,为了减少估计的离差,有必要累积大量的信号选择(约 1000 个),这在使用机载雷达的情况下是不可接受的。在存在测量误差的情况下,对模型的过度确定(过度高估阶次)可能导致频谱评估中出现其他附加的、通常是非常严重的错误[54,63]。特别地,也可能导致频谱中出现伪最大值。

这里为模型阶数的选择提供了几种不同的标准(标准函数)(附录 C),但是使用这些标准时,频谱的估计结果彼此没有显著差异,特别是在处理真实信号的情况下,但使用设定数字特征的建模过程则不是这样[54]。并且如文献[64-65]所证明的,在处理有限体积信号的选择时,任何给定的标准都不能提供令人满意的结果。因此在对反射信号的短包的分析中,选择 $M/8 \leqslant p \leqslant M/2$ 范围内的 AR 模型的阶次是最合适的,这在文献[66]中已通过实验证明。

因为受两个因素的影响,确定允许气象目标体积反射信号的 AR 模型参数的过程非常复杂。首先,由于 ADN 主瓣和旁瓣接收的反射信号多普勒频移不同、主瓣反射谱宽度与视线方向的依赖关系、旁瓣视场中频谱的局部最大值的存在所导致的模型阶数选择的不确定性显著增加,原则上,导致模型阶数随着过滤器形成的权重系数计算中的计算开销的相应增加而大幅增加。其次,机载雷达的空间频率和多普勒频率之间存在联系,这在静止雷达中是不存在的[34]。

总结这些结果,应注意以下几点。

(1) 任何允许气象目标体积所反射的信号代表不同 HM 相互独立的部分信号的叠加。总信号幅度的分布与气象目标体积上特定 EER 的分布有关,并由瑞利定律描述,随机初始相位在间隔$[-\pi,\pi]$中均匀分布。

雷达接收器中经过线性模拟处理和正交相位检测后的特定信号在数模转换器模块中转换为离散包络的正交分量的离散读数,代表两个统计相关的离散随机过程。如果平均风速的径向分量$\overline{V}=0$,那么特定的过程可以视为数学期望值为 0,且离差等于反射信号平均功率的相互独立的高斯随机过程。在这种情况下,由气象目标允许体积反射信号的数学模型表示两个独立的一阶马尔可夫过程模型。

平均风速的非零径向分量导致这些随机过程、取决于$\overline{V}$值的相关系数的模、符号之间产生在速度符号(方向)上的相关性。同时,反射信号的复包络的正交分量变为相关的二阶马尔可夫过程。

(2) 反射体平均速度和速度频谱宽度的评估值对于雷达允许体积形式和值及允许体积上特定 EER 分布的依赖关系,通常会使得确定相关参数真实值的问题显著复杂化。但是,在大多数实际情况下,特别是对于具有高分辨率的机载雷达,可以将径向速度场和特定 EER 视为在V_i体积内局部静止。

(3) 飞行器自身运动对雷达反射率评估的影响只影响了不相关信号选择的M_E的数量。同时,M_E的值在很大程度上取决于视角α_0、β_0和飞行器在重复过程中通过的距离与波长的比率。

(4) 机载雷达与气象目标的雷达接触的本质限制,不允许接收大容量的反射信号(包),并由此保证雷达在多普勒频率(速度)上所需的测量精度和雷达分辨率。反射信号的包装特性导致其频谱中出现最大电平接近 -13dB 旁瓣的吉布斯现象。加权处理在减少谱旁瓣的掩蔽作用上的直接应用,导致数字信号主瓣的扩宽,即高估了 YM 速度谱的宽度,也导致了功率损失且需要在加权处理上分配时间资源。

(5) 在许多实际情况下,导致信号形成的目标条件可以通过有限阶(特别是自动回归模型)的线性系统进行精确模拟。在这种情况下,为了反射信号频谱的评估,有必要定义 AR 系数和激励信号离差的值。通过 AR 模型近似的信号频谱具有非常简单的物理解释:每个 AR 系数对应于带有平均频率和频谱宽度的窄带随机序列的反射信号。这发生在气象目标是由几组以不同速度运动的反射体组成的情况下。

AR 模型的重要参数是模型阶数。在接收频谱评估的分辨率和离差之间提供折中方案取决于阶数的选择。气象目标反射信号可以通过低阶(第二阶或第五阶)的随机过程来充分表示。

2.5 机载雷达信号处理路径的数学模型

在大的平均范围内对前半球的危险气象目标区域进行可靠探测、对它们极坐标的测量及对它们危险程度的评估,是民用航空器气象雷达的主要问题之一[67-71]。尽管对于国家航空器的现代透视飞行器的机载雷达而言,指定的任务不是主要的,但确保其能进行全天候、全天气类型的应用是十分重要的。同时,考虑到在进行大量不同操作的过程中所需要的性能,在类比其他机载雷达的其他模式时,在所考虑的模式下,有必要分配主要和次要信息处理的阶段[72-73]。为了决定气象目标潜在危险区域的存在和确定在 BCS 中的位置,气象目标反射信号参数的空间视野、选择、允许、检测和评估都属于预处理过程(信号处理)。对飞行器运动影响的评估和补偿也属于预处理过程。为了形成对气象目标区域的气象参数的评估,需要对飞行器现在位置及运动的信号、信息进行处理,在处理结果的基础上进行二次处理(数据处理)。同时,气象信息是从测得雷达值的空间分布(场)中获得的。

通过复杂包络方法对机载雷达信号预处理路径进行建模的本质是将带有窄带输入影响的无线电系统和在窄带信号复包络形式中有输入影响的等效低频复杂系统进行替换。该模型应包括计算窄带信号复包络的比率,以及系统输出端对输入端在相应复包络瞬时值上的干扰。在这种情况下,根据标准机载雷达(图 2.14)的框图进行建模,该方框图包括了频率合成器、发射器、天线系统

(antenna system,AS)、接收器、模/数转换器(ADC)、可重编程信号处理器(reprogrammable signal processor,RSP)和通过信号高速通道即内模块化平行接口(IPI)[58]进行连接的数据处理器(the onboard digital computer,OBC)。在使用有源相控阵天线(APAA)的情况下,发射器、天线系统和接收器的射频部分在结构和功能上是集成的[74-75]。

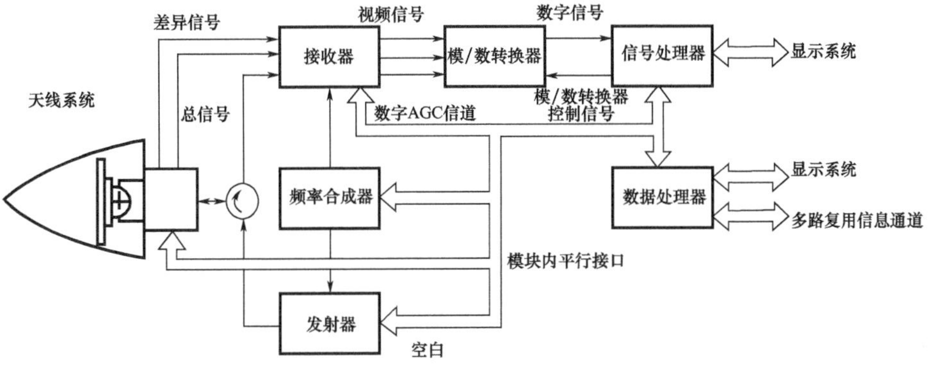

图 2.14　典型飞机雷达的框图

频率合成器为雷达的发射器和接收器执行探测和基本波动的形成。发射器放大的移相器由球形电磁波的形式通过天线系统辐射到开放空间。在现代机载雷达中,移相器以简单或复杂无线电脉冲的相干序列的形式获得最大的分布。一个相关包探测脉冲的复杂包络具有卷积形式[76]:

$$S_u(t) = \sqrt{P_u}\left[B_0(t) \ll\times\gg \sum_{m=0}^{M-1}\delta(t-mT_n)\right] \tag{2.113}$$

式中:$B_0(t)$为单个探测无线电脉冲的复杂包络;$\ll\times\gg$为卷积运算的符号;$\delta(t)=\begin{cases}\infty & t=0\\ 0 & t\neq 0\end{cases}$为 δ 函数。

在协调的内周期处理中,移相器频谱的宽度确定雷达的测量精度和分辨率,这是通过范围(延迟时间)[77-78]:

$$\delta r = \frac{c\delta t_3}{2} \approx \frac{c}{4\Delta f_M}\sqrt{\frac{N}{2E}} \tag{2.114}$$

和移相器的有效持续时间,即雷达台站对速度(在多普勒频率上)的测量精度和分辨率[77-78]:

$$\delta f_\partial \approx \frac{1}{\tau_{эф}}\sqrt{\frac{N}{2E}} \tag{2.115}$$

式中:Δf_M为探测信号调制频谱的宽度;N 为噪声的频谱密度;E 为信号的能量。

范围(延迟时间)(式(2.114))和速度(多普勒频率)(式(2.115))的独立

测量误差的乘积为

$$\delta t_3 \delta f_\partial \approx \frac{1}{2\Delta f_M \tau_{эф}} \frac{N}{2E} \tag{2.116}$$

在简单的脉冲信号中,频谱的持续时间和宽度是相互关联的($\tau_{ef}\Delta f_M \approx 1$),因此,在信号的能量不变的情况下,提高速度的测量精度,只是降低了范围的测量精度。复杂信号的频谱由飞行器波动的振幅、频率或相位的附加调制来定义的,实际上不依赖于持续时间,因此复信号频谱的有效持续时间和有效宽度可以相互独立地改变。同时,可以使信号$\tau_{ef}\Delta f_M$的基数具有很大的值。

根据1.4节规定的对于机载雷达功能的战术技术要求,在风切变和湍流危险探测和评估模式下工作时,在28~30dB的信噪比下,危险气象目标的范围测量精度应为50~100m,速度的测量精度应为±1m/s。式(2.116)中指定值的替换表明,信号所需的基值大约是一个单位,其确认了以没有内脉冲调制的简单无线电脉冲的相关序列形式,在所考虑的移相器模式中使用的可能性。

因此,在建模时必须考虑以下移相器参数:

(1) 探测无线电脉冲的持续时间τ_u;

(2) 包 M 中的脉冲数量;

(3) 脉冲重复时间T_n;

(4) 脉冲发射功率P_u;

(5) 波长 λ。

对应于雷达脉冲移相器的电磁波是自由空间。在较远的区域内,所发射的电磁波可以视为近似平坦。在下降(辐射)波与在系统视区中的对象的电磁相互作用中,形成了在雷达方向上延伸的反射电磁波。它由两个空间参数(到达雷达的方向、由角坐标定义)、描述其极化结构的两个参数(如正交分量的相位移动、振幅比值) 和4个确定其时间变化的参数(频率、振幅、初始相位和开始时间标记)所表征。

雷达作为均匀极化和时空滤波器的特性应与反射电磁波的相应参数相一致。我们将进一步认为,信号的极化和时空处理是可分离的,即在极化、空间和时间处理上是可分割的。在具有相当窄带雷达和小孔径天线系统的机载雷达中,这种条件实际上总是可以满足的[79]。

反射的电磁波被雷达天线系统接收系统,对反射电磁波的物源场进行极化和空间滤波,并将其转换为一组反射的雷达信号[80](图2.15)。

为了实现物体的空间分辨率的高特性,天线系统的孔径特征(尤其是复杂的ADP)应与气象目标反射电磁波的相应特性相协调。以下天线系统技术参数显著影响接收信号的结构:

(1) ADP在方位角 $\Delta\alpha$ 和仰角 $\Delta\beta$ 上的宽度;

（2）放大系数K_g；

（3）平均 ADP LSL；

（4）在设定扇区（Φ_α, Φ_β）中扫描Ω_α的角速度。

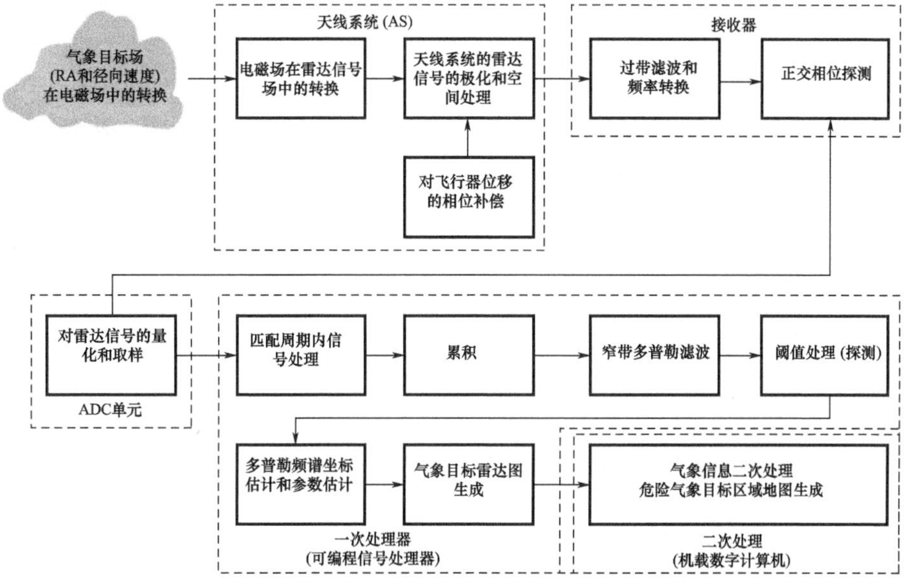

图 2.15　机载雷达信号处理的数学模型

反射的雷达信号以及移相器具有一组无线电脉冲的形式，其相干结构在空间分布目标的情况下，由允许体积内的基本反射体的相互运动及在接收过程中相对于雷达 APC 的所有允许体积的相对运动来定义。

然后进行信号的时间（频率）处理。这一处理过程在雷达中执行（频率转换、带通滤波、放大、检测）。接收器是线性的并具有必要的动态范围（参见 1.3 节）和复杂的传输系数：

$$K_i = |K_i| \exp\{j\varphi_i\}$$

式中：$|K_i|$和φ_i分别为接收器中传输系数和相位入侵的模。我们认为，相位入侵是具有数学期望$m_{\varphi i}$和色散$\sigma_{\varphi i}^2$的正常随机值。

接收器 IFA 的带宽Δf_{IF}和 IF 放大信号的频谱宽度相协调，因此与明确确定的多普勒频率所需间隔相协调。

此外，在处理路径的数学模型中需要考虑雷达接收器自身的噪声。高斯白噪声的复杂读数标准模型在被考虑的分辨率元素中用作机载雷达接收器在数字处理设备输入端的自身噪声的模型。

$$\boldsymbol{N} = [n(1)\ \ n(2)\ \ \cdots\ \ n(M)]^{\mathrm{T}} \tag{2.117}$$

式中：AKM $\underline{\boldsymbol{B}}_N = \overline{\boldsymbol{N}^* \boldsymbol{N}^{\mathrm{T}}}$包含类型为$b_{Nin} = \sigma_N^2 \delta_{in}$的成员，其中，$\sigma_N^2$表示由通过以下

表达式及噪声系数K_n和接收器的带宽Δf_{IF}[4,81]确定的噪声离差，即

$$\sigma_N^2 = kT_{av}(K_n - 1)\Delta f_{\mathrm{IF}} \tag{2.118}$$

式中：k为玻耳兹曼常数，$k = 1.38 \times 10^{-23}$ J/K；T_{av}为绝对环境温度；Δf_{IF}为由移相器持续时间确定的雷达接收器的带宽，$\Delta f_{\mathrm{IF}} = \tau_u^{-1}$。

此外，在分配复数包络线的正交分量后，借助ADC模块将信号转换为数字形式。此处应注意，反射的雷达信号的处理路径不仅是热噪声（在接收器中）的来源，而且还是ADC块量化噪声的来源。在这项工作中，没有考虑ADC的量化噪声。

接收信号的正交分量的离散读数的二进制码被接收到后到达PSP，执行时间处理操作（时域选择、分辨率、反射信号参数检测和评估、飞行器运动影响的评估及其补偿）以及对雷达接收器幅度自动调整系统的管理。PSP是专用的高性能计算器，其架构和命令系统最适合解决信号处理问题[82-83]。

因此，信号的时域处理由一系列连续的操作步骤组成[72]：

(1) 对接收的相干信号进行周期内处理，包括线性处理（放大、频率变换、带通滤波等）和协调滤波或相关处理。

(2) 周期（多普勒）处理，旨在减弱主动和被动干扰带来的负面影响。

(3) 信号的累积及有关接收信号的一些统计信息（决定性统计信息）的形成，在此基础上做出检测决定并估计信号参数。

(4) 决定性统计数据的阈值测试以及信号参数的检测和评估算法的实现。

步骤(1)与极化和空间处理一起，属于单个相干信号的周期内极化和时空处理的阶段。步骤(2)~(4)是通过视区内或在该区域每个方向重复探测时的ADP进行的，对在统一扫描中被每个物体反射的一组（“包”）信号进行周期间处理的阶段。

首先，机载雷达中信号处理的具体内容与其飞行器的移动有关。雷达的移动使雷达图像的形成算法复杂化，因为有必要将由于移动而彼此偏移和旋转的图像的各个片段相匹配，并拓宽信号的周期波动谱等。这些负面影响导致需要在信号相位校正的预处理过程中实现，以补偿飞行器的移动和轨迹波动对信号相位结构的影响。

总结结果，注意以下几点：

(1) 在气象目标危险程度的检测和评估模式中，在一级和二级处理阶段，雷达信息的处理顺序是连续的。对气象目标所反映的信号的空间、参数的选择、许可、检测和评估，以判断是否存在气流密度的气象目标区，并确定它们在界坐标系中的相对位置，属于信号预处理。对飞行器运动的影响及其补偿的评估也属于预处理。为了形成对气象目标区域气象参数的评估，在对数字信号、当前位置和飞行器运动信息进行处理的基础上，进行二次处理（测量处理）。同时，气象信息是从测得雷达值的空间分布（场）中获取的。

雷达信号处理路径的数学模型应包括一组始终执行基本信号处理的主要功能 操作并涉及以下研究对象的算法：

① 评估反射信号的数字信号参数的算法，该信号与气象目标粒子的速度谱的参数明确相关；

② 飞行器运动的相位补偿算法。

（2）作为均匀极化和时空滤波器的雷达预处理路径的特性，应与允许气象目标体积反射 EMW 的相应参数一致。在具有相当窄带探测通道和小孔径天线系统的机载雷达中，信号的极化和时空处理实际上总是可分离的，即在极化、空间和时间上是可分割的。

反射 EMW 场的极化和空间滤波及将其转换为一组反射的雷达信号，是由雷达天线系统进行的。信号的时域（频率）处理部分在雷达线性接收器中以模拟方式进行（频率变换、带通滤波、放大、检测、协调的周期内处理），部分以非数字形式在雷达 P 中进行（时域选择、分辨率、反射信号参数探测和评估，对飞行器运动的影响及其补偿的评估）。

2.6 小　　结

基于 2.2 节的结果，可以得出以下主要结论。

（1）气象目标危险度检测与评估问题的聚合数学模型，应利用已知的模块化构造原理和无线电工程系统的数学模型规范建立，主要包括以下 3 个部分：

① 雷达信号的形成模型（气象目标模型、飞行器移动模型、有用信号模型）；

② 机载雷达信号处理路径的模型；

③ 控制程序模块和建模结果处理。

（2）从目前工作的目的和目标出发，对机载雷达信号的数字处理算法的建模应该在功能层面上进行。由于大多数对信号进行数字处理的现代设备（都具有无条件逻辑和重新编程及处理功能）都是利用对接收信号复杂包络的正交分量的数字读数进行的，因此在开发的模型中使用了适合此表示的复杂包络方法。

（3）气象目标模型应考虑其物理参数的空间分布（在风切变和湍流条件下的径向风速、含水量）。为了检测和评估位于相当大高度的风切变区域的危险，"环形涡"形式的下降气流风速场模型更可取。

（4）雷达的空间运动表示飞行器在固定基础轨迹上运动和基础轨迹的随机偏差的叠加。偏离基本轨迹的 APC 是由 TI、机身围绕 CM 的旋转、飞行器结构的波动和扭转以及空气动力学振动来定义的。所有特定的波动都具有窄带特征。在这种情况下，飞行器在湍流大气中运动的模型可以用每个坐标都有常系数的线性微分方程来表示。

(5) 允许气象目标体积在雷达 P 输入端口反射的信号,可以通过复包络正交分量的离散读数来描述,表示两个统计上相关的离散随机过程。如果平均风速的径向分量$\overline{V}=0$,那么可将特定过程视为相互独立的高斯随机过程。在这种情况下,气象目标反射信号的数学模型表示两个独立的一阶马尔可夫过程模型。平均风速的非零径向分量导致这些随机过程之间出现相关性,而相互相关性系数的模取决于$\overline{V}$值和速度的符号(方向)。同时,反射信号复包络的正交分量变成了相关的二阶马尔可夫过程。

(6) 气象目标特定 EER、总 EER 和由允许体积反射信号的平均功率的空间分布基于雷达反射率的分布来确定。进行的计算表明,允许气象目标体积的总 EER 非常可观(数十到数百平方米),并且在平方律下随着范围的增加而增加。

(7) 对于反射信号的功率,反射气象目标信号的数字信号对应于考虑了它们每个的贡献的不同反射体径向速度的频谱,即在分析反射体径向速度在气象目标体积上的空间分布时,有必要考虑气象目标雷达反射率空间场(特定 EER)的不均匀性。但是,在大多数实际情况下,特别是对于高分辨率的机载雷达,可以将径向速度场和特定 EER 场视为在V_i体积内局部静止。

(8) 机载雷达与气象目标的接触的时间限制不允许接收大体积的反射信号来在多普勒频率(速度)上提供所需的雷达测量精度和分辨率精度。反射信号的包性质导致其频谱的出现以最大电平接近 -13dB 的旁瓣吉布斯现象为代价。但是,气象目标信号在观察周期之外为 0 的假设不成立,因为信号是窄带信号,并且它的 ACF 接近周期信号。导致气象目标形成的目标情况可以通过有限阶的线性系统(AR 模型)精确模拟。在这种情况下,为了评估反射信号的数字信号参数,必须定义 AR 系数的值和形成(激发)信号的离差。

AR 模型近似的信号频谱具有非常简单的物理解释:每个 AR 系数对应于带有平均频率和频谱宽度的窄带随机序列的反射信号的存在。这发生在气象目标由几组以不同速度移动的反射体组成的情况下。在真实条件下,气象目标反射的信号可以通过低阶(第二阶或第五阶)的随机过程来充分表示。

(9) 对气象目标区域危险程度探测和评估模式下的雷达信息处理程序由始终如一运行的初级处理和二次处理阶段组成。为了确定气象目标危险区域的存在以及在 BCS 中相对位置的定义,而进行的对空间、选择、允许的观察对气象目标反射信号参数的探测和评估属于预处理(信号处理)。对飞行器移动的影响及补偿的评估也属于预处理。二次处理(数据处理)是为了形成对气象目标区域气象参数的评估,在飞行器当前位置和移动信息、信号的处理结果的基础上进行的。同时,气象信息是从测得雷达值的空间分布(场)中获取的。

雷达信号的数学模型应包括一组持续运行的主要功能算法,该算法涉及以下研究对象:

① 和气象目标粒子速度频谱参数明确关联的，对反射信号的数字信号参数进行评估的算法；

② 飞行器运动的相位补偿算法。

参考文献

[1] Melnichuk Yu. A. , Stogov G. V. Bases of radio engineering and radio engineering devices. – M. :"Sov. Radio" ,1973. – 368 pages.

[2] Mikhaylutsa K. T. Digital processing of signals in airborne radar – tracking systems:Text book/ Eds. V. F. Volobuyev. – L. :LIAP,1988. – 78 pages.

[3] Alyanakh I. N. Modelling of computing systems. – L. : Mechanical engineering, 1988. – 233 pages.

[4] Borisov Yu. P. Mathematical modelling of radio systems: Ed. book for higher education institutions. – M. :"Sov. radio" ,1976. – 296 pages.

[5] Modelling in radar – location/A. I. Leonov, V. N. Vasenev, Yu. I. Gaydukov, et al; Eds. A. I. Leonov. – M. :Soviet radio,1979. – 264 pages.

[6] Matveev L. T. Course of the general meteorology. Physics of the atmosphere. – L. : Hydrometeoizdat,1984. – 751 pages.

[7] Aviation meteorology: Textbook/A. M. Baranov, O. G. Bogatkin, V. F. Goverdovsky, et al; Eds. A. A. Vasilyev. – SPb. :Hydrometeoizdat,1992. – 347 pages.

[8] Vasin I. F. Influence of wind shear on safety of flights of aircrafts. – In the book: Pub. house VINITI. Results of science and technology. – M. :Air transport,1980. – V. 8,p. 5 – 30.

[9] RDR – 4B. Forward Looking Windshear Detection/Weather Radar System. User' s Manual with Radar Operating Guide lines. Rev. 4/00. – Honeywell International Inc. , Redmond, Washington USA,2000.

[10] Fujita T. T. , Byers H. R. Spearhead echo and downburst in the crash of an airliner. Mon. Wea. Rev. ,1977,№. 105,p. 1292 – 1346.

[11] Ivan M. Aring – vortex downburst model for flight simulations. Journal of Aircraft,1986,v. 23, 13,r. 232 – 236.

[12] Kalinin A. V. , Monakov A. A. Assessment of parameters of the meteo phenomena, dangerous to aircraft, by a radar method: Report. – In the book: The fourth scientific session of graduate students of SUAI devoted to the World day of aircraft and astronautics and the 60 anniversary of SUAI (St. Petersburg, March 26—30, 2001): Collection of reports. P. 1. Technical sciences. SPb. :publishing house of St. Petersburg State University of Aerospace Instrumentation,2001. – p. 236 – 238.

[13] Holmes J. D. , Oliver S. E. Anempirical model of a downburst. Engineering Structures,2000, v. 22,19,1167 – 1172.

[14] Doviak R. ,Zrnich. Doppler radars and meteorological observations: The translation from Eng-

lish - L. :Hydrometeoizdat,1988. -511 pages.

[15] Taylor G. The loadings applied to a plane. - M. :Mechanical engineering,1971.

[16] Atlas D. Achievements of radar meteorology/Translation from English - L. :Hydrometeoizdat, 1967. -194 pages.

[17] Tatarsky V. I. The theory of the fluctuation phenomena at distribution of waves in the turbulent atmosphere. - M. :Publishing house of Academy of Sciences of the USSR,1959. -232 pages.

[18] Dobrolensky Yu. P. Dynamics of flight in the rough air. - M. :Mechanical engineering,1969.

[19] Zubkov B. V. ,Minayev E. R. Bases of safety of flights. - M. :Transport,1987. -143 pages.

[20] Banakh V. A. ,Verner X. ,Smalikho I. N. Sounding of turbulence of clear sky by adoppler lidar. Numerical modelling. Optics of the atmosphere and ocean,2001,v. 14,No. 10,pages 932 -939.

[21] Radar stations with digital synthesizing of an antenna aperture. V. N. Antipov,V. T. Goryainov, A. N. Kulin et al;Eds. V. T. Goryainov. - M. :Radio and Communication,1988. -304 pages.

[22] Problems of creation and application of mathematical models in aircraft. - M. :Science,1983 - (Ser. "Cybernetics issues").

[23] Introduction to aero autoelasticity. S. M. Belotserkovsky et al. - M. :Science,1980 -384 pages.

[24] VorobievV. G. ,Kuznetsov S. V. Automatic flight control of planes:Ed. book for higher education institutions. - M. :Transport,1995. -448 pages.

[25] Flight operation safety/Eds. R. V. Sakach. - M. :Transport,1989. -239 pages.

[26] Krasyuk N. P. ,Rosenberg V. I. Ship radar - location and meteorology. - L. :Shipbuilding, 1970. -325 pages.

[27] Levin B. R. Theoretical bases of statistical radio engineering. - M. :Radio and Communication,1989. -656 pages.

[28] TikhonovV. I. Statistical radio engineering. - M. :Radio and Communication,1982. -624 pages.

[29] Borisov Yu. P. ,Tsvetnov V. V. Mathematical modelling of radio engineering systems and devices. - M. :Radio and Communication,1985. -176 pages.

[30] Multipurpose radar complexes offighter planes. V. N. Antipov,S. A. Isaev,A. A. Lavrov,V. I. Merkulov;Eds. G. S. Kondratenkov. - M. :Voyenizdat,1994.

[31] Stepanenko V. D. Radar - location in meteorology. - the 2nd ed. - L. :Hydrometeoizdat, 1973. -343 pages.

[32] Tikhonov V. I. ,Mironov M. A. Markov processes. - M. :Sov. Radio,1977. -488 pages.

[33] Chernyshov E. E. ,Mikhaylutsa K. T. ,Vereshchagin A. V. Comparative analysis of radar methods of assessment of spectral characteristics of moisture targets:The report on the XVII All - Russian symposium "Radar research of environments" (20—22. 04. 1999). - In the book: Works of the XVI - XIX All - Russian symposiums "Radar research of environments". Issue 2. - SPb. :VIKU,2002 - p. 228 -239.

[34] Feldman Yu. I. ,Mandurovsky I. A. The theory of fluctuations of the locational signals reflected

by the distributed targets. – M. :Radio and Communication,1988. – 272 pages.

[35] Krasyuk N. P. ,Koblov V. L. ,Krasyuk V. N. Influence of the troposphere and the underlying surface on work of a radar station. – M. :Radio and Communication,1988. – 216 pages.

[36] Radar methods of a research of the Earth/Eds. Yu. A. Melnichuk. – M. :Sov. radio,1980. – 264 pages.

[37] Ivanov,Yu. V. Asymptotic efficiency of algorithms of space – time processing in coherent and pulse radar stations. Ed. house of mag. Radio electronics (News of Higher Educational Institutions) – Kiev,1990. – 12 pages (Dep. in VINITI 06. 12. 90 No. 6151 – B90).

[38] RyzhkovA. V. Meteorological objects and their radar characteristics. Foreign radio electronics, 1993,No. 4,pages 6 – 18.

[39] Mazin I. P. ,Hrgian A. H. Clouds and cloudy atmosphere: Reference book. – L. :Hydrometeoizdat,1989. – 647 pages.

[40] Rosenberg I. V. Dispersion and weakening of electromagnetic radiation by atmospheric particles. – L. :Hydrometeoizdat,1972. – 348 pages.

[41] Brylev G. B. ,Gashina S. B. ,Nizdoyminoga G. L. Radar characteristics of clouds and rainfall. – L. :Hydrometeoizdat,1986. – 231 pages.

[42] Mikhaylutsa K. T. ,ChernulichV. V. The device of digital processing of signals for the incoherent weather radar. Issues of special radio electronics. Ser. RLT,1981,No. 20.

[43] Aviationradar – location:Referencebook. Eds. P. S. Davydov. – M. :Transport,1984. – 223pages.

[44] IvanovA. A. ,MelnichukYu. V. ,Morgoyev A. K. The technique of assessment of vertical velocities of air movements in heavy cumulus clouds by means of the doppler radar. Works of the CAO,1979,issue 135,pages 3 – 13.

[45] Bracalente E. M. ,Britt C. L. ,Jones W. R. Airborne Doppler Radar Detection of Low – Altitude Wind Shear. Journal of Aircraft,1990,Vol. 27,12,p. p. 151 – 157.

[46] Okhrimenko A. E. Bases of radar – location and radio – electronicfight: Text book for higher education institutions. P. 1. Bases of radar – location. – M. :Voyenizdat,1983. – 456 pages.

[47] Theoretical bases of a radar – location:Ed. book for higher education institutions. A. A. Korostelev,N. F. Klyuev,Yu. A. Melnichuk,et al;Eds. V. E. Dulevich. – M. :Sov. Radio,1978. – 608 pages.

[48] The airborne radar for measurement of velocities of vertical movements of lenses in clouds and rainfall. V. M. Vostrenkov,V. V. Ermakov,V. A. Kapitanov,et al. Works of the CAO,1979,issue 135,pages 14 – 23.

[49] The doppler radar of vertical sounding for a research of dynamic characteristics of cloud cover from a plane board. V. M. Vostrenkov,V. V. Ermakov,V. A. Kapitanov,et al. Works of the 5th All – Union meeting on radar meteorology. – M. :Hydrometeoizdat,1981. – p. 145 – 148.

[50] SmithP. ,HardyK. ,GloverK. Radars in meteorology//TIIER,t. 62,No. 6,1974,pages 86 – 112.

[51] MeisterYu. L. ,Piza D. M. Weight functions for DFT in the systems of reception and processing of radar signals. "Radioyelektronika. Informatika. Upravlinnya" (Zaporizhia,ZGTU),2001,

No. 1, pages 8 – 12.

[52] Mironov M. A. Assessment of parameters of the model of autoregression and moving average on experimental data. Radio engineering, 2001, No. 10, pages 8 – 12.

[53] Gong S., Rao D., Arun K. Spectral analysis: from usual methods to methods with high resolution. – In the book: Superbig integrated circuits and modern processing of signals/Eds. Gong S., WhitehouseH., Kaylat T.; the translation from English eds. V. A. Leksachenko. – M.: Radio and Communication, 1989. – P. 45 – 64.

[54] Marple Jr. S. L. Digital spectral analysis and its applications: The translation from English M.: Mir, 1990. – 584 pages.

[55] Bakulev P. A., Koshelev V. I., Andreyev V. G. Optimization of ARMA – modelling of echo signals. Radio electronics, 1994, No. 9, pages 3 – 8. (News of Higher Educational Institutions).

[56] Bakulev P. A., StepinV. M. Features of processing of signals in modern view RS: Review. Radio electronics, 1986, No. 4, pages 4 – 20. (News of Higher Educational Institutions).

[57] Khaykin S., Carry B. U., Kessler S. B. The spectral analysis of the radar disturbing reflections by the method of the maximum entropy. TIIER, 1982, v. 70, No. 9, pages 51 – 62.

[58] Voyevodin V. V., KuznetsovYu. A. Matrixes and calculations. – M.: Science, 1984 – 320 pages.

[59] Vostrenkov V. M., Ivanov A. A., Pinskiy M. B. Application of methods of adaptive filtration in the doppler meteorological radar – location. Meteorology and hydrology, 1989, No. 10, pages 114 – 119.

[60] Hovanova N. A., Hovanov I. A. The methods of the time series analysis. – Saratov: Publishing house of GosUNTs "College", 2001. – 120 pages.

[61] KoshelevV. I., AndreyevV. G. Optimization of AR Models of processes with a polymodal spectrum. Radio electronics, 1996, No. 5, pages43 – 48. (News of Higher Educational Institutions)
.

[62] Koshelev V. I., Andreyev V. G. Application of ARMA – models at modelling of echo signals. Radio electronics, 1993, No. 7, pages 8 – 13. (News of Higher Educational Institutions).

[63] Andreyev V. G., Koshelev V. I., Loginov S. N. Algorithms and means of the spectral analysis of signals with a big dynamic range. Radio electronics issues Ser. RLT. 2002, issue 1 – 2, pages 77 – 89.

[64] Yermolaev V. T., Maltsev A. A., RodyushkinK. V. Statistical characteristics of AIC, MDL criteria in a problem of detection of multidimensional signals in case of short selection: Report. – In the book: The third International conference "Digital Processing of Signals and Its Application": Reports. – M.: NTORES, 2000 – Volume 1. p. 102 – 105.

[65] Ulrych T. J., Clayton R. W. Time Series Modeling and Maximum Entropy. Phys. Earth Planet. Inter., V. 12, p. p. 188 – 200, August 1976.

[66] Ulrych T. J., Ooe M. Autoregressive and Mixed ARMA Models and Spectra. – In the book: Nonlinear Methods of Spectral Analysis, 2nd ed., S. Haykin ed., Springer – Verlag, New York, 1983.

[67] Manual on flights in CA of the USSR (NPP CA -85). -M. :Air transport,1985. -254 pages.

[68] Radar systems of air vehicles:Textbook for higher education institutions/Eds. P. S. Davydov. -M. : Transport,1977. -352 pages.

[69] Tuchkov N. T. The automated systems and radio - electronic facilities of air traffic control. - M. :Transport,1994. -368 pages.

[70] ARINC - 708. Airborne Weather Radar. - Aeronautical Radio Inc. , Annapolis, Maryland, USA,1979.

[71] ARINC -708A. Airborne Weather Radarwith Forward Looking Windshear Detection Capability. - Aeronautical Radio Inc. ,Annapolis,Maryland,USA,1993.

[72] Kuzmin S. Z. Bases of design of systems of digital processing of radar processing. -M. ;Radio and Communication,1986. -352 pages.

[73] Radar stations of the view of Earth. G. S. Kondratenkov, V. A. Potekhin, A. P. Reutov, Yu. A. Feoktistov;Eds. G. S. Kondratenkov. -M. :Radio and Communication,1983. -272 pages.

[74] Active phased antenna arrays. V. L. Gostyukhin, V. N. Trusov, K. G. Klimachev, Yu. S. Danich; Eds. V. L. Gostyukhin. -M. :Radio and Communication,1993. -272 pages.

[75] Antennas and UHF devices. Design of the phased antenna arrays. Eds. D. I. Voskresensky. -M. :Radio and Communication,1994. -592 pages.

[76] Processing of signals in multichannel RS. A. P. Lukoshkin, S. S. Korinsky, A. A. Shatalov, et al;Eds. A. P. Lukoshkin. -M. :Radio and Communication,1983. -328 pages.

[77] Cook Ch. ,Burnfield M. Radar signals:The translation from English -M. :Sov. radio,1971. -568 pages.

[78] Svistov V. M. Radar signals and their processing. -M. :Sov. Radio,1977. -448 pages.

[79] Protection of radar - tracking systems against interferences. State and trends of development. Eds. A. I. Kanashchenkov and V. I. Merkulov. -M. : Radio engineering, 2003. -416 pages.

[80] Korostelev A. A. Space - time theory of radio systems:Text book. -M. :Radio and Communication,1987. -320 pages.

[81] Bykov V. V. Digital modelling in statistical radio engineering. -M. :Sov. radio,1971. -328 pages.

[82] Mikhaylutsa K. T. ,Ushakov V. N. ,Chernyshov E. E. Processors of signals of aerospace radio systems. -SPb. :JSC Radioavionika,1997. -207 pages.

[83] Multipurpose pulse - doppler radar stations for fighter planes: Review. -M. : RDE NIIAS, 1987. -70 pages.

第3章

提高机载雷达气象目标参数评估可观测度以及精确度的信号处理方法和算法

气象目标反射信号形成条件的多种多样，导致其参数的先验不确定性，从而没有机会利用任何事先已知的特征来组织这些信号的最佳处理，如通过贝叶斯方法或后验概率最大的方法。此外，气象目标信号的特征是其参数的空间异质性和时间不平稳性。对于这方面，在自适应方法的先验不确定性下，我们将在工作的典型方法中寻找处理气象目标反射信号的方法。

气象目标反射信号的所有处理方法都可以有条件地分为两类：处理数据块的方法和处理连续数据的方法[1]。第一个用于处理某些固定体积（包）数据累积读数的块，当可用包的体积受到严格限制时，采用类似的方法很方便，但是希望获得具有最佳可能特征的评估。在存在更长选择的情况下，可以使用连续估计的方法，该方法在接收每个新读数的过程中提供对接收到的参数评估的更新。

在解决利用机载雷达探测和评估气象目标区危险性的问题时，应优先采用第一类方法。首先，由于飞行器飞行的高速和气象目标特定的 EER 的大范围变化，雷达观测时间有限；其次，更新接收到的具有移相器重复频率的气象目标速度谱参数评估的多个步骤都需要在超出现有和预期的可编程信号处理器（RSP）的可能性的大量计算上进行。

另外，气象目标反射随机信号的频谱分析方法可以根据其他分类标准分为两组：非参数方法和参数方法。在非参数方法中，仅使用分析信号读数中包含的信息。参数方法假定在这种情况下，存在某种随机信号统计模型和频谱分析过程，包括了确定该模型的参数。

3.1 用于气象目标多普勒频谱频率和宽度评估的机载气象雷达信号处理方法和算法

评估数字信号的平均频率和 RMS 宽度的第一步是对接收到的功率信号进行归一化（式（1.17）和式（1.18））。信号平均功率（式（1.12））的评估是通过对

M 个连续的 P_{cm} 读数进行平均得出的。在实践中,为了评估平均功率, Q_m 接收器输出的是信号读数,而不是功率读数被平均,其和 P_{cm} 值在功能上相关联。在这方面,式(2.62)可以用下形式表示:

$$\overline{P}_c \sim \overline{Q} = \frac{1}{M}\sum_{m=1}^{M} Q_m \tag{3.1}$$

P_{cm} 和 Q_m 之间的相关性由接收器的幅度特性(amplitude characteristic,AC)的类型定义。接收器 AC 可以是以下类型:

(1)线性 AC,由依赖关系 $Q_m \sim \sqrt{P_{cm}}$ 进行特征化;

(2)乘方 AC,对于 $Q_m \sim P_{cm}$;

(3)对数 AC,对于 $Q_m \sim \log P_{cm}$。

每个允许体积反射信号的包络都经过模拟数字转换,并以代码的形式传递给可重编程信号处理器,并且为了得到平均功率评估,对信号包络线的设定读数(式(2.32))进行累加。

3.1.1　气象目标反射信号的多普勒频谱参数评估的非参数方法

传统上,应用于气象雷达定位的非参数频谱估计方法基于功率频谱密度计算的两个等效公式之一[2]:

$$S(f) = \sum_{m=-\infty}^{\infty} B(mT_n)\,e^{-j2\pi fmT_n} \tag{3.2}$$

$$S(f) = \lim_{M\to\infty}\frac{1}{M}\left|\sum_{m=0}^{M-1} s(mT_n)\,e^{-j2\pi fmT_n}\right|^2 \tag{3.3}$$

式中: $B(mT_n)$ 为信号 $s(mT_n)$ 的自相关函数。

式(3.2)基于布莱克曼和图基方法,包括在最终间隔内初步得到自相关函数评估,然后进行傅里叶变换。

信号的自相关函数 $B(mT_n)$ 评估可以通过以下形式得到:

$$\hat{B}(mT_n) = \frac{1}{M-m}\sum_{n=0}^{M-m-1} s([n+m]T_n)\,s^*(nT_n)$$

使用布莱克曼和图基方法时,假设 AKF 在观察间隔外等于0。

$$S(f) = \sum_{m=0}^{M-1}\hat{B}(mT_n)e^{-j2\pi fmT_n} \tag{3.4}$$

该假设导致以 Gibbs 现象为代价,在已处理信号的频谱中出现旁瓣。为了在傅里叶变换之前平滑过渡到零值,ACF 通常需要权重处理:

$$S(f) = \frac{1}{P_w}\sum_{m=0}^{M-1}\hat{B}(mT_n)w(mT_n)\,e^{-j2\pi fmT_n} \tag{3.5}$$

式中: $w(mT_n)$ 为权重窗口的函数。

$$P_w = \frac{1}{M}\sum_{m=0}^{M-1} |w(mT_n)|^2$$

利用权值处理来减少旁瓣的掩蔽作用会导致功率损失,同时也需要在权值处理上分配时间。

基于 ACF 计算的方法被称为频谱评估的相关图方法[3]。数字信号参数评估的最优相关图法是最大似然法(ML),它为评估提供了最小的离散度。

1. 最大似然法

根据统计决策理论,在最佳处理装置中用最大似然法测量信号的非功率参数 A 的操作由相关积分构成[4-6],并求出参数 A 对应于这个积分的最大值:

$$Z(A) = \int_0^T x(t)\, s_0^*(t,A)\,\mathrm{d}t \tag{3.6}$$

式中:$x(t) = s(t) + n(t)$ 为有用信号和干扰的输入混合;$s_0(t,A)$ 为接收器的基本信号;T 为分析时间。考虑(式(3.6))的建造装置不是非跟踪测量仪器。

由于干扰和参数 A 的值通常是事先未知的,因此应对 A 的所有离散值集合进行优化处理。测量仪器可以以多通道(并联)装置的形式执行,每个通道都设置为测量参数的值,并为其计算相关积分 $Z(A_i)(i = 1,2,\cdots,n)$ 的值;或者以分析仪的形式执行,分析仪对参数的各种值进行一致调整。并联分析仪的通道数 n 由参数 A 在参数上所需分辨率 ΔA 的先验间隔的值确定。参数 A 的评估是根据具有最大输出信号(式(3.6))的处理装置的信道的选择做出的。

在评估由数字信号反射的数字信号的平均频率 $\bar{f}$ 时,最佳多通道评估设备的通道数由其测量所需的精度 $\delta\bar{f}$ 定义:

$$n = (\bar{f}_{\max} - \bar{f}_{\min})/\delta\bar{f}$$

式中:$\bar{f}_{\max} - \bar{f}_{\min}$ 为可能值 $\bar{f}$ 的先验区间。

所列出的用于通过最大似然法得到数字信号参数评估的操作,其执行需要大量计算和大量时间来接收必要量的反射信号选择,尤其是在估计参数的空间异质性条件下。在使用陆地雷达的情况下,仍然可以执行所有计算量以得到最大似然法评估,但是在将雷达安装在移动飞行器上时,几乎不可能通过最大似然法实时解决目标。

目前,满足以下要求的数字信号参数评估的更简单的次优方法得到了广泛的应用:

(1) 确保在已处理信号的参数存在先验不确定性的条件下工作。

(2) 确保实时工作。

(3) 只要有可能,适用于机载雷达的单通道实现。

类似的方法之一是基于用自协变积分替换相关积分(式(3.6))的改进最大似然法:

$$Z'(\tau) = \int_0^T s^*(t)s(t+\tau)\mathrm{d}t \tag{3.7}$$

式(3.7)的适用性条件是满足

$$\Delta f_{\mathrm{if}} >> \bar{f} \tag{3.8}$$

式中：Δf_{if} 为中频放大器带宽。

在由于短脉冲信号探测而在距离上提供高分辨率的相干和脉冲雷达中，IFA 带宽超出了 $\Delta f_{\mathrm{if}} \approx K/\tau_u$ 的条件，其中系数 $K=0.5\sim2$；τ_u 为移相器持续时间。由于不等式(3.8)的正确性，始终满足持续时间 τ_u 在 0.1 ～ 1μs 以内时，中频放大器带宽为 3～130 MHz。

在实现次优算法(式(3.7))的情况下，有必要估计 ACM 的 $\hat{B}$ 并对其求逆。同时，重要的是对延迟 τ 的所有值都要提供 $s(t)$ 和 $s(t+\tau)$ 的独立读数。

平均频率 $\bar{f}$ 的评估对应于最小的平方形式的类型：

$$J(f=\bar{f}) = \min\left\{\sum_{i,k} x^*(i)b'_{i-k}x(k)\exp[\mathrm{j}2\pi f(i-k)T_n]\right\} \tag{3.9}$$

式中：b'_{i-k} 为逆自协变矩阵 $\hat{\boldsymbol{B}}^{-1}$ 的元素。

因此，在使用改进 ML 方法时，需要进行以下操作[7]：

(1) Π：对长度为 $M_{\mathrm{E}} \geqslant 10\mathrm{Ent}\{\tau_K/T_n\}$ 的一组读数上反射信号的 ACM 进行评估，其中 τ_K 为反射信号的相关间隔。

(2) 对得到的 ACM 进行转置。

(3) 通过最小化平方形式 $J(f)$ 计算评估值 $\bar{f}$。

频谱的宽度 Δf 的评估以相同的方式进行。

在所有可能的多普勒频率值上最小化 $J(f)$（式(3.9)）的平方形式，以及对相关信号的 ACM 进行转置，都需要大量的时间和硬件消耗，导致不能满足上述对次优处理设备的要求。

在对信号进行相干处理的陆地气象雷达中，使用了需要进行的计算量和使用的存储量明显较小，且无须将信号转换为频域而直接评估数字信号矩的次优方法。这些方法是基于“由于气象目标信号的数字信号被认为是高斯的，因此随机散播到空间水汽凝结体的信号数据也是高斯的”[8]这一假设。大多数雷达接近高斯函数的数字信号主瓣的形式及水汽凝结体(HM)的速度分布都促进了它的发展。高斯频谱完全由平均频率 $\bar{f}$ 和 RMS 宽度 Δf 定义。

2. 自协变法

众所周知，次优方法是基于根据谱密度矩的矩定理对反射信号在零延迟下的复 ACF 的导数进行的评估的自协变法(也称配对脉冲法)[9-11]：

$$\bar{f} = \frac{1}{\mathrm{j}2\pi}\frac{B'(\tau)}{B(0)} \tag{3.10}$$

$$\overline{\Delta f^2} = -\left(\frac{1}{2\pi}\right)^2 \frac{B''(\tau)}{B(0)} = \Delta f^2 + \bar{f}^2 \tag{3.11}$$

式中：$B'(\tau)$ 和 $B''(\tau)$ 分别为自变量 τ 上 ACF 的一阶和二阶导数。

由式(3.10)和式(3.11)，可以得出：

$$\Delta f = \frac{1}{2\pi}\left\{-\frac{B''(\tau)}{B(0)} + \left[\frac{B'(\tau)}{B(0)}\right]^2\right\}^{1/2} \tag{3.12}$$

具有高斯分布的气象目标反射信号 ACF 系数为

$$B(\tau) = \bar{P}_c \exp\{\mathrm{j}2\pi\bar{f}\tau - 2\pi^2\Delta f^2\tau^2\} \tag{3.13}$$

式中：$\bar{P}_c = B(0)$ 为反射信号的平均功率。

考虑式(3.13)，将式(3.10)和式(3.12)转换为[9,11-12]

$$\bar{f} = \frac{1}{2\pi\tau}\arg[B(\tau)] = \frac{1}{2\pi\tau}\arctan\frac{\mathrm{Im}[B(\tau)]}{\mathrm{Re}[B(\tau)]} \tag{3.14}$$

$$\Delta f = \left\{-\frac{1}{2(\pi\tau)^2}\ln\left[\frac{|B(\tau)|}{\bar{P}_c}\right]\right\}^{1/2} \tag{3.15}$$

否则，ACF 不是对数字信号第一矩的替代评估。

如文献[9]中所示，将式(3.15)中的对数扩展到接近零延迟的序列之后，就有可能得到评估值 Δf，适合用硬件实现：

$$\Delta f = \left\{\frac{1}{2(\pi\tau)^2}\left|1 - \frac{|B(\tau)|}{\bar{P}_c}\right|\right\}^{1/2} \tag{3.16}$$

与评估(式(3.15))不同，对宽频谱的评估(式(3.16))是渐近移位的，不像评价(式(3.15))。

3. 频谱估计的周期图方法

频谱特性评估的第二种方法(式(3.3))是基于遍历过程的 Wiener - Khintchine[13] 定理。由直接变换数据和随后对得到评估进行平均组成的相似方法，被称为频谱估计的周期图方法。周期图是定义为有限长度数据块的傅里叶变换平方[14]的功率谱评估：

$$S(f) = \frac{1}{M}\left|\sum_{m=0}^{M-1} s(mT_n)\,\mathrm{e}^{-\mathrm{j}2\pi f m T_n}\right|^2 \tag{3.17}$$

带有准确常数乘数的周期图与式(3.3)的评价相吻合。

由于 FFT 有效程序的出现以及相应硬件成本的降低，频谱估计的周期图方法得到了广泛推广。为了计算数字信号的平均频率：首先计算周期图(式(3.17))；然后定义平均频率 k_m/MT_P 的粗略评估，其中选择最大频谱分量的指数作为 k_m 指数；最后是具有以下形式的平均频率评估：

$$\bar{f} = \frac{1}{MT_n}\left\{k_m + \frac{k_m}{\hat{P}}\sum_{k=k_m-M/2}^{k_m+M/2}(k-k_m)\hat{S}\left(\frac{\mathrm{mod}_M k}{T_n}\right)\right\} \tag{3.18}$$

式中：$\hat{P}$ 为周期图上的总功率；$\mathrm{mod}_M k$ 为 M 整除 k 的余数；$\hat{S}(\cdot)$ 为第 k 个频谱分量的值。

该方法对频谱 RMS 的评估可定义如下：

$$\Delta f = \left(\frac{1}{\hat{P}\,T_n^2}\sum_{k=k_m-M/2}^{k_m+M/2}\left[\frac{k}{M}-\bar{f}\,T_n\right]^2\hat{S}\left(\frac{\mathrm{mod}_M k}{T_n}\right)\right)^{1/2} \tag{3.19}$$

如果该评估与 Nyquist 间隔（$1/T_P$）可比，就会产生偏差。在这方面，与周期图方法相比，配对脉冲方法更为可取，但是在频谱较窄的情况下，评估的变化不明显。

周期图方法的优势在于对每个允许体积反射信号功率频谱密度的评估，除了可以进行频谱矩评估，还可以进行多普勒处理的其他操作（下层表面的抑制等）。

通过频谱评估的周期图方法的计算开销分析表明，需要执行大约 $N\log_2 N$ 次复数运算，并且配对脉冲方法的复杂度与 N[7,9] 成正比。

为了增加频谱参数评估的抗阻塞性，即降低其在远距离频率对湍流和水花的依赖性，对经典周期图方法的修正并由以下连续行为组成的 Welch[3,15] 方法在应用谱分析的实践中被广泛应用：

（1）在不重叠或部分重叠间隔 $s^{(n)}(mT_n)=s[(m+(n-1)M_C))T_n]$ 的有限数 N 上打破一组长度为 M 的反射信号 $s(mT_n)$，且长度 $M_n<M$。其中，$n=1,2,\cdots,N, m=0,1,\cdots,M_n-1, N=\mathrm{int}\left\{(M-M_n)/[(1-C)M_n]\right\}+1$，$M_C=M_n-\mathrm{int}\{M_nC\}$，$C<1$ 为重叠度。

（2）在每点集中信号：

$$s^{(n)}(mT_n)=s^{(n)}(mT_n)-E_n\{s(mT_n)\}$$

式中：$E_n\{s(mT_n)\}=\dfrac{1}{M_n}\sum\limits_{m=0}^{M_n-1}s^{(n)}(mT_n)$ 为第 n 个点上信号的平均值。

（3）用窗口函数对信号进行权重处理，并计算窗口能量：

$$s_w^{(n)}(mT_n)=w(mT_n)s^{(n)}(mT_n)\quad m=0,1,\cdots,M_n-1$$

$$P_w=\frac{1}{M}\sum_{m=0}^{M-1}|w(mT_n)|^2$$

（4）使用 FFT 算法 $S_n(\omega)$ 为每个第 n 个断裂点计算周期图。PSD 的评估是通过平均周期图值的间隔数形成：

$$S(f)=\frac{1}{N}\sum_{n=1}^{N}S_n(f)=\frac{1}{NP_w}\sum_{n=1}^{N}\left|\sum_{m=0}^{M_n-1}s^{(n)}(mT_n)\,\mathrm{e}^{-\mathrm{j}2\pi fmT_n}\right|^2 \tag{3.20}$$

该方法用于减少接收到的频谱评估的偏移和吉布斯效应（频谱中旁瓣的出现）。这在应用具有低 LSL 的时间窗口时特别方便。此外，时间间隔的重叠允许随着信号包(设置)的设置长度而增加平均周期图的数量,从而减少评估的离差。

3.1.2 气象目标反射信号的多普勒频谱矩评估的参数方法

频谱参数估计的过程包括3个阶段[3,16]。

(1)选择时间过程(行)的模型。

(2)利用在观察间隔上收到的信号读数(或ACF值),估计可接受模型的参数。

(3)通过用对应于该模型的功率谱密度代替计算表达式中得到的模型参数来计算频谱评估。

1. 频谱估计的块参数方法

上面给出的块参数方法和非参数方法都用于处理固定体积(包)信号的所有累计读数。当可用包的体积有限时,采用类似的方法很方便,但是希望获得具有最佳可能特征的评估。可以将 Yule – Walker、Levinson – Derbin、Burg 方法、协变和最小范数方法等视为块参数方法。

1) Yule – Walker 方法。

反射信号模型的自回归系数 a_k 和其自相关函数通过线性方程组连接起来[9,17]。特别地,可以对时间偏移 $q+1 \leqslant m \leqslant q+p$ 的值写下式(2.106),并以矩阵形式表示:

$$\begin{bmatrix} B(q) & B(q-1) & \cdots & B(q-p) \\ B(q+1) & B(0) & \cdots & B(q-p+1) \\ \vdots & \vdots & & \vdots \\ B(q+p) & B(p-1) & \cdots & B(q) \end{bmatrix} \begin{bmatrix} 1 \\ -a_1 \\ \vdots \\ -a_p \end{bmatrix} = \begin{bmatrix} B(q+1) \\ B(q+2) \\ \vdots \\ B(q+p+1) \end{bmatrix} \tag{3.21}$$

因此,如果将自相关函数值设为 $q+1 \leqslant m \leqslant q+p$,就可以找到AR系数作为线性方程组的解。式(3.21)称为 Yule – Walker 方程组[2-3,18]。

方程组(式(3.21))左侧中大小为 $p \times p$ 的矩阵表示 $s(m)$ 信号的自相关矩阵。如果 $s(m)$ 信号是由平稳随机过程假定的,那么其自相关矩阵(ACM)将为 Toeplitz 和 Hermite[3]。

$s(m)$ 信号的AR模型中,AR系数 a_k 和形成噪声的值 σ_e^2 可以通过信号未知的ACF评估值 $\hat{B}(m)$ 来估计:

$$\begin{bmatrix} B(0) & B(-1) & \cdots & B(-p) \\ B(1) & B(0) & \cdots & B(-p+1) \\ \vdots & \vdots & \vdots & \vdots \\ B(p) & B(p-1) & \cdots & B(0) \end{bmatrix} \begin{bmatrix} 1 \\ -a_1 \\ \vdots \\ -a_p \end{bmatrix} = \begin{bmatrix} \sigma_e^2 \\ 0 \\ \vdots \\ 0 \end{bmatrix} \tag{3.22}$$

式中：$B(m)=\begin{cases}\dfrac{1}{M-m}\sum\limits_{i=0}^{M-m-1}s(i+m)s^*(i) & 0\leqslant m\leqslant M-1\\ \dfrac{1}{M-|m|}\sum\limits_{i=0}^{M-|m|-1}s(i+|m|)s^*(i) & -(M-1)\leqslant m\leqslant 0\end{cases}$

方程组(3.22)可以通过 Levinson 和 Durbin[3]独立开发的有效递归算法进行求解，其需要 p^2 阶运算的性能要求。

递归 Levinson 将 k 阶的 AR 系数 a_k 与 $k-1$ 阶的系数 a_{k-1} 联系起来：

$$a_{k,i}=a_{k-1,i}+\rho_k a^*_{k-1,k-i} \tag{3.23}$$

式中：$i=0,1,\cdots,k$ 为循环迭代次数；$\{a_{k,0}=1,a_{0,i}=1\}$ 为初始条件；$\rho_k=a_{k,k}=\dfrac{-\sum\limits_{i=0}^{k-1}a_{k-1,i}B(k-i)}{\sigma^2_{k-1}}$ 为反射的复系数，$\sigma^2_k=\sigma^2_{k-1}(1-|\rho_k|^2)$ 为激励噪声的离差 σ^2_e 的评估值，$\sigma^2_0=B(0)$ 。

应当指出的是，MA—移动平均数系数与自相关函数的读数不是线性相关的，并且无法通过类似于式(3.24)或式(3.22)的系统软线性方程式的解来找到。

在估计 MA—移动平均数系数时，采用了需要大量计算量的优化迭代方法来求解非线性问题。此外，它们不能保证收敛，甚至不能收敛到错误的解[3]，因此，与 AR 评估不同，它们不适合应用于实时信号处理。

在大体积反射信号包的情况下，Yule - Walker 方程的直接解可以给出数字信号[3]参数的相当可接受的评估，但是在处理短包时，与其他参数方法相比，借助于其获得的评估具有较低的精度。

此外，Yule - Walker 方程组的解需要计算自相关函数的值。但是，存在直接基于输入信号读数来确定自回归模型参数的方法。这些方法基于过程自回归参数的识别问题与线性预测和统计估计理论的紧密联系。

2) Burg 方法。

Burg 算法，或者协调平均的算法[3,18]是基于预测误差的均方根最小准则，即对于 k 阶的每个值，将预测误差平方和向前[在读数 $s(m-1),\cdots,s(m-k)$]和向后[在读数 $s(m+1),\cdots,s(m+k)$]最小化来找到 AR 系数的值：

$$\varepsilon_k=\sum_{m=k}^{M-1}[|e^f_k(m)|^2+|e^b_k(m)|^2] \tag{3.24}$$

式中：$k=1,2,\cdots,p$；$e^f_k(m)$ 表示前向预测误差，定义为

$$e^f_k(m)=s(m)-\hat{s}_f(m)=s(m)+\sum_{i=1}^{k}a^f_i s(m-i) \tag{3.25}$$

$e_k^b(m)$ 表示后向预测误差,定义为

$$e_k^b(m) = s(m-p) - \hat{s}_b(m-p) = s(m-p) + \sum_{i=1}^{k} a_i^b s(m-p+i) \tag{3.26}$$

式(3.25)和式(3.26)的形式类似于自回归模型(式(2.106))的等式,但区别在于:在处理有限尺寸的读数的选择时,误差 $e_k^f(m)$ 和 $e_k^b(m)$ 不一定是白噪声,因此我们将进一步假设这些误差是漂白的随机过程。它将允许将自回归系数 a_i 和正向 a_i^f、反向 a_i^b 线性预测的相应系数视为等效。Brug 发现,值 ε_k 仅是一个参数的函数——反射系数 ρ_k 的复数。ε 对 ρ_k 求导的复数等于 0。

$$\frac{\partial \varepsilon_k}{\partial \mathrm{Re}\{\rho_k\}} + \mathrm{j}\frac{\partial \varepsilon_k}{\partial \mathrm{Im}\{\rho_k\}} = 0$$

对关于 ρ_k 的方程进行求解,Burg 得到了反射系数的计算式:

$$\rho_k = \frac{-2\sum_{m=k}^{M-1} e_{k-1}^f(m+1)\, e_{k-1}^{b*}(m)}{\sum_{m=k}^{M-1}\left[|e_{k-1}^f(m+1)|^2 + |e_{k-1}^b(m)|^2\right]} \tag{3.27}$$

评估(式(3.27))代表前向和后向预测误差的部分相关系数的协调平均。

Burg 算法给出了频谱分量的偏移估计值,并且偏移可以达到频率分辨率的 16%,由 $1/NT$ 值[3]表征。为了减少这种偏移,使用了均方根预测误差权重:

$$\varepsilon_k = \sum_{m=k}^{M-1} w_k(m)\left[|e_k^f(m)|^2 + |e_k^b(m)|^2\right]$$

这引出了下面对反射系数的评估:

$$\rho_k = \frac{-2\sum_{m=k}^{M-1} w_{k-1}(m)\, e_{k-1}^f(m+1)\, e_{k-1}^{b*}(m)}{\sum_{m=k}^{M-1} w_{k-1}(m)\left[|e_{k-1}^f(m+1)|^2 + |e_{k-1}^b(m)|^2\right]} \tag{3.28}$$

式中:$w_k(m)$ 为权重函数(如平方律窗口或汉明窗口[19])。

由于气象目标反射信号在时间上没有平稳性和空间异质性,因此基于 Levinson – Derbin 递归过程的频谱估计参数化算法(Yule – Walker、Burg)的应用很复杂。

3)线性预测的协变方法

通过 Burg 方法确定 AR 模型参数,该模型基于对一个参数(反射系数 k)的反射均方根误差最小化,更通用的方法是对前向和后向线性预测的所有系数共同最小化预测的均方根误差,称为协变方法的相似方法包括确定系数的 AR 值,该系数针对 k 阶中的每个值分别最小化正向和反向预测的误差平方和:

$$\varepsilon_k^f = \sum_{m=k}^{M-1}\left[\,|e_k^f(m)|^2\right] \text{和} \varepsilon_k^b = \sum_{m=0}^{k}\varepsilon_k^b = \sum_{m=0}^{k}\left[\,|e_k^b(m)|^2\right]$$

从 $m=1$ 到 $m=m+p$ 的时间指标范围内阶误差[式(3.25)]的正向预测表达式可以写成矩阵形式：

$$\boldsymbol{E}_p^f = \underline{\boldsymbol{S}}_s\,\boldsymbol{a}^f$$

式中：$\boldsymbol{E}_p^f = [e_p^f(0)\ e_p^f(1)\cdots e_p^f(p)\cdots e_p^f(M-p-1)\cdots e_p^f(M-1)\cdots e_p^f(M+p-1)]^{\mathrm{T}}$

$$\underline{\boldsymbol{S}}_s = \begin{bmatrix} s(0) & 0 & \cdots & 0 & 0 \\ s(1) & s(0) & \cdots & 0 & 0 \\ \vdots & \vdots & \cdots & \vdots & \vdots \\ s(p) & s(p-1) & \cdots & s(1) & s(0) \\ \vdots & \vdots & \cdots & \vdots & \vdots \\ s(M-p-1) & s(M-p-2) & \cdots & s(M-2p) & s(M-2p-1) \\ \vdots & \vdots & \cdots & \vdots & \vdots \\ s(M-1) & s(M-2) & \cdots & s(M-p-2) & s(M-p-1) \\ \vdots & \vdots & \cdots & \vdots & \vdots \\ 0 & 0 & \cdots & 0 & s(M-1) \end{bmatrix} =$$

$\begin{bmatrix}\underline{\boldsymbol{L}}\\ \underline{\boldsymbol{T}}\\ \underline{\boldsymbol{U}}\end{bmatrix}$ 为分析信号读数的矩形 $(M+p)\times(p+1)$ 矩阵；$\boldsymbol{a}^f = [1\quad a_1^f \cdots a_p^f\quad]^{\mathrm{T}}$ 为 $(P+1)$ 前向线性预测系数的元素向量；$\underline{\boldsymbol{L}}$ 为下三角 $p\times(p+1)$ 矩阵；$\underline{\boldsymbol{T}}$ 为矩形 $(M-p)\times(p+1)$ 矩阵；$\underline{\boldsymbol{U}}$ 为上三角形 $p\times(p+1)$ 矩阵。

矩阵 $\underline{\boldsymbol{L}}$ 和 $\underline{\boldsymbol{U}}$ 的使用还假设通过矩形权重窗口(等于第一次读取之前和最后一次读取之后的值的零)对分析的信号进行预处理和后处理。在仅分析读数的可用选择而没有进行权衡的过程中，有必要考虑表达式中的信号值 $(M-p)$ 来预测误差：

$$\boldsymbol{e}_p^f = [e_p^f(p)\cdots e_p^f(M-1)]^{\mathrm{T}} = \underline{\boldsymbol{T}}\boldsymbol{a}^f$$

在这种情况下，矩阵方程最小化正向预测误差的平均平方为

$$\varepsilon_k^f = \sum_{m=p}^{M-1}|e_p^f(m)|^2 = (\boldsymbol{e}_p^f)^{\mathrm{H}}\boldsymbol{e}_p^f \tag{3.29}$$

将具有类似于 Yule – Walker 方程(式(3.21))的形式：

$$\underline{\boldsymbol{T}}^H\underline{\boldsymbol{T}}\,\boldsymbol{a}^f = \boldsymbol{P}^f \tag{3.30}$$

式中：$\boldsymbol{P}^f = [\rho_p^f 0\cdots 0]^{\mathrm{T}}$ 为 $(P+1)$ 元素矢量；Hermite $(p+1)\times(p+1)$ 矩阵 $\underline{\boldsymbol{B}} = \underline{\boldsymbol{T}}^{\mathrm{H}}\underline{\boldsymbol{T}}$ 的元素具有相关形式[3]：

$$B(i,j) = \sum_{m=p}^{M-1} s^*(m-i)s(m-j)$$

不能写成差分 $i-j$ 的函数,这意味着自相关矩阵(autocorrelated matrix,ACM) $\underline{\boldsymbol{B}}$ 不是 Toeplitz 矩阵[3,20]。

矩阵 $\underline{\boldsymbol{B}}$ 不退化的必要条件是条件 $(M-p) \geqslant p$ 或 $p \leqslant M/2$,即 AR 模型的阶数 p 不应超过分析信号读数选择长度的 1/2。

与式(3.29)和式(3.30)相似,矩阵方程式使反向预测误差的平均平方最小:

$$\varepsilon_k^b = \sum_{m=p}^{M-1} |e_p^b(m)|^2 = (\boldsymbol{e}_p^b)^{\mathrm{H}} \boldsymbol{e}_p^b \tag{3.31}$$

则

$$\underline{\boldsymbol{T}}^H \underline{\boldsymbol{T}} \boldsymbol{a}^b = \boldsymbol{P}^b \tag{3.32}$$

式中:$\boldsymbol{e}_p^b = [e_p^b(p) \cdots e_p^b(M-1)]^{\mathrm{T}}$ 是$(m-p)$ 个元素的反向线性预测误差的矢量;$\boldsymbol{a}^b = [a_p^b \cdots a_1^b 1]^{\mathrm{T}}$ 是 $(p+1)$ 个元素的反向线性预测系数矢量;$\boldsymbol{P}^b = [0 \cdots \quad 0 \quad \rho_p^b]^{\mathrm{T}}$ 是$(p+1)$ 个元素的矢量。

正矩阵[式(3.30)]和逆矩阵[式(3.32)]方程的解相互关联,因为这两种情况下的方程均包含相同的自相关矩阵 $\underline{\boldsymbol{B}}$ 。由于两个预测方向均提供相同的统计信息,因此将前向和反向线性预测误差结合起来,来得到定义误差的更多点数(为了增加读数选择分析的量)是很方便的。可以将前向线性预测的($M-p$)个误差和反向线性预测的 $(M-p)$ 误差结合成一个 $2(M-p)$ 元素的误差矢量,其形式为

$$\boldsymbol{e}_p = \begin{bmatrix} \boldsymbol{e}_p^f \\ \boldsymbol{e}_p^{b*} \end{bmatrix} = \begin{bmatrix} \underline{\boldsymbol{T}} \\ \underline{\boldsymbol{T}}^* \underline{\boldsymbol{J}} \end{bmatrix} \boldsymbol{a}$$

式中:$\underline{\boldsymbol{T}} = \begin{bmatrix} s(p) & \cdots & s(0) \\ \vdots & \cdots & \vdots \\ s(M-p) & \cdots & s(M-2p) \\ \vdots & \vdots & \vdots \\ s(M-1) & \cdots & s(M-p-1) \end{bmatrix}$;$\underline{\boldsymbol{J}}$ 为 $(p+1) \times (p+1)$ 反射矩阵[20],则

$$\underline{\boldsymbol{T}}^* \underline{\boldsymbol{J}} = \begin{bmatrix} s^*(0) & \cdots & s^*(p) \\ \vdots & & \vdots \\ s^*(M-2p) & \cdots & s^*(M-p) \\ \vdots & \vdots & \vdots \\ s^*(M-p-1) & \cdots & s^*(M-1) \end{bmatrix}$$

使正反向预测误差平方和的平均值最小：

$$\begin{aligned}\varepsilon_k &= \frac{1}{2}\left[\sum_{m=p}^{M-1} | e_p^f(m) |^2 + \sum_{m=p}^{M-1} | e_p^b(m) |^2\right] = \frac{1}{2}(\boldsymbol{e}_p)^H \boldsymbol{e}_p \\ &= \frac{1}{2}\left[(\boldsymbol{e}_p^f)^H \boldsymbol{e}_p^f + (\boldsymbol{e}_p^b)^H \boldsymbol{e}_p^b\right]\end{aligned} \tag{3.33}$$

有可能得到如下矩阵方程[3]：

$$\underline{\boldsymbol{B}}\boldsymbol{a} = \boldsymbol{P} \tag{3.34}$$

其中，自相关矩阵元素可表示如下：

$$\underline{\boldsymbol{B}} = \begin{bmatrix} \underline{\boldsymbol{T}} \\ \underline{\boldsymbol{T}}^* \underline{\boldsymbol{J}} \end{bmatrix}^H \begin{bmatrix} \underline{\boldsymbol{T}} \\ \underline{\boldsymbol{T}}^* \underline{\boldsymbol{J}} \end{bmatrix} = \underline{\boldsymbol{T}}^H \underline{\boldsymbol{T}} + \underline{\boldsymbol{J}}\underline{\boldsymbol{T}}^T \underline{\boldsymbol{T}}^* \underline{\boldsymbol{J}}$$

有

$$B(i,j) = \sum_{m=p}^{M-1} [s^*(m-i)s(m-j) + s^*(m-p+i)s^*(m-p+j)] \tag{3.35}$$

基于前向和后向线性预测误差的联合最小化的过程称为改进协变量方法[3]。与仅基于最小反射系数 ρ_k（预测系数 a_p）的 Burg 方法不同，当使用改进协变方法时，对所有预测系数都进行最小化。

在时间不平稳且气象目标反射 $s(m)$ 信号的空间异质性导致其自相关矩阵 $\underline{\boldsymbol{B}}$ 是对称（Hermite）而不是 Toeplitz[3] 的情况下，使用修改的协方差方法尤为可取。然后，将基于自相关矩阵 $\underline{\boldsymbol{B}}$ 的 Cholesky[3,21-22] 分解的算法应用于下部矩阵和三角矩阵（通过平方根方法进行三角化）是具有洞察力的[23-24]。

由于自相关矩阵 $\underline{\boldsymbol{B}}$ 的遗传特性[$B(i,j) = B(j,i)$][24]，可以从本质上减少确定未知 AR 系数的计算量[24]。在所有元素中，仅需根据 $\underline{\boldsymbol{B}}$ 计算下三角矩阵。

另外，递推公式

$$\begin{aligned}B(i+1,j+1) = {}& B(i,j) + s^*(p-i)s(p-j) - s^*(M-i)s(M-i) \\ & - s(i+1)s^*(j+1) + s(M-p+i+1)s^*(M-p+j+1)\end{aligned} \tag{3.36}$$

还减少了必要的计算操作量。

因此，要在一维 $s(m)$ 信号读数上找到自相关矩阵 $\underline{\boldsymbol{B}}$，足以通过式(3.35)计算一列，并使用递归表达式找到下三角矩阵的其他元素（式(3.36)）。由于矩阵 $\underline{\boldsymbol{B}}$ 是广义 Hermite 矩阵[$B(p-i,p-j) = B(j,i)$]，因此可以大大降低定义该矩阵的成本[25]。

式(3.34)相对于假设行列式 $B \neq 0$ 仅具有一个非零解，它证明了矩阵 $\underline{\boldsymbol{B}}$ 的正定性。关于这一点，存在一个且只有一个带有正对角线元素的下三角矩阵 $\underline{\boldsymbol{L}}$，则

$$\underline{L}\underline{L}^{\mathrm{H}} = \underline{B} \tag{3.37}$$

式(3.37)是Cholesky分解的复杂变体。它源自式(3.37)[21],

$$\begin{cases} l(1,1) = \sqrt{B(1,1)} & \\ l(1,j) = B(1,j)/\sqrt{B(1,1)} & j > 1 \\ l(i,i) = \sqrt{B(i,i) - \sum\limits_{k=1}^{i-1} |l(k,i)|^2} & i > 1 \\ l(i,j) = \dfrac{1}{l(i,i)}\sqrt{B(i,j) - \sum\limits_{k=1}^{i-1} l^*(k,i)l(k,j)} & j > i \end{cases} \tag{3.38}$$

对比率的分析[式(3.38)]显示了如何对大小为 $p \times p$ 的矩阵 $\underline{B}$ 进行三角化,有必要对平方根进行 p 次提取并进行大约 $p^3/6$ 乘法。

矩阵 $\underline{L}$ 可以通过递归比[24]得到

$$\underline{B}_p = \begin{bmatrix} \underline{B}_{p-1} & r_p \\ r_p^H & B(p,p) \end{bmatrix}, \underline{L}_p = \begin{bmatrix} \underline{L}_{p-1} & 0 \\ l_p & \lambda_p \end{bmatrix} \tag{3.39}$$

式中:$r_p = [B(p,0)\ B(p,1)\ \cdots B(p,p-1)]^{\mathrm{H}}$;$l_p = r_p^{\mathrm{H}} \underline{L}_{p-1}^{-\mathrm{H}}$;$\lambda_p = \sqrt{B(p,p) - l_p^{\mathrm{H}} l_p}$

为了定义自回归系数的向量 $\boldsymbol{a}$,我们用式(3.34)代替分解式(3.37)。有

$$\underline{L}_p \underline{L}_p^{\mathrm{H}} \boldsymbol{a} = \boldsymbol{P}$$

两个方程对应于这个比率:

$$\underline{L}_p^{\mathrm{H}} \boldsymbol{a} = \boldsymbol{H} \tag{3.40}$$

$$\underline{L}_p \boldsymbol{H} = \boldsymbol{P} \tag{3.41}$$

递推率由式(3.41)可得

$$h_i = \frac{1}{l_p(i,i)}\left(P_i - \sum_{k=1}^{i-1} l_p^*(i,k)\, h_k\right), i = 1,2,\cdots,p \tag{3.42}$$

AR系数的矢量分量由表达式定义:

$$a_i = \frac{1}{l_p(i,i)}\left(h_i - \sum_{k=i+1}^{p} l_p^*(k,i)\, a_k\right), i = \overline{p,p-1,\cdots,1} \tag{3.43}$$

4)最小离差法

J. Capon为解决多维传感器阵列的时空分析任务而开发的最小离差方法的主要思想[3,26]包括发现横向滤波器系数的向量 $\boldsymbol{a}$,其输出信号[3,27-28]:

$$y(n) = \sum_{k=0}^{p} a_k x(n-k) = \boldsymbol{a}^{\mathrm{T}} \boldsymbol{x}(n)$$

在设置的输入信号 $\boldsymbol{x}(n) = [x(n)\ x(n-1)\ \cdots\ x(n-p)]^{\mathrm{T}}$ 处将具有最大功率。滤波器的输出信号的离差可定义如下:

$$\sigma_y^2 = \overline{|y(n)|^2} = \overline{\boldsymbol{a}^{\mathrm{H}} \boldsymbol{x}^*(n) \boldsymbol{x}^{\mathrm{T}}(n) \boldsymbol{a}} = \boldsymbol{a}^{\mathrm{H}}\, \overline{\boldsymbol{x}^*(n) \boldsymbol{x}^{\mathrm{T}}(n)} \boldsymbol{a} = \boldsymbol{a}^H \underline{B} \boldsymbol{a}$$

式中：$\underline{\boldsymbol{B}}$ 为大小为 $(p+1)\times(p+1)$ 的输入信号的已知自相关矩阵或估计自相关矩阵。

在此应注意，选择滤波器的系数应使在分析的初始频率 f_0 处，滤波器的频率特性具有单个放大系数，即

$$\sum_{k=0}^{p} a_k \exp(-\mathrm{j}2\pi f_0 kT) = \boldsymbol{a}^{\mathrm{T}} \boldsymbol{e}^{*}(f_0) = \boldsymbol{e}^{\mathrm{H}}(f_0)\boldsymbol{a} \equiv 1$$

式中：$\boldsymbol{e}(f) = [1\exp(\mathrm{j}2\pi fT)\cdots\exp(\mathrm{j}2\pi fpT)]^{\mathrm{T}}$ 为 $(p+1)$ - 复杂正弦曲线的矢量。

为了得到矢量 $\boldsymbol{a}$，必须最小化 $\boldsymbol{a}^{\mathrm{H}}\underline{\boldsymbol{B}}\boldsymbol{a} + \alpha(\boldsymbol{a}^{\mathrm{H}}\boldsymbol{e}(\omega_0) - 1)$ 类型的函数，其中 α 为拉格朗日乘数。

因此最终的形式为[3,26]

$$\boldsymbol{a} = \frac{\underline{\boldsymbol{B}}^{-1}\boldsymbol{e}(f_0)}{\boldsymbol{e}^{\mathrm{H}}(f_0)\,\underline{\boldsymbol{B}}^{-1}\boldsymbol{e}(f_0)} \tag{3.44}$$

并且成形滤波器的输出信号在频率 ω_0 处的功率为

$$S(f_0) = T_n\sigma^2 = \frac{T_n}{\boldsymbol{e}^{H}(f_0)\,\underline{\boldsymbol{B}}^{-1}\boldsymbol{e}(f_0)}$$

式中：$-\dfrac{1}{2T_n} \leqslant f_0 \leqslant \dfrac{1}{2T_n}$。

因此，通过最小离差方法评估频谱的过程包括以下步骤：

（1）根据接收信号的读数估算自相关矩阵 $\underline{\boldsymbol{B}}$；

（2）设置了初始（基本）频率 f_0，并计算了基本矢量 $\boldsymbol{e}(f_0)$，从而得到 $S(f_0)$。

然后通过一些步骤引入基本频率的以下值，并对其进行重复计算。$S(f_0)$ 的计算是在所有可能的频率范围内的单独足够近的定位点中进行的。然后找到最大值的位置。

由于需要解决多维空间的多极函数性的全局极值的全局问题，导致了实现的复杂性，最小离差的方法现在限制了实际应用。

5）MUSIC 方法

多信号分类（multiple signal classification，MUSIC）[2-3]的方法基于将输入混合 $x(t)$ 的自相关矩阵 $\underline{\boldsymbol{B}}_x$ 中包含的信息划分为两个向量子空间：信号子空间和噪声子空间。这些子空间由自相关矩阵自身向量定义。为了使向量 $\boldsymbol{V}_i$ 是自相关矩阵自身向量，必须满足条件：

$$\boldsymbol{B}_x\boldsymbol{V}_i = \lambda_i\boldsymbol{V}_i$$

式中：λ_i 为对应于矢量 $\boldsymbol{V}_i$ 的自相关矩阵特征值。

由于自相关矩阵 $\underline{\boldsymbol{B}}_x$ 的秩等于 M，因此该矩阵将具有 M 个特征向量：

$$\underline{\boldsymbol{B}}_x = \sum_{i=1}^{M}\boldsymbol{x}_i\boldsymbol{x}_i^{\mathrm{H}} = \sum_{i=1}^{M}\lambda_i\boldsymbol{V}_i\boldsymbol{V}_i^{\mathrm{H}} = \underline{\boldsymbol{V}\boldsymbol{\Lambda}\boldsymbol{V}^{\mathrm{H}}}$$

式中：自相关矩阵特征值 λ_i 按减小的程度排序，即

$$\lambda_1 \geqslant \lambda_2 \geqslant \cdots \geqslant \lambda_M$$

自身矢量 $\boldsymbol{V}_i$ 是正交的，即

$$\boldsymbol{V}_i^H \boldsymbol{V}_j = \begin{cases} 1, i = j \\ 0, i \neq j \end{cases}$$

式中：$\underline{\boldsymbol{V}} = [\boldsymbol{V}_1 \boldsymbol{V}_2 \cdots \boldsymbol{V}_M]$ 为 $M \times M$ 大小的矩阵，列是自相关矩阵自身矢量；$\underline{\boldsymbol{\Lambda}} = \mathrm{diag}\,[\lambda_1\ \lambda_2 \cdots \lambda_M]$ 为对角矩阵。

如果输入混合信号由代表窄带过程（式（2.32））读数的有用信号和白噪声组成，那么其自相关矩阵可以表示为信号 $\underline{\boldsymbol{B}}$ 和噪声 $\underline{\boldsymbol{B}}_n$ 的自相关矩阵总和，即

$$\begin{aligned} \underline{\boldsymbol{B}}_x &= \sum_{i=1}^{M} \boldsymbol{x}_i \boldsymbol{x}_i^{\mathrm{H}} = \sum_{i=1}^{M} (\boldsymbol{s}_i + \boldsymbol{n}_i)(\boldsymbol{s}_i + \boldsymbol{n}_i)^{\mathrm{H}} \\ &= \sum_{i=1}^{M} \boldsymbol{s}_i \boldsymbol{s}_i^{\mathrm{H}} + \sum_{i=1}^{M} \boldsymbol{n}_i \boldsymbol{n}_i^{\mathrm{H}} = \underline{\boldsymbol{B}} + \underline{\boldsymbol{B}}_n \end{aligned} \tag{3.45}$$

式中：$\boldsymbol{B} = \sum_{i=1}^{M} \boldsymbol{s}_i \boldsymbol{s}_i^{\mathrm{H}}$ 为有用信号的自相关矩阵；$\underline{\boldsymbol{B}}_n = \sum_{i=1}^{M} \boldsymbol{n}_i \boldsymbol{n}_i^{\mathrm{H}} = \rho_n \underline{\boldsymbol{I}}$ 为内部接收噪声的自相关矩阵，其中 ρ_n 为噪声离差，$\underline{\boldsymbol{I}}$ 为单一的 $M \times M$ 矩阵。

如果自回归（AR）模型阶次 p 小于由处理包的值 M 确定的输入混合值的自相关矩阵等级，就可以将自相关矩阵对自身值（式（3.45））的分解变为

$$\begin{aligned} \underline{\boldsymbol{B}}_x &= \sum_{i=1}^{M} \lambda_i \boldsymbol{V}_i \boldsymbol{V}_i^{\mathrm{H}} = \sum_{i=1}^{P} \lambda_i \boldsymbol{V}_i \boldsymbol{V}_i^{H} + \rho_n \sum_{i=1}^{M} \boldsymbol{V}_i \boldsymbol{V}_i^{\mathrm{H}} \\ &= \sum_{i=1}^{p} (\lambda_i + \rho_n) \boldsymbol{V}_i \boldsymbol{V}_i^{\mathrm{H}} + \sum_{i=p+1}^{M} \rho_n \boldsymbol{V}_i \boldsymbol{V}_i^{\mathrm{H}} \end{aligned} \tag{3.46}$$

由式（3.46）可知，最大（所谓的主要）自身向量 $\boldsymbol{V}_1 \cdots \boldsymbol{V}_P$ 中的 p 将对应于有用信号（信号子空间）。剩余的 $(M - p)$ 矢量将对应于纯噪声（噪声子空间）。从理论上（式（3.46））可以看出，所有最小的自身值 $(M - p)$ 必须一致，但是实际上由于存在测量误差，它们非常接近[2-3]。

由于自相关矩阵自身矢量相互正交并且主要自身矢量在同一子空间中，因此与信号向量一样，信号向量与噪声子空间中的所有矢量正交，包括它们的任意组合：

$$\boldsymbol{s}_i^{\mathrm{H}} \Big[\sum_{k=M+1}^{p} \alpha_k \boldsymbol{V}_k \Big] = 0 \text{ 或 } \sum_{k=M+1}^{p} \alpha_k \left| \boldsymbol{s}_i^{\mathrm{H}} \boldsymbol{V}_k \right|^2 = 0 \tag{3.47}$$

式中：α_k 为权重系数。假设所有 $\alpha_k = 1$，则将等式（3.47）转换为

$$\sum_{k=M+1}^{p} \left| \boldsymbol{s}_i^{H} \boldsymbol{V}_k \right|^2 = \sum_{k=M+1}^{p} \boldsymbol{s}_i^{H} \boldsymbol{V}_k \boldsymbol{V}_i^{n} \boldsymbol{s}_i = \boldsymbol{s}_i^{\mathrm{H}} \Big(\sum_{k=M+1}^{p} \boldsymbol{V}_k \boldsymbol{V}_i^{n} \Big) \boldsymbol{s}_i \equiv 0$$

其中，

$$D(f) = \boldsymbol{s}_i^{H} \Big(\sum_{k=M+1}^{p} \boldsymbol{V}_k \boldsymbol{V}_i^{H} \Big) \boldsymbol{s}_i$$

上式称为“置零范围”。

信号频谱 $S(f)$ 与“置零范围”成反比[27]：

$$S(f) = \frac{1}{D(f)} = \frac{1}{\boldsymbol{s}_i^H\left(\sum_{k=M+1}^{p} \boldsymbol{V}_k \boldsymbol{V}_i^H\right)\boldsymbol{s}_i} \tag{3.48}$$

评估(式(3.48))不是对接收信号的频谱的有效评估,因为它不可能确定谱分量功率的绝对值,并且在某些情况下不可能确定相对值,即没有正确的逆变换[29]。式(3.48)表示频谱伪评估,通过该伪评估可以仅以高精度确定初始信号的一组频率分量。

基于对自相关矩阵(ACM)自身信号值的分析,许多类似于多信号分类(MUSIC)的参数方法也具有相似的特性。

最小范数方法[27,30]包括基于代数变换接收的比率评估信号的频谱分量:

$$S(f) = \frac{(\boldsymbol{u}_1^H \underline{\boldsymbol{V}}_n \underline{\boldsymbol{V}}_n^H \boldsymbol{u}_1)^2}{|\boldsymbol{e}^H(f) \underline{\boldsymbol{V}}_n \underline{\boldsymbol{V}}_n^H \boldsymbol{u}_1|^2} \tag{3.49}$$

式中:$\boldsymbol{u}_1$ 为大小为 $p+1$,使得 $u_{1i} = \begin{cases} 1, i = 1 \\ 0, i > 1 \end{cases}$;$\underline{\boldsymbol{V}}_n = | \boldsymbol{V}_{M+1} \cdots \boldsymbol{V}_{p+1} |$ 大小是 $(P+1) \times (P-M)$ 的矩阵,由自相关矩阵 $\underline{\boldsymbol{B}}$ 的噪声源矢量组成。

因此,为了搜索频谱,必须预先估计噪声自身向量的矩阵 $\underline{\boldsymbol{V}}_n$,并且分子(式(3.49))中的表达式表示不依赖于 f 的常数。

通过旋转不变技术估算信号参数(ESPRIT)方法[3,31]包含信号子空间中的频率评估,并且与MUSIC不同,它基于信号自相关矩阵的主要自身矢量 $\boldsymbol{V}_1 \cdots \boldsymbol{V}_p$(式(3.46))的使用。使用这种方法评估信号频率的过程是基于将自相关矩阵替换为降低的等级,该等级通过主要自身矢量写下来。

2. 谱估计的递归参数方法

为了解决气象目标反射的空间非均匀和非平稳信号的数字信号参数评估问题,可使用自适应递归(连续)估计程序,包括对频谱[32-33]的矩(式(1.16)~式(1.18))的当前评估进行逐步校正。下列方法属于递归方法:

(1) 梯度法[最快下降法、均方根误差(RMSE)最小化法、最快下降差分算法、加速梯度法及其他不同于评估误差偏差和搜索步长的程序的方法[34]]。它们的共同缺点是对自相关矩阵自身值的离差具有很高的敏感性,从而使递归评估程序的收敛性变差。

注意,可以通过自相关矩阵条件 $\underline{\boldsymbol{B}} = \lambda_{\max} / \lambda_{\min}$ 的许多条件来估计自身值的离差。在通过机载脉冲多普勒雷达进行气象目标的 R 探测时,等于信噪比的输入信号自相关矩阵的条件数量可以达到几十分贝[20]。

(2) 基于逐步最小化线性预测的均方根(RMS)误差的最小二乘法(LSM)。

在 LSM 的经典变体中,误差 $\varepsilon_p = (\boldsymbol{e}_p)^{\mathrm{H}}\boldsymbol{e}_p$,

其中, $\boldsymbol{e}_p$ 为进入矩阵等式(3.39)的误差矢量,有

$$\underline{\boldsymbol{B}}\boldsymbol{a} + \boldsymbol{e}_p = \boldsymbol{P} \tag{3.50}$$

使局部导数 $\partial\varepsilon/\partial\boldsymbol{a} = 0$(在存在极值的必要条件下),可以得到要求出的向量估计为

$$\boldsymbol{a} = \left[\frac{\underline{\boldsymbol{B}}^{\mathrm{H}}\boldsymbol{p}}{\underline{\boldsymbol{B}}^{\mathrm{H}}\underline{\boldsymbol{B}}}\right]^{\mathrm{H}} \tag{3.51}$$

将式(3.51)代入式(3.50)后,得到 AR 系数矢量的最小二乘法评估:

$$\hat{\boldsymbol{a}} = (\underline{\boldsymbol{B}}^{\mathrm{H}}\underline{\boldsymbol{B}})^{-1}\underline{\boldsymbol{B}}^{\mathrm{H}}\boldsymbol{P} = \underline{\boldsymbol{B}}^{\mathrm{H}}\underline{\boldsymbol{B}})^{-1}\underline{\boldsymbol{B}}^{\mathrm{H}}(\underline{\boldsymbol{B}}\boldsymbol{a} + \boldsymbol{e}_p) = \boldsymbol{a} + (\underline{\boldsymbol{B}}^{\mathrm{H}}\underline{\boldsymbol{B}})^{-1}\underline{\boldsymbol{B}}^{\mathrm{H}}\boldsymbol{e}_p \tag{3.52}$$

仅当随机误差的矢量 $\boldsymbol{e}_p = 0$ 时,式(3.52)中的第二个求和才等于零。也就是说,仅在完全不存在随机误差的情况下,评估 $\hat{\boldsymbol{a}}$ 才与矢量 $\boldsymbol{a}$ 的精确值一致。

在最小二乘法的经典变体中,每个单独读数的先验色散都被等单位接收,并且不会明显地出现在式(3.52)中。假设接收到的信号读数不相等,有必要引入相应的协变量矩阵 $\boldsymbol{Q}_{\varepsilon} = E\{\boldsymbol{\varepsilon}_p\boldsymbol{\varepsilon}_p^H\}$,该矩阵在每个单独读数准确性地假设先验的基础上进入加权最小二乘法的矢量评估方程 $\boldsymbol{a}$,有

$$\hat{\boldsymbol{a}} = (\underline{\boldsymbol{B}}^H\underline{\boldsymbol{Q}}_{\varepsilon}^{-1}\underline{\boldsymbol{B}})^{-1}\underline{\boldsymbol{B}}^H\underline{\boldsymbol{Q}}_{\varepsilon}^{-1} \tag{3.53}$$

如果不同迭代的评估误差相关,那么先验协变量 $\underline{\boldsymbol{Q}}_{\boldsymbol{\varepsilon}}$ 的矩阵将满。最小二乘法的此版本称为广义最小二乘法。因为通常很难计算观测值之间的先验相关性,所以实际上不应用纯形式的广义最小二乘法。

3. 基于 Kalman 滤波器(Kalman Filter)的递推评估方法

就最佳线性离散过滤而言,AR 系数的评估问题如下[35]:假设随机序列 $x(m)$ 的读数是 $s(m)$ 信号和 $n(m)$ 宽带噪声的附加混合值,可以在评估模块输入处观察到带宽噪声,即

$$x(m) = s(m) + n(m) \tag{3.54}$$

有用的 $s(m)$ 信号是时间 t 和表示向量随机过程的多分量消息 $\boldsymbol{a} = [a_1\ a_2\ \cdots\ a_p]^{\mathrm{T}}$ 的函数,有

$$s(m) = \sum_{k=1}^{p} a_k(m)s(m-k) + e(m) = \boldsymbol{a}^{\mathrm{T}}(m)\boldsymbol{s}(m) + e(m) \tag{3.55}$$

式中: $\boldsymbol{s}(m) = [s(m-1)s(m-2)\cdots s(m-p)]^{\mathrm{T}}$ 为成形过滤器的输出信号读数的矢量; $\boldsymbol{a}(m) = [a_1(m)\ a_2(m)\cdots a_p(m)]$ 为第 m 步的消息向量评估 $\boldsymbol{a}$。

噪声 $n[m]$ 和 $e[m]$ 假设为规范的白色独立随机序列,从而满足条件

$$\overline{n(m)\ n^*(i)} = \sigma_n^2\delta(m-i);\overline{e(m)\ e^*(i)} = \sigma_e^2\delta(m-i);\overline{n(m)\ e^*(i)} = 0$$

式中: $\delta(m-i) = \begin{cases}1, m = i\\0, m \neq i\end{cases}$ 为 Kronecker 符号; σ_n^2、σ_e^2 分别为序列 $n[m]$ 和序列 $e[m]$ 的离差。

在这种情况下，过滤问题在于最佳地估计矢量 $\boldsymbol{a}$ 的分量值的过程 $x(m)$ 的实现。

在过程 $x(m)$ 的观测过程中，接收到的关于矢量 $\boldsymbol{a}$ 分量当前值的所有可用信息包含在矢量 $\boldsymbol{a}$ 的后验概率密度 $p[\boldsymbol{a}(m):m \mid x(1)\cdots x(m)]$ 中[36]。

已知概率 $p[\boldsymbol{a}(m):m \mid x(1)\cdots x(m)]$ 的后验密度，就有可能创建矢量 $\boldsymbol{a}$ 的当前评估，取最大 $p[\boldsymbol{a}(m):m \mid x(1)\cdots x(m)]$ 对应的矢量。

后验密度 $p[\boldsymbol{a}(m):m \mid x(1)\cdots x(m)]$ 既在变化过程 $\boldsymbol{a}$ 的影响下发生变化，也由于过程 $\boldsymbol{a}$ 关于可接收过程 $x(m)$ 的数据积累而发生变化。变化过程 $\boldsymbol{a}$ 的变化导致 $p[\boldsymbol{a}(m):m \mid x(1)\cdots x(m)]$ 扩大，并积累了有关它的信息，从而缩小了分布。

根据之前的评估给出的先验数据，最大后验概率准则下的最优值 $\boldsymbol{a}$ 由以下递归方程组[35－36]定义。

(1)观测方程：

$$x(m) = \boldsymbol{a}^{\mathrm{T}}(m)\boldsymbol{s}(m) + e(m) + n(m) \tag{3.56}$$

(2)最佳评价方程：

$$\hat{\boldsymbol{a}}(m) = \hat{\boldsymbol{a}}(m-1) + \boldsymbol{k}(m)[x(m) - \hat{\boldsymbol{a}}^{\mathrm{T}}(m-1)\boldsymbol{s}(m)] \tag{3.57}$$

(3)最优权重系数方程：

$$\boldsymbol{k}(m) = \frac{\gamma(m-1)\,\boldsymbol{s}^{*}(m)}{\sigma_{\Sigma}^{2} + \gamma(m-1)\boldsymbol{s}^{\mathrm{T}}(m)\boldsymbol{s}^{*}(m)} = \frac{\gamma(m-1)\boldsymbol{s}^{*}(m)}{\sigma_{n}^{2} + \sigma_{e}^{2} + \gamma(m-1)\mid \boldsymbol{s}(m)\mid_{E}^{2}} \tag{3.58}$$

(4)评估误差方程：

$$\begin{aligned}\gamma(m) &= [1 - \boldsymbol{k}(m)\boldsymbol{s}^{\mathrm{T}}(m)]\gamma(m-1)\\ &= \gamma(m-1) - \frac{\gamma(m-1)^{2}\mid \boldsymbol{s}(m)\mid_{E}^{2}}{\sigma_{n}^{2} + \sigma_{e}^{2} + \gamma(m-1)\mid \boldsymbol{s}(m)\mid_{E}^{2}}\end{aligned} \tag{3.59}$$

式中：$\mid \boldsymbol{s}(m)\mid_{E}^{2} = \boldsymbol{s}^{\mathrm{T}}(m)\boldsymbol{s}^{*}(m)$ 为向量 $\boldsymbol{s}(m)$ 的欧几里得范数的平方。

式(3.56) ~ 式(3.59)完整描述了最佳线性 Kalman 滤波器的算法(图 3.1)。在 Kalman 滤波器的输入处，对先前观测(可预测部分)接收到的可接受的附加混合值 $x(m)$ 进行评估，并从中扣除 $\hat{\boldsymbol{a}}^{\mathrm{T}}(m-1)\boldsymbol{s}(m)$ 。根据此差与权重 $\boldsymbol{k}(m)$ 的线性组合，以及根据先前评估(先前数据) $\hat{\boldsymbol{a}}(m-1)$ ，形成当前最佳评估 $\hat{\boldsymbol{a}}(m)$ 。

在气象目标反射的非平稳性质下，应将矢量 $\boldsymbol{a}$ 的连续值在时间上反映相互关系的状态的非单位过渡矩阵引入式(3.56) ~ 式(3.59)中[35]。

式(3.59)中的初始条件可以设为已知形式，即

$$\hat{\boldsymbol{a}}(0) = [0\ \ 0\ \ \cdots\ \ 0],\quad \gamma(0) = 1 \tag{3.60}$$

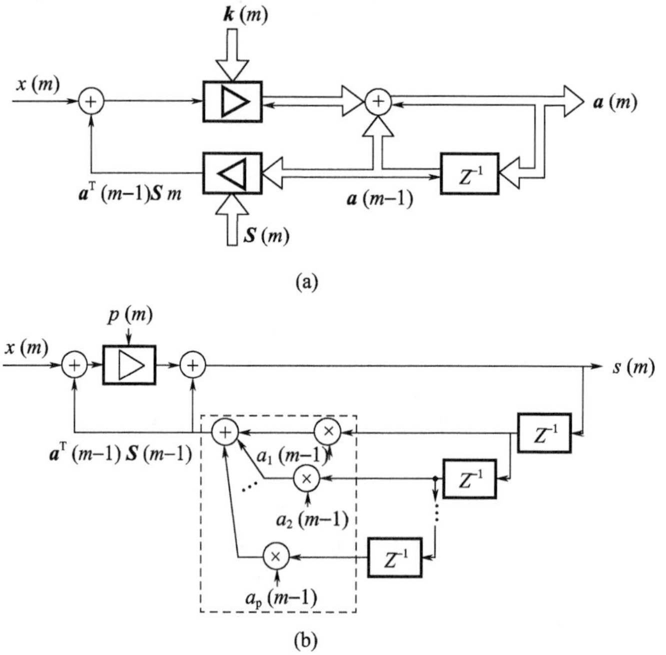

图 3.1 递归评估设备的模块图

(a)自回归系数的块图;(b)一个有用信号的过滤块。

现在假设矢量 $\boldsymbol{a}$ 是已知的。然后针对由等式(3.54)描述的信号和干扰情况,由微分方程式定义 $\boldsymbol{s}(m)$ 信号的最佳递归推断,这是 Kalman - Biussi 滤波器[35-36]方程组的一种特殊情况,即

$$\hat{\boldsymbol{s}}(m+1)=\boldsymbol{a}^{\mathrm{T}}\boldsymbol{s}(m)+\frac{[\sigma_e^2+p(m)\,|\,\boldsymbol{a}\,|_{\mathrm{E}}^2][x(m+1)-\boldsymbol{a}^{\mathrm{T}}\boldsymbol{s}(m)]}{\sigma_n^2+\sigma_e^2+p(m)\,|\,\boldsymbol{a}\,|_{\mathrm{E}}^2} \tag{3.61}$$

其中

$$p(m+1)=[\sigma_e^2+p(m)\,|\,\boldsymbol{a}\,|_{\mathrm{E}}^2]-\frac{[\sigma_e^2+p(m)\,|\,\boldsymbol{a}\,|_{\mathrm{E}}^2]^2}{\sigma_n^2+\sigma_e^2+p(m)\,|\,\boldsymbol{a}\,|_{\mathrm{E}}^2} \tag{3.62}$$

式(3.62)为滤波的均方根误差的平方的当前值。

式(3.61)和式(3.62)描述了具有 p 个复数极点和随时间变化的系数变化的线性离散滤波器。

利用式(3.56) ~ 式(3.59)和式(3.61)、式(3.62)当前解的相互替换,可以得到描述自适应离散滤波器操作的方程组,并允许在接收反射信号的过程中对自回归系数的矢量 $\boldsymbol{a}$ 进行重复评估。累积后,气象目标反射信号的数字信号的平均频率 $\bar{f}$ 和数字信号的宽度 Δf 由自回归系数的评估确定。

注意,在解决特定的应用目标时,Kalman 滤波器的应用伴随着许多这样的问题。例如,误差的累积,由于完整性或不充分性而导致的估计过程可能不收敛,或者当过滤器馈入信号输入时(可能在任何分量中都没有噪声)可能会损失可操作性[37]。

递归算法的优点是能够在评估过程中纠正中间错误,这对于处理信号的强烈的时间不平稳性和空间异质性很重要。大多数递归算法的主要缺点是在递归的每个步骤上实时进行的大量计算,以及接收的评估收敛到参数的真实值的低速。

3.1.3　气象目标反射信号多普勒频谱参数估计方法的比较分析

非参数频谱分析方法,由于频率分辨率的限制,以及在选择有限长度时反射信号的不同数字信号分量频率的测定精度有限,不提供探测气象目标中风切变和湍流危险区域的准确性和可靠性的技术特性(参见 1.3 节)。最近提出的许多改进经典频谱评估方法的方法(如应用时间、光谱窗口或增加零点选择)可以以某种方式提高不同光谱成分评估的准确性,但不能提高频率分辨率。

对用于解决参数方法的气象目标信号的数字信号矩评估问题的解决方案的可能性进行分析,是很有意义的。

对于基于气象目标反射信号的数字信号的分析,基于自回归(AR)过程统计模型的方法是最可取的,它具有在不同频率上分配频谱最大值的能力。基于有理函数的其他模型(MA 和 ARMA)不具有此优势,或者现在没有得到充分研究。

基于 Levinson - Derbin 递归程序的传统 Yule - Walker 和 Burg 参数化方法在评估数字信号参数方面的应用非常复杂,因为它具有本质上的异质性,并且气象目标反射的信号不稳定。此外,在允许体积内存在以不同速度移动的几个局部水汽凝结体组的情况下,Burg 方法与其他参数方法(自协变方法、最小分散方法和多信号分类方法)相比效果较差[38]。

Burg 方法的另一个重要缺点是在宽带噪声背景下的分析中,窄带过程的谱线断裂[3]。当通过安装在移动飞行器上的机载雷达探测气象目标时,经常会出现这种破裂发生的条件(高信噪比,模型的大相对阶数等于模型阶数与所分析信号的选择长度之比)。

在评估频谱分量的自回归方法中,使用具有最大精度的协方差方法更可取[3]。基于对所接收信号的自相关矩阵自身值(多信号分类方法、ESPRIT[31,39]、最小范数等)的分析方法在频率估计精度上具有可比性,尽管多信号分类方法在估计精度上与最小范数法相比较差[40],但它对感知路径放大因子的不稳定性和相位误差的存在更为稳定[41]。

ESPRIT 方法是中间方法。然而,针对宽带噪声背景下点目标信号分配的特殊方法,使其在解决诸如气象目标等空间分布目标的数字信号矩评估问题时的使用变得复杂。特别是,在文献[42]中指出,当作为信号 DS 的分量的气象目标高度相关时，基于 ACM 自身值分析的方法在所有情况下都会导致错误（不明确）的测量。它的充分条件是信号读数选择的稀疏性[43]。

初步结论是，在机载雷达中进行实现的最佳方法是改进协方差法和 MUSIC 法，这是根据提交的评估反射信号数字信号矩的各种参数方法的特性的分析得出的。因此，有必要通过一系列标准对所考虑的方法进行比较：评估的充分性和准确性、计算复杂度、幅度稳定性和机载雷达接收路径信道相位特征的稳定性和敏感性、自身噪声水平，接收信号的相关性和电平，用于评估谱矩的信号包的体积。

将选定的参数方法提供的数字信号参数的评估特性与使用传统的频谱估计方法所获得的结果进行比较也很有意义。

1. 多普勒谱矩评估的准确性分析

由允许气象目标体积反射的信号的数字信号矩的测量值的总误差（误差）包含了系统的、动态的和波动的成分。在评估过程中，最大测量值的变化是动态误差的原因。系统的测量误差是由在偏离移相器或仿真移相器路径上的滤波器设置及接收信号的处理而引起的。波动误差的来源有雷达接收机的内部噪声与外部干扰，以及有用信号的波动。让我们进一步考虑在反射信号的数字信号矩评估中由相关评估的离差所表征的波动误差[44]。

最大似然法[45]在信号包的大容量 M 处提供了最高的评估准确性（最小离差）。在评估反射信号的测量参数 ε 的同时，其值对应于所用似然函数的最大值。参数 ε 评估值的离散度可表达如下[6]：

$$\sigma_{\varepsilon}^{2} \geqslant -\frac{1}{\langle \partial^{2}/\partial \varepsilon^{2} \ln L(x[t] \mid \varepsilon)\rangle} \tag{3.63}$$

式中：$L(x[t] \mid \varepsilon)$ 为似然函数。设置下界，即 Cramer - Rao 界[35,46]，应与其他算法的评估离差进行比较。如果气象目标信号的数字信号具有高斯形式，并且内部接收噪声是不相关的规范随机过程，就可以通过文献[9,47]的形式表示通过最大似然法评估平均频率 $\bar{f}$ 的离差：

$$\sigma_{\bar{f}}^{2} \geqslant \frac{12\Delta f^{4} T_{n}^{2}}{M[1-12(\Delta f T_{n})^{2}]} \tag{3.64}$$

在大信噪比情况下的表达式为

$$\sigma_{\bar{f}}^{2} \geqslant \frac{2}{\sqrt{\pi}} \frac{\Delta f^{3} T_{n}}{M} Q^{-2} \tag{3.65}$$

在小信噪比情况下，数字信号的宽度 f 的估计值的离差由类似的表达式[9,47]表示：

$$\sigma_{\Delta f}^{2} \geqslant \frac{45}{4} \frac{\Delta f^{6} T_{n}^{4}}{M} \tag{3.66}$$

在大信噪比情况下，有

$$\sigma_{\Delta f}^2 \geqslant \frac{2}{\sqrt{\pi}} \frac{\Delta f^3 T_n}{M} Q^{-2} \tag{3.67}$$

在小信噪比情况下，为了评估频谱估计参数方法实现的便利性，有必要将辐照度特征与经典非参数方法的相应表达式进行比较。因此，我们将给出确定 $\bar{f}$ 和 Δf 评估精度的比率。配对脉冲和周期图的方法如下：

通过在变化分析[48]的基础上得到的配对脉冲法，对气象目标反射信号的平均频率 $\bar{f}$ 和数字信号的宽度 Δf 的评估离差分别为[49]

$$\sigma_{\bar{f}}^2 = \frac{(1 + Q^{-1})^2 - \rho^2(T_n)}{8\pi^2 M \rho^2(T_n) T_n^2} \tag{3.68}$$

$$\sigma_{\Delta f}^2 = \begin{cases} \dfrac{3}{8\sqrt{\pi}} \dfrac{\Delta f}{M T_n}, \text{大信噪比时} \\ \dfrac{1.5}{\Delta f^2 T_n^4 M Q}, \text{小信噪比时} \end{cases} \tag{3.69}$$

式中：$\rho(T_n) = \exp[-(\pi \Delta f T_n)^2]$ 为额定相关系数。

从式(3.68)中可以看出，评估值 $\bar{f}$ 指数的离差随着 Δf 或 T_P 的增加而增大。

对于周期图方法，定义气象目标信号平均频率 $\bar{f}$ 和其数字信号的宽度 Δf 的估计离散的表达式的形式分别为[7,9]

$$\sigma_{\bar{f}}^2 = \frac{1}{M T_n^2}\left[\frac{\sqrt{\pi}\Delta f T_n}{2} + 8(\pi \Delta f T_n)^2 Q^{-1} + \frac{1}{12} Q^{-2}\right] \tag{3.70}$$

$$\sigma_{\Delta f}^2 = \frac{1}{M T_n^2}\left[\frac{3\Delta f T_n}{8\sqrt{\pi}} + 4(\pi \Delta f T_n)^2 Q^{-1} + \left(\frac{1}{320 \Delta f^2 T_n^2} + \frac{\Delta f^2 T_n^2}{4} - \frac{1}{24}\right) Q^{-2}\right] \tag{3.71}$$

注意，对于配对脉冲方法，第一个公式[式(3.70)]等于一系列公式(式(3.68))展开后得到表达式中的相应表达式。这意味着两种方法在高信噪比时的效率是可比的，但是其他式(3.70)超过了相应式(3.68)。因此，在信噪比较小且频谱较窄($\Delta f T_p < 1/4$)时，配对脉冲的方法给出了离差较小的 $\bar{f}$ 的评估。

在通过周期图方法评估频谱宽度的离差的式(3.71)中，第一个表达式也等于在高信噪比下通过配对脉冲方法评估的离差值(式(3.69))。这意味着在高信噪比下，这些方法是等效的。在低信噪比情况下，通过配对脉冲方法评估频谱宽度的离差 $\sigma_{\Delta f}^2$ 大约比周期图方法得到的值小 1/3 倍。

在此应注意的是，随着 Δf 的增大，通过周期图方法得到的 $\bar{f}$ 和 Δf 的估计值的离差的增加不会受到指数定律的影响，该指数定律在广谱情况下最好使用此方法。

图 3.2(a)给出了由气象目标反射信号的数字信号的宽度估计值与选择长度(包装体积)之间的离差关系。在计算时，假设信噪比 $Q = 10\text{dB}$，$T_\text{p} = 1\text{ms}$，

$\sigma_V = 5\mathrm{m/s}$(对应于大湍流),$\lambda = 3\mathrm{cm}$。

图3.2(a)给出的结果证实了 $\sigma^2_{\Delta f}$ 和 M 之间的反比关系,分别为式(3.66)、式(3.69)和式(3.71)。图3.2(b)给出了相同的相关性,但在其他比例尺中,用于评估允许气象目标体积的径向速度脉动的均方根误差。因为机载雷达应提供 ±1m/s 量级气象目标径向速度频谱宽度评估的精度,从图3.2开始,包装所需的体积应为7(最大似然估计法)~24(周期图法)的反射脉冲。

图3.2(c)和(d)给出了气象目标反射信号的数字信号宽度评估离差的依赖关系,以及在较小信噪比(Q =0dB)下接收到的包体积中气象目标径向速度谱宽度评估误差的均方根。信噪比的降低可能是由于带宽不相关的无源干扰。在这种情况下,每包的最小允许体积为40(最大似然估计法)~120(周期图方法)脉冲。

在图3.3中,给出了对 T_p 的反射信号的数字信号平均频率的评估离差的依赖关系,以及根据相同基本数据接收到的选择长度(包体积)对允许气象目标体积的平均径向速度评估的离差。为了提供精度不超过 ±1m/s 的平均径向速度评估,包的必要体积为8(最大似然估计法,信噪比 Q = 10dB) ~200(周期图法,信噪比 Q =0dB)的反射脉冲。

图3.2和图3.3给出结果的比较表明,与信噪比谱的均方根宽度评估的准确性相比,信噪比的降低会大大影响对表征大气湍流径向速度的平均径向速度评估的准确性(风切变危险程度的评估准确性)。

在图3.4和图3.5中,给出了反射信号的数字信号的宽度和平均频率评估的离差及允许气象目标体积颗粒径向速度的平均值和均方根值与由径向速度的均方根值确定的大气湍流强度的依赖性。这些依赖性证实了先前的结论,即在接收由气象目标反射的相当窄带信号时,使用成对脉冲的方法是相当有效的[50]。反射信号的数字信号这么小的宽度发生在温和大气湍流、飞行器的航行速度很小且窄方向图的情况下。当反射信号的频谱变宽时,用这种方法评估的准确度呈指数下降。周期图方法的优点体现在接收由湍流、飞行器移动和天线系统方向图扫描引起的宽数字信号时。

由特定气象目标有效回波率(EER)确定的信噪比值的降低导致数字信号参数评估准确性的显著下降。有可能通过提供显著增加的选择(由于处理反射信号时间的增加)的允许气象目标体积反射信号的相关积累,来减小特定气象目标有效回波率(EER)降低带来的影响(如在小密度云层覆盖的情况下)。

通过参数方法对气象目标反射信号的数字信号矩评估的准确性进行分析。如上所述,在这种情况下,最可取的是改进协变量方法和多信号分类方法。使用在图3.6和图3.7给出的算法流程图中的模拟数学模型得到的评估的均方根误差值用作表征评估准确性的参数。

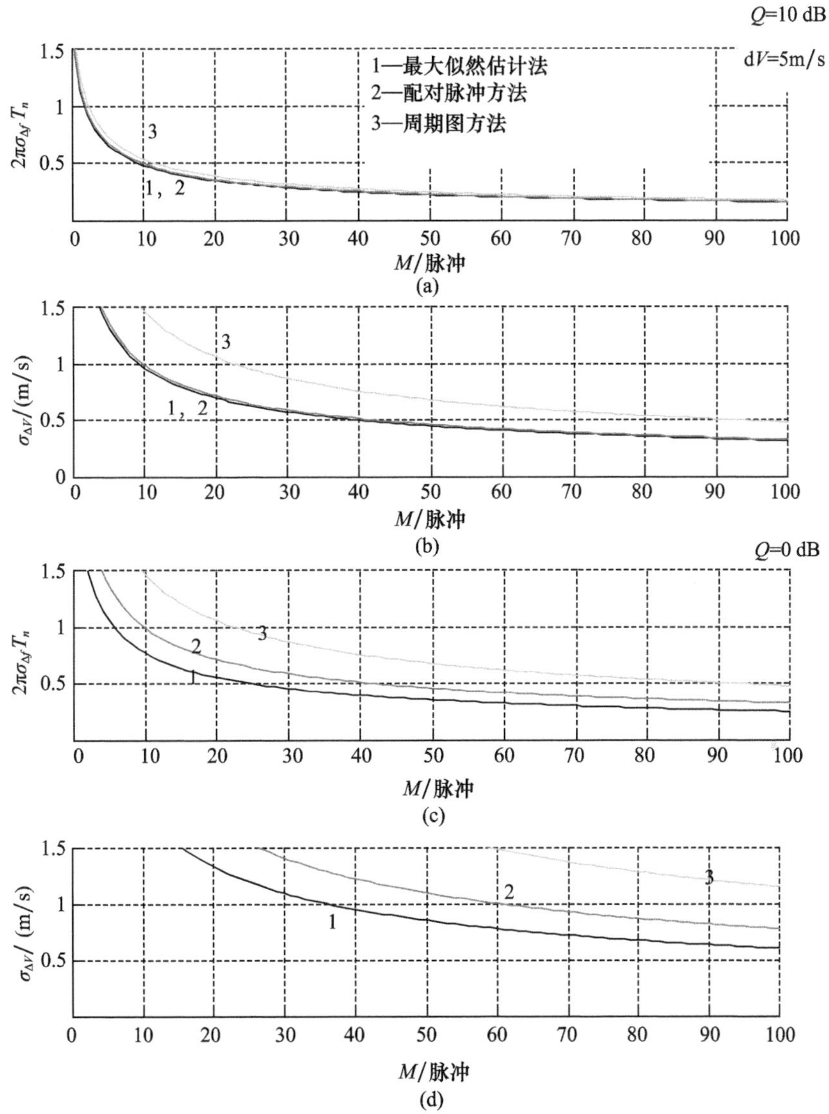

图 3.2　不同信噪比值下气象目标信号的数字信号额定宽度评估的均方根误差与选择长度(充填体积)及径向速度脉动的依赖关系

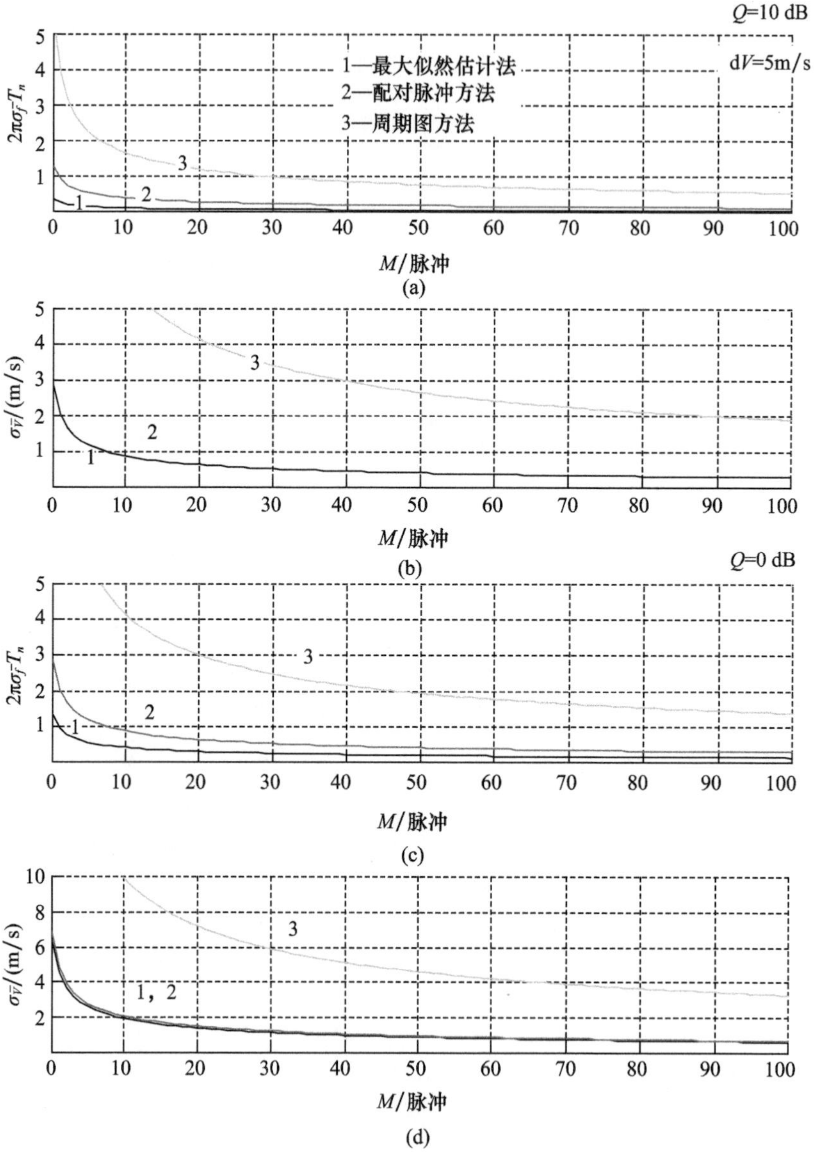

图 3.3　不同信噪比值下，气象目标数字信号额定平均频率评估的均方根误差与选择长度（包体积）的平均径向速度的依赖关系

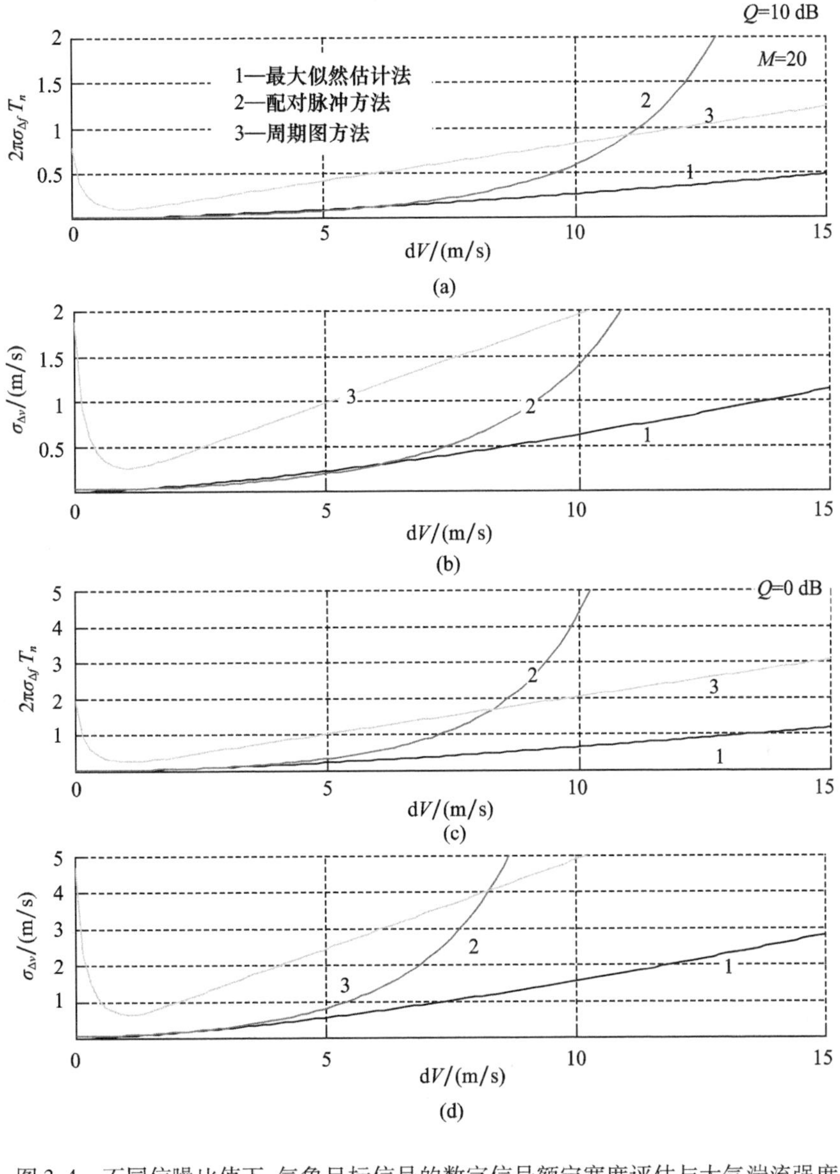

图 3.4　不同信噪比值下，气象目标信号的数字信号额定宽度评估与大气湍流强度（气象目标粒子径向速度的均方根值）径向速度脉动与均方根误差的关系

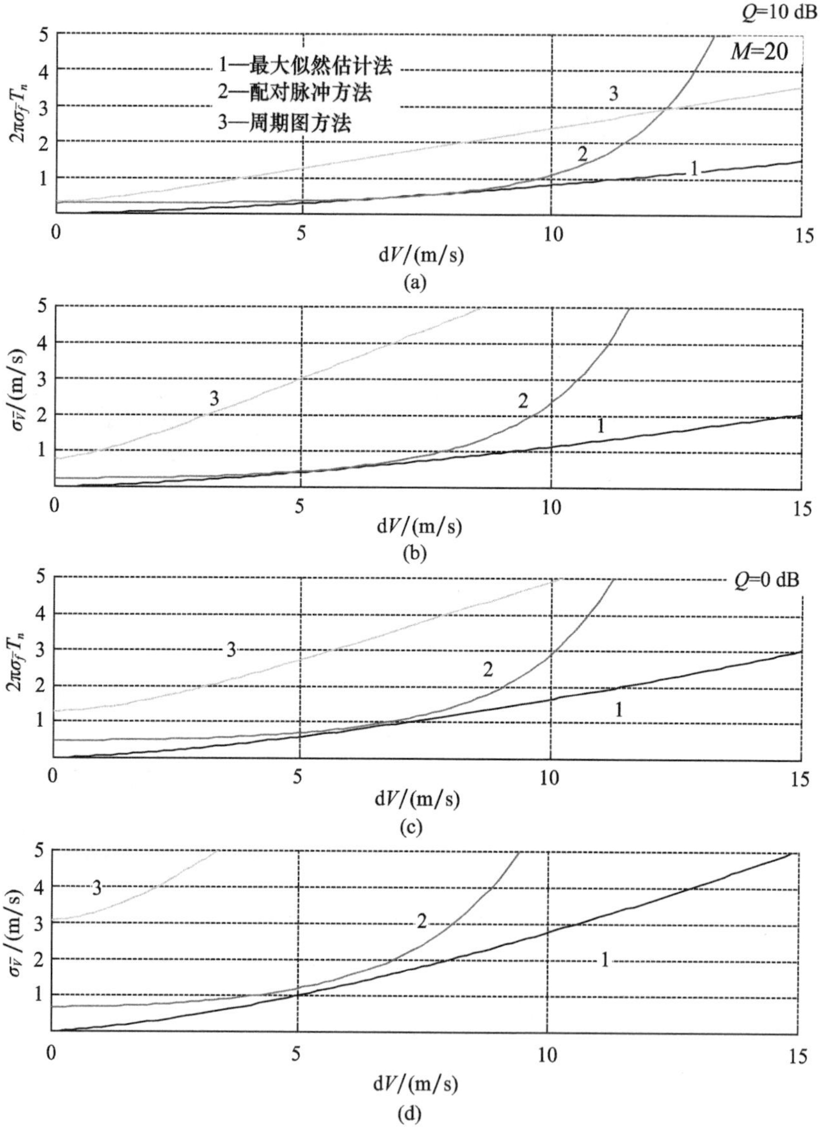

图 3.5　不同信噪比值下的大气湍流强度(气象目标粒子径向速度的均方根值)下的气象目标信号的数字信号额定宽度评估的均方根误差及径向速度脉冲的依赖关系

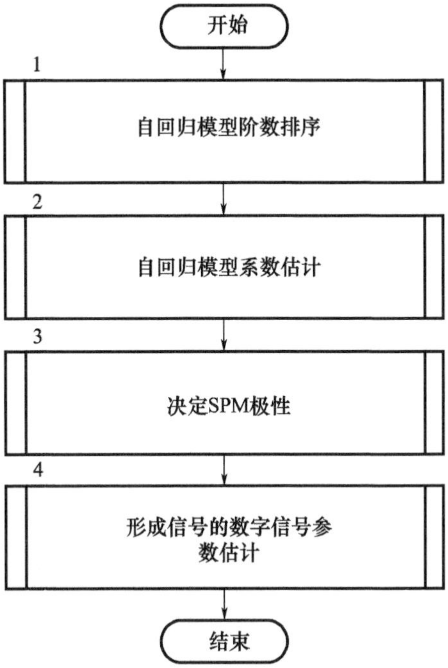

图 3.6　信号数字信号参数评估的协变算法框图

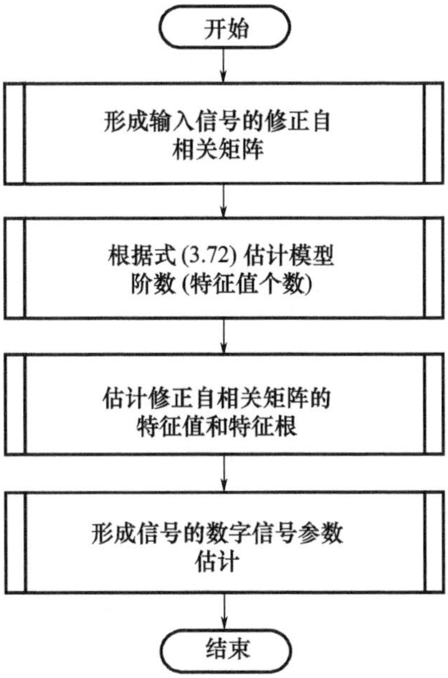

图 3.7　利用多信号分类方法评估信号数字信号参数的算法框图

首先,生成两个独立的规范随机序列,即成形噪声 $E(m)$ 和测量噪声 $N(m)$;然后,根据式(2.107),成形噪声 $E(m)$ 通过成形滤波器,在滤波器的输出处接收到的信号与测量噪声 $N(m)$ 合并,形成处理设备输入混合读数的向量。

然后使用改进协方差法(图3.6)评估自回归模型的阶数和系数,其中根据式(2.115)和式(2.116)计算的功率谱密度的有效和虚部极点由分析信号的平均频率和数字信号宽度确定。

最后定义特定矩阵的自身值和自身矢量的数组。

当在输入混合物 $X(m)$ 的创建选择的基础上使用MUSIC方法(图3.7)时,确定其自相关矩阵 $\underline{\boldsymbol{B}}_x$ 及指定矩阵的自身值和向量的数组。通过最小改进Akaike信息准则式(C.22)来定义信号子空间中的自相关矩阵(ACM)[38]:

$$\mathrm{AIC}(m) = (p - m)\ln\left(\frac{\dfrac{1}{p - m}\sum_{i=m+1}^{p}\lambda_i}{\prod_{i=m+1}^{p}\lambda_i^{-(p-m)}}\right) + m(2p - m) \tag{3.72}$$

式中:$\lambda_1 > \lambda_2 > \cdots > \lambda_p$ 为选择性的ACM自身值;m 为窄带信号的数量($m < p$)。

在噪声子空间中,ACM仅具有一个自身矢量和唯一的自身值 ρ_k,并与管理噪声的离差 σ_n^2 对应。$\rho_k = \lambda_P$ 的值是ACM最小自身值。在模型不匹配的情况下,即,如果由处理包尺寸 M 确定的输入混合值的ACM等级超过有用信号中的窄带分量数量,则矩阵 $\underline{\boldsymbol{B}}_x$ 将具有 $M - p$ 噪声子空间的自身向量和相应的自身值。

从理论上讲,如式(3.46)所示,噪声子空间的所有自身值都必须具有相同的值,但是实际上由于存在测量误差,它们非常接近。多信号分类方法假定对噪声子空间的所有 $M - p$ 自身向量进行统一加权处理。

在定义噪声自身矢量后,使用多项式的因式分解找到反射信号窄带分量的频率,该多项式在气象目标信号的数字信号表达式的分母中(式(3.48))。在求解矩阵方程的过程中计算出窄带分量的相对电容 P_i。

$$\begin{bmatrix} \exp(\mathrm{j}2\pi f_1 T_n) & \exp(\mathrm{j}2\pi f_2 T_n) & \cdots & \exp(\mathrm{j}2\pi f_m T_n) \\ \exp(\mathrm{j}2\pi f_1 2T_n) & \exp(\mathrm{j}2\pi f_2 2T_n) & \cdots & \exp(\mathrm{j}2\pi f_m 2T_n) \\ \vdots & \vdots & \vdots & \vdots \\ \exp(\mathrm{j}2\pi f_1 mT_n) & \exp(\mathrm{j}2\pi f_2 mT_n) & \cdots & \exp(\mathrm{j}2\pi f_m mT_n) \end{bmatrix} \begin{bmatrix} P_1 \\ P_2 \\ \vdots \\ P_m \end{bmatrix}$$

$$= \begin{bmatrix} B(0) - \lambda_{\min} \\ B(1) \\ \vdots \\ B(m-1) \end{bmatrix}$$

通过多信号分类方法评估窄带信号频谱的平均频率的准确性取决于处理包体积 M,信噪比 Q 和信号的相关特性[39]:

$$\sigma_{\bar{f}}^2 = \frac{\sigma_n^2}{2M}\left[\sum_{k=1}^{p} \frac{\lambda_k}{(\sigma_n^2 - \lambda_k)^2} | \boldsymbol{c}^H \boldsymbol{V}_k |^2 / \sum_{k=p+1}^{M} | \boldsymbol{d}^H \boldsymbol{V}_k |^2\right] \tag{3.73}$$

式中：$\boldsymbol{c} = [1\ e^{j2\pi\bar{f}} \cdots e^{j2\pi(M-1)\bar{f}}]^T$；$\boldsymbol{d} = \frac{1}{2\pi}\frac{d\boldsymbol{c}}{d\bar{f}} = [0\quad j\,e^{j2\pi\bar{f}} \cdots j(M-1)\,e^{j2\pi(M-1)\bar{f}}]^T$

对式(3.73)的分析表明，当自相关矩阵 $\underline{\boldsymbol{B}}_x$ 的某些自身值 λ_k 接近测量噪声的离差 σ_n^2 时，数字信号平均频率的估计值 $\sigma_{\bar{f}}^2$ 可以达到较大值。它在低信噪比下，发生在处理设备的输入端口，或在观测中作为带有接近数字信号的几个窄带序列中的一个允许气象目标体积反射信号的一部分，即多信号分类方法的评估特性很大程度上取决于信号和噪声分解到子空间的程度。同时，主要标准是对自相关矩阵自身值的相对数量的分析。

根据图 3.6 和图 3.7 给出的流程图，SigVstat 程序是在 MATLAB 系统中开发的，用于执行建模（附录 D），得到的结果显示在图 3.8 ~ 图 3.10 中。

图 3.8(a)，给出了由气象目标反射的信号的数字信号平均频率估计值的离差与选择长度（包体积）之间的依赖关系。建模时，假设信噪比 $Q = 3\text{dB}$，$T_P = 1\text{ms}$，$\sigma_V = 5\text{m/s}$（大湍流），$\lambda = 3\text{cm}$，表示了与最大似然估计法（ML）最优方法相对应的相关性，以便在相同的时间表上进行比较。建模结果证实了与更早使用非参数方法得到的依赖关系相似的 $\sigma_{\bar{f}}^2$ 关于 M 的反比例依赖关系（图 3.3(a)）。

图 3.8(b)给出了相同依赖关系，但在其他尺度上的，对于允许的气象目标体积，径向速度脉动的评估的均方根误差。由于机载雷达应提供对径向速度脉动谱宽度进行评估的准确度（从建模结果得出），因此，包的必要体积为：对于多信号分类方法——10 反射脉冲，对于改进协变方法——15 反射脉冲（明显少于上述考虑的非参数评估方法）。

图 3.8(c)和图 3.8(d)（$Q = -3\text{dB}$）给出了气象目标反射信号多普勒范围宽度的评估的离差，和较小信噪比下，接收到的包体积的径向速度脉动的均方根误差的依赖关系。在这种情况下，包的最小允许体积约为 40 脉冲（对于两种考虑的方法）。

图 3.9 给出了对反射信号的数字信号的平均频率评估的离差，及允许气象目标体积粒子的径向速度平均值，与由径向速度均方根值确定的大气湍流强度的依赖关系。这些依赖关系证实了较早得到的结论：使用聚焦于信号频谱增宽的窄带信号处理的多信号分类方法进行的相关参数估计，其精确度比改进协变方法更快变差。

为了解决在大强度湍流区域形成的、具有宽数字信号的反射信号的检测问题，应优先考虑改进协变方法。该结论对于在高速飞行器上安装机载雷达尤其重要。

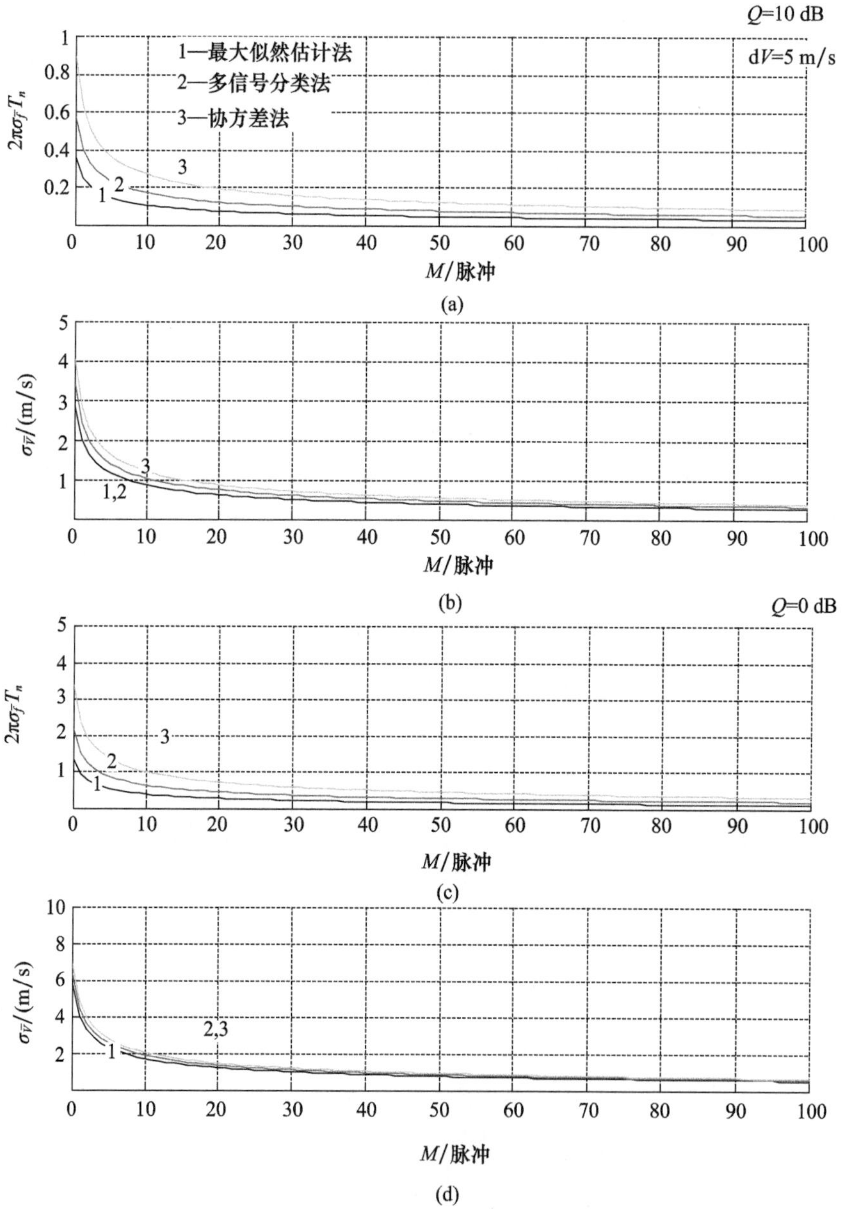

图 3.8　不同信噪比值下,使用参数方法评估气象目标信号数字信号的额定平均频率的均方根误差和选择长度(包体积)的平均径向速度的依赖关系

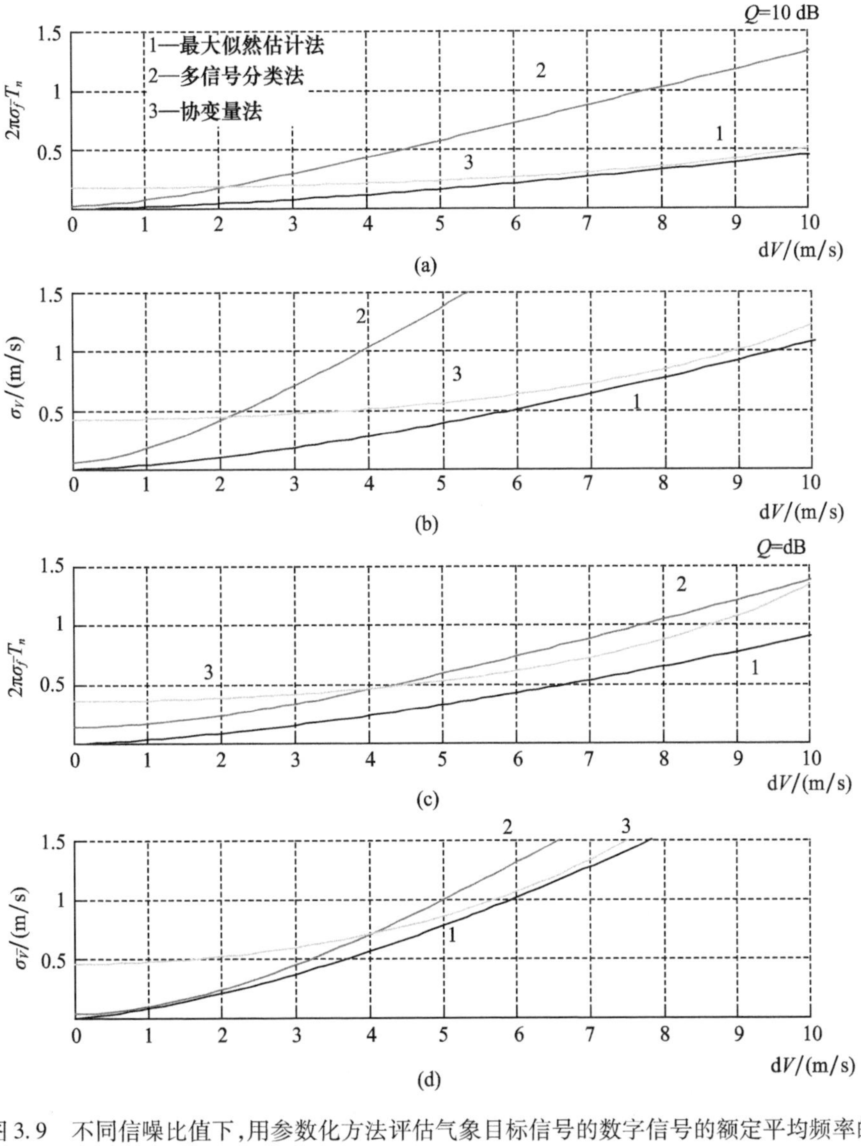

图 3.9　不同信噪比值下，用参数化方法评估气象目标信号的数字信号的额定平均频率的均方根误差和大气湍流强度（气象目标粒子径向均方根值的均方根值）的平均径向速度的依赖关系

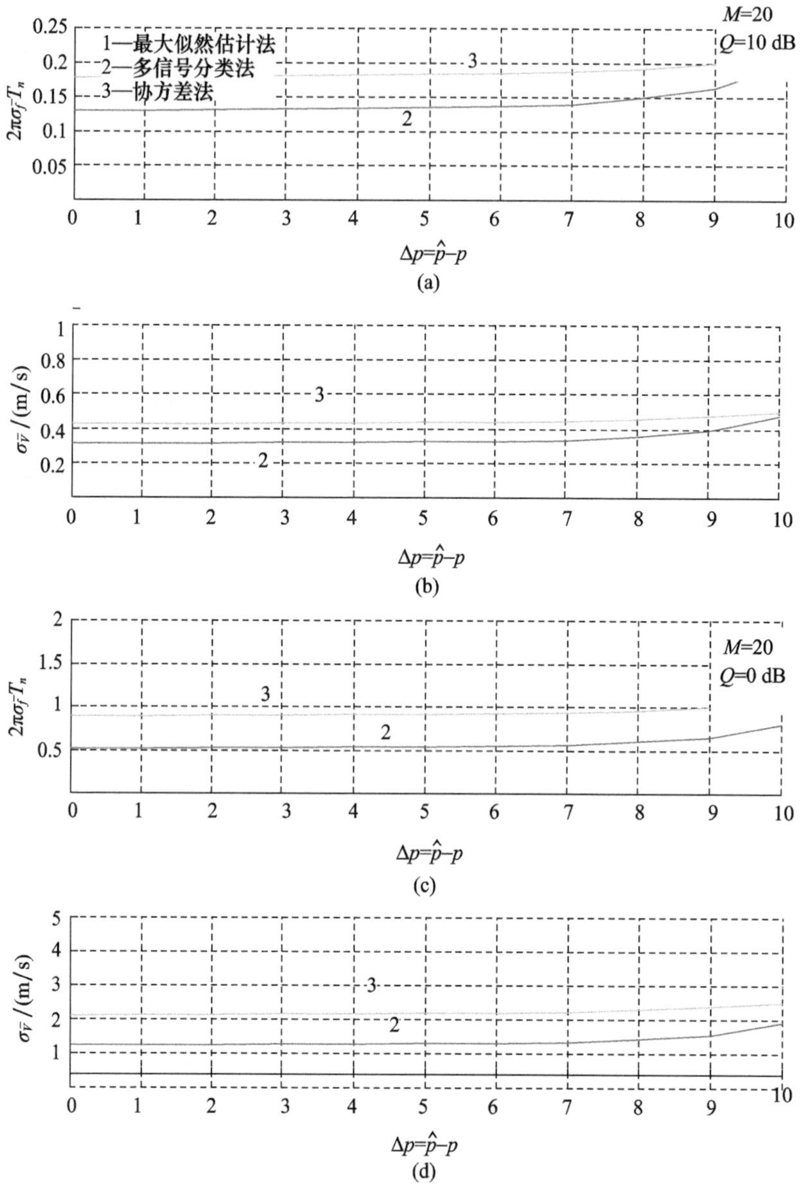

图 3.10　在不同信噪比值下，使用参数方法的气象目标信号的数字信号额定平均频率评估的均方根误差和自回归模型的超定度的平均径向速度的依赖关系

应该注意的是,通过参数方法对气象目标信号的数字信号矩的评估明显取决于对自回归模型的阶的评估。如果模型的阶数被高估(对应于不一致的模型),那么评估的准确性会下降,尤其是通过多信号分类[31]方法。这由图 3.10 所示的建模结果证实。

由于多信号分类方法是基于对有用信号和噪声的可接受混合的自相关矩阵自身值和自身矢量的分析,因此,对接收信号包体积的自相关矩阵相应的自身值和自身矢量评估精确度的依赖关系的分析就很重要。在评估自相关矩阵自身价值时,每包的必要容量超出条件[51]

$$M \leqslant 2\lambda_i^2 \, \overline{(\hat{\hat{\lambda}}_i - \lambda_i)}^{\,-2} \tag{3.74}$$

式中:$\hat{\lambda}_i$为对自相关矩阵第 i 个自身值 λ_i 的评估。

当用自相关矩阵的最大自身值替换其顶部时,将得到误差为 $\Delta \lambda_i$,此时包所需体积为 $M < 2p/\Delta \lambda_i$ 。这里 $\Delta \lambda_i$ 为第 i 个自身值 λ_i 评估的准确度。例如,在自相关矩阵 $p = 10$ 且评估精度 $\Delta \lambda_i = 10\%$ 时,所需包的上限不超过 200,并且在 $\Delta \lambda_i = 100\%$ 时(这在实践中通常是可接受的,因为对应于光谱分量的功率评估误差等于 3dB),需要选择最多 20 个读数。评估自身矢量 $\boldsymbol{V}_i$ 所需的包体积要大一些。

2. 气象目标特性和雷达参数对多普勒频谱矩估计精度的影响分析

除了由所用处理方法确定的误差,气象目标的特性和机载雷达的参数显著影响了对反射信号多普勒频谱矩的评估精度。

特别是,除了湍流,导致数字信号加宽的反射体在径向的相对运动可能是由其他一些气象现象(特别是存在纵向和横向风切变)及不同尺寸反射体的重力下落引起的。独立改变反射器相对速度的几个因素的存在导致了这样一个事实:独立的反射体的速度可以写成几个分量叠加的形式:

$$V_n = \sum_i V_{ni} \tag{3.75}$$

式中:V_{ni} 为由第 i 个因素影响而导致的第 i 个反射器速度分量。

在这些因素具有独立性与随机性的情况下,反射器速度频谱的离差仍可以表示这些分量的叠加。

$$\Delta V^2 = \sum_i \Delta V_i^2 \tag{3.76}$$

式中:ΔV_i^2 为受第 i 个因素的影响而导致的反射器速度频谱的离差分量,它是允许气象目标体积的一部分。

附加因素的存在会改变反射器的径向速度并扩大速度谱(因此,反射的气象目标信号也为数字信号),会使均方根谱宽上的湍流评估精度变差。

速度谱的离差可以用文献[9]中的形式表示:

$$\Delta V^2 = \Delta V_t^2 + \Delta V_{ws}^2 + \Delta V_g^2 \tag{3.77}$$

式中：ΔV_t^2 为由反射器的速度分散引起的小规模湍流对平均速度 $\bar{V}$ 的贡献；ΔV_{ws}^2 为在允许体积内平均速度 $\bar{V}$ 的变化引起的风切变贡献；ΔV_g^2 为重力下落速度谱的离差(考虑到探测方向的投影)。

风切变的存在导致以下事实：作为允许体积一部分的各种水汽凝结体接收各种速度增量，即速度谱变宽。

对于在有限的高度间隔上足够窄的天线系统方向图($\Delta\alpha$、$\Delta\beta$ 大约为几度)，风速的投影随高度的变化可以通过线性函数来近似[52]：

$$V_w(z) = V_{w0} + k_w z \tag{3.78}$$

式中：k_w 为风速的垂直梯度；V_{w0} 为气象目标位置雷达航空母舰垂直高度处的风速；z 为从雷达航空母舰运动平面算起的高度。

正如文献[53 -56]中所指定的那样，通常风速梯度的值会随高度而变化。从地球表面到 12km 的整个高度间隔(可以观测到气象目标)可以分解为几层，多层有着不同的 k_w 值。在 0.3 ~1km 的层中，季节性千瓦时为 7 ~ 9m/(s · km)。在 1.2km 的高度处，梯度的范围为 5 ~6.5m /(s · km)。在 2 ~6km 的高度，k_w 随高度变化很小，并且在 4m /(s · km)范围内离散度很小。在 7 ~12km 的高度处，梯度值再次增加至 5 ~7m/(s · km)。通常在计算中接受值 k_w =5m/(s · km)[56]。

让风速方向与飞行器的风速方向成一个角度 α_w。当高度 $z \approx r\sin\beta$ 时，其中 r 为到相应允许体积中心的距离，式(3.78)可被重写为

$$V_w = V_{w0} + k_w r\sin\beta \tag{3.79}$$

由风切变影响引起的反射体速度的径向分量为

$$V_{wr} = V_w\cos(\alpha - \alpha_w)\cos\beta = (V_{w0} + k_w r\sin\beta)\cos(\alpha - \alpha_w)\cos\beta \tag{3.80}$$

考虑到式(2.1)，我们使用 φ 和 ψ 来表示 α 和 β，并将 V_{wr} 以泰勒级数展开，受到线性成员的限制：

$$V_{wr} = V'_0 - \varphi V'_{\langle} - \psi V'_{‰}$$

式中：$V'_0 = (V_{w0} + k_w r\sin\beta_0)\cos(\alpha_0 - \alpha_w)\cos\beta_0$；$V'_{\langle} = (V_{w0} + k_w r\sin\beta_0)\cdot\sin(\alpha_0 - \alpha_w)$；$V'_{‰} = (V_{w0}\sin\beta_0 - k_w r\cos2\beta_0)\cos(\alpha_0 - \alpha_w)$。

下面的多普勒频率对应速度 V'_0：

$$\bar{f}' = 2V'_0/\lambda = 2\lambda^{-1}(V_{w0} + k_w r\sin\beta_0)\cos(\alpha_0 - \alpha_w)\cos\beta_0 \tag{3.81}$$

式中：$\bar{f}'$ 为反射信号数字信号的平均频率。

由于风速可以有任何符号，风的存在会导致频谱的平均频率增加或降低。另外，当方向图轴偏离飞行器运动方向时，会导致多普勒频移值(式(3.81))减小。

现在我们将估计风切变对反射信号频谱宽度的贡献。如果在允许体积内反射体密度恒定，那么反射气象目标信号的功率分布取决于角度 α 和 β，并由天线

系统方向图平方描述。

如果用高斯函数来近似方向图的平方，即

$$G^2(\alpha,\beta) = \exp\left(-\frac{(\alpha-\alpha_0)^2}{2\Delta\alpha^2}\right)\exp\left(-\frac{(\beta-\beta_0)^2}{2\Delta\beta^2}\right)$$

则

$$p(\beta) = \int_0^{2\pi} G^2(\alpha,\beta)\mathrm{d}\alpha = \exp\left(-\frac{(\beta-\beta_0)^2}{2\Delta\beta^2}\right) \approx \exp\left(-\frac{\beta^2}{2\Delta\beta^2}\right) \quad (3.82)$$

对于式(3.82)的分布，还将通过在一定比例下重复天线系统方向图形式的高斯函数来定义速度的额定频谱。

$$S(V_w) = \exp\left(-\frac{(V_w-\overline{V_w})^2}{2\Delta V_{ws}^2}\right) \quad (3.83)$$

其中，$\overline{V_w} = V_{w0}$

$$\sigma_{V-‰} = \frac{\Delta V_{wr}}{2\sqrt{2\ln 2}} = \frac{k_w r\Delta\beta}{2\sqrt{2\ln 2}} \quad (3.84)$$

式中：$\Delta V_{wr} = k_w r\Delta\beta$ 为径向风速在半功率水平上的分布宽度。

式(3.84)是均方根频谱宽度与接收的反射信号的距离 r 的关系。这可以由以下事实来解释：由于取决于方向图距离，具有不同速度的在高处的气象目标点是辐射状的。

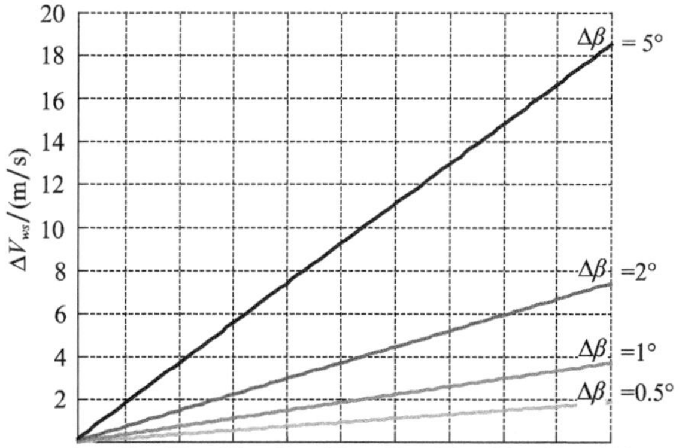

图 3.11　取决于方向图宽度 $\Delta\beta$ 不同值范围的由垂直风切变引起的水汽凝结体速度频谱宽度对仰角的依赖关系（$\Delta\beta$ = 0.5,1,2,5°）

在图 3.11 中给出利用 Sigma_v. m 程序通过式(3.84)计算的取决于方向图宽度 $\Delta\beta$ 不同值范围的由垂直风切变引起的水汽凝结体速度频谱宽度对仰角的依赖关系。

通常，当风向与测深方向之间存在一个非零角度时，风速的垂直梯度与水汽凝结体速度谱的均方根宽度（式(3.84)）之间的关系为

$$\Delta V_{ws} = \frac{k_w r \Delta\beta}{2\sqrt{2\ln 2}} \cos(\alpha - \alpha_w)\cos\beta \tag{3.85}$$

反射体下落的重力速度贡献 ΔV_g 是由重力和空气阻力影响下水汽凝结体垂直速度的差异引起的。水汽凝结体的重力下降速度由其大小、相态及水汽凝结体与空气的密度比明确定义[57]。对于水滴，其落入静止空气中的既定速度表示如下[58]：

$$V_g(R) = V_\infty[1 - \exp(-a_g R)] \tag{3.86}$$

相当好地描述了关于地球表面附近，除非常大的水滴之外的水滴速度的现有实验数据。

在文献[59]中，根据实验材料的分析结果，液滴在静止空气中下落的重力速度不超过 10m/s。不超过 2 ~ 2.5m/s 的较小下落速度是雪花和晶体颗粒的特征。

此外，正如文献[60]中所指出的那样，水汽凝结体的平均重力下降速度与雷达反射率（即 $V-Z$ 比）之间存在经验依赖关系，即

$$\overline{V}_g = A_g Z^{b_g} \tag{3.87}$$

式中：A_g、b_g 均为取决于气象目标微观结构的系数。

在文献[61]中，注意到 A_g 值为 2.6 ~ 3.84，b_g 值为 0.071 ~ 0.114。根据各种 $V-Z$ 比计算的值的离差不超过 ±1m/s。

在较大的仰角下，反射体下落重力速度的贡献将被显示出来：

$$\Delta V_g = \Delta V_g^0 \sin\beta$$

式中：ΔV_g^0 为垂直雨滴处的重力速度谱的均方根宽度，对于雨滴 $\Delta V_g^0 \approx 1\text{m/s}$[62]。

由于反射体下落的重力取决于其大小[63]。

$$V_{ng}(R) = a_R[1 - \exp(-b_R R)] - \gamma_R R \tag{3.88}$$

式中：$a_R = 18.6711$；$b_R = 635.825$；$\gamma_R = 2289.758$，$R = m$，于是 ΔV_g^0 仅由气象目标颗粒在尺寸上的分布决定。

注意，反射信号的数字信号宽度不仅是表征基本反射器在空间和速度上的分布的气象目标参数的函数，还是雷达参数的函数（天线系统方向图的宽度和速度扫描、移相器的飞行器频率的稳定性、雷达接收器的带宽、脉冲持续时间等）。

让我们考虑一下天线扫描对接收信号的数字信号扩宽的影响[52,62,64-65]。让气象目标中包含的反射器“冻结”（不动）。在静止的天线系统方向图中，它们所反射的信号将具有恒定的振幅和每个特定允许体积的相位。在扫描方向图时，两个时间点 t 和 $t+\tau$ 对应于两个允许的体积量，从雷达中截取，但以角度 $\Omega_a\tau$ 偏

移，其中 Ω_a 为扫描的角速度。在时间点 t 辐射的基本反射体的一部分也在时间点 $t+\tau$ 保留在雷达的波束内。但是，有些反射体不再受到辐照，但再次出现的反射体受到辐照。因此，作为允许体积的一部分，被辐射的基本反射体的结构得到了更新。

在 t 和 $t+\tau$ 时刻，被辐射反射器的总数几乎相同，但是它们的结构不同：τ 越大，该结构的连续性越小。在天线系统方向图偏移等于其宽度的角度时，会发生反射体结构的完全更新。在这种情况下，反射信号的频谱的宽度分量为

$$\Delta f_{sc} = \frac{1}{2\tau_{sc}} = \frac{1}{2\,t_{\Delta a}} = \frac{\Omega_a}{2\Delta\alpha} = \frac{F_\alpha}{2\Delta\alpha T_v} \tag{3.89}$$

式中：τ_{sc} 为由方向图扫描引起的波动的相关间隔；$t_{\Delta a}$ 为方位角上解析元素的分析时间；Ω_a 为扫描的角速度；$\Delta\alpha$ 为方位角上的天线系统方向图宽度；F_α 为扫描扇区的角度大小；T_v 为观察时间段。

在 $F_\alpha = 180°$，$T_v = 50\text{s}$，$\Delta\alpha = 2.4°$ 时，由天线系统方向图扫描引起的反射信号的频谱宽度根据式(3.117)将会是 $\Delta f_{xc} = 0.75\text{Hz}$。

雷达移相器频率的不稳定性也会导致波动。如文献[66]所示，为了忽略它们，必须使 $df_0 \ll (2\tau_u)^{-1}$，其中 τ_u 为雷达移相器的持续时间。因此，由雷达发射器的飞行器频率的不稳定性引起的反射信号的波动不取决于其工作频率，而是由移相器持续时间完全确定的。

但是，在雷达设备的现代发展水平上，人们对移相器载波频率稳定性提出了很高的要求，由于频率的不稳定，允许气象目标体积所反射的信号的波动明显低于其他原因引起的波动，并且可以被忽视。

反射信号数字信号参数评估的准确性也受到在接受 EMW 中带来额外相位移动的雷达天线系统透明介质天线罩的影响。天线罩形式引起的相位偏移和雷达孔径上的传输系数的波动，导致天线系统方向图失真(主瓣宽度和最大偏移的变化、LSL 增加)。天线罩形式(超声速为空气动力学锥形、亚声速为球形)和天线罩壁设计(单层或多层)对天线系统方向图的影响程度，使得电磁波相位移动在方位角和仰角上的二位依赖关系不能再用解析形式表示，其表征了与雷达天线系统孔径平面相关的电磁波源方向。特定的相移可以在自然实验过程中测量，并记录到存储设备中。然后将这些数据应用到 OBC 中，以补偿幅度和相位失真。

雷达影响的技术参数也会影响气象目标数字信号的平均频率评估的准确性。特别是，通过具有以下形式相关函数的简单马尔可夫过程对允许体积的反射信号进行近似，有

$$B_s(\tau) = \sigma_s^2\rho(\tau) = \sigma_s^2 e^{-\gamma|\tau|}$$

在信噪比 $Q > 1\text{dB}$ 时,气象目标信号的数字信号的平均频率评估的潜在精度由下式[68]定义:

$$\sigma_f^2 = \frac{M^2}{16\pi^2 Q^2 T_n^2 \sum_{i=1}^{M-1} (M - i) i^2 \rho^2 (T_n)} \tag{3.90}$$

从式(3.90)可以看出,气象目标信号的平均多普勒频率的测量精度并不直接取决于雷达移相器持续时间。但是,随着 τ_u 的增加,允许体积的总量及填满该体积的水汽凝结体的有效回波比都会增加。因此,即使在固定的雷达移相器能量下,信噪比值 Q 也会增大,而 σ_f^2 的值将减小。另外,随 τ_u 的增加,由于气象目标的时间不平稳性和空间异质性,不仅雷达在 δr 范围上的分辨率会降低,而且频率评估的精度 $\bar{f}$ 也将变差。显然,移相器持续时间的选择应从确保雷达范围上要求的分辨率的条件下进行。

式(3.90)也证实了上面给出的关于对间期相关系数 $\rho(\tau)$ 值的平均频率 $\bar{f}$ 评估精度的显著影响的陈述,由气象目标信号的低频波动频谱的宽度 Δf 确定。这种影响在反射信号的大持续时间($MT_n > 40 \sim 50\text{ms}$)时尤其明显。

3. 多普勒频谱矩评估的稳定性分析

根据线性方程组理论[3,13],系统稳定性的特征是有限的输入信号会在输出处产生有限的信号。参数频谱评估的稳定性包括两个部分:相应的模型过滤器的稳定性和统计稳定性。

过滤器的稳定性由自回归模型参数的选择提供。过滤器稳定性的充要条件在于,分数和有理数的 z 图像的分母中的多项式 $A(z)$ 取最小相位,以及等于满足多项式 $A(z)$ 的所有根(TF 极)在 z 平面上的单个圆上的条件: $|z_k| < 1$, $k = 1,2,\cdots,p$ 的线性成形自回归模型滤波器的有理数转移函数(式(2.113)),否则,不能保证离差无限增长形式的输出信号的稳定性,因为这与真实的物理数据相矛盾。

统计稳定性描述了在工作过程中使用这些或那些光谱估计方法的可能性,这些记录方法具有任何形式的最终数据记录,以及它们在计算过程中对舍入误差的敏感性。由动态范围决定的数据容量不足,以及输入信号及执行算术运算(求和、乘法)时量化噪声的增加会导致所用计算算法的统计不稳定。

让我们考虑对输入量为 $M \times 1$[考虑到式(3.34)]的自回归系数 $\boldsymbol{a}$ 的矢量进行评估。

$$\underline{\boldsymbol{B}}\boldsymbol{a} = \boldsymbol{P}$$

式中: $\underline{\boldsymbol{B}} = [B(i,j)]$ 为输入信号的自相关矩阵, $B(i,j) = \sum_{m=0}^{M-1-p} [x^*(m-i)x(m-j) + x^*(m-p+i)x^*(m-p+j)]$; $\boldsymbol{P} = [\rho_p 0 \cdots 0]^{\mathrm{T}}$

如果估计输入信号的自相关矩阵时由于输入数据的容量不足及乘法和累加结果的取整而导致了误差，那么其评估将与真实值有所不同。

$$\underline{\Delta B} = \underline{\hat{B}} - \underline{B}$$

计算结果中自相关矩阵评估的误差会导致自回归系数估算时出现本质误差，结果会导致气象目标反射信号的数字信号的平均频率和宽度的评估误差。

让我们考虑矩阵 $\underline{\Delta B}$ 的元素是独立的、均匀分布的随机值，使得

$$E\{\Delta B(i,j)\} = 0, E\{\Delta B(i,j)\Delta B^*(k,l)\} = \sigma^2 \delta_{ik}\delta_{jl} \tag{3.91}$$

式中：σ^2 为 离差 $\Delta B(i,j)$ ；δ_{ik} 为 Kronecker 增量。

该模型允许定义由有限的输入过程表示能力和计算错误引起的不可消除错误的上限。

和形成噪声的额定自相关函数相对应的矢量 $\boldsymbol{P}$ 的相关矩阵具有以下形式：

$$\begin{aligned}\underline{\boldsymbol{B}}_P &= E\{\boldsymbol{PP}^*\} = E\{\underline{\hat{\boldsymbol{B}}}\boldsymbol{aa}^*\underline{\hat{\boldsymbol{B}}}^*\}\\ &= \underline{\boldsymbol{B}}E\{\boldsymbol{aa}^*\}\underline{\boldsymbol{B}}^* + E\{\underline{\Delta\boldsymbol{B}}\boldsymbol{aa}^*\underline{\boldsymbol{B}}^*\} + E\{\underline{\boldsymbol{B}}\boldsymbol{aa}^*\underline{\Delta\boldsymbol{B}}^*\} + E\{\underline{\Delta\boldsymbol{B}}\boldsymbol{aa}^*\underline{\Delta\boldsymbol{B}}^*\}\end{aligned}$$

由于矩阵 $\underline{\Delta\boldsymbol{B}}$ 和矢量 $\boldsymbol{a}$ 的元素是独立的随机变量，则

$$\underline{\boldsymbol{B}}_P = \underline{\boldsymbol{B}}E\{\boldsymbol{aa}^*\}\underline{\boldsymbol{B}}^* + E\{\underline{\Delta\boldsymbol{B}}\boldsymbol{aa}^*\underline{\Delta\boldsymbol{B}}^*\} \tag{3.92}$$

根据均方根误重值的最低标准，可得到

$$\mathrm{tr}\,[\underline{\boldsymbol{B}}_{\mathrm{P}}] \to \min$$

式中：$\mathrm{tr}\,[\underline{\boldsymbol{B}}_P]$ 为矩阵的迹的计算操作。

使用正交条件(式(3.91))可以证明矩阵为 $E\{\underline{\Delta\boldsymbol{B}}\,\underline{\Delta\boldsymbol{B}}^*\} = M\sigma^2\underline{\boldsymbol{I}}$ –对角线。替换式(3.92)中的指定值，可得到

$$\mathrm{tr}\,[\underline{\boldsymbol{B}}_{\mathrm{P}}] = M(1 + \sigma^2\mathrm{tr}\,[\underline{\boldsymbol{B}}_a])$$

考虑到以下事实，由于数据表示和系数的有限能力，噪声功率增加了 0.1 dB(机载雷达的预处理路径的允许值[69])，因此可以计算 σ^2 为

$$M\sigma^2\mathrm{tr}[\underline{\boldsymbol{B}}_a] = k_3\mathrm{tr}[\underline{\boldsymbol{I}}] = k_3 M$$

式中：$k_3 = 0.023$ 为对应于功率增加 0.1dB 的系数。

从这里可以得到

$$\sigma^2 = \frac{k_3}{\mathrm{tr}[\underline{\boldsymbol{B}}_a]} = \frac{k_3}{\mathrm{tr}[\underline{\boldsymbol{B}}_s + \underline{\boldsymbol{B}}_n]} = \frac{k_3}{\mathrm{tr}\,[\underline{\boldsymbol{B}}_n]\left(\dfrac{\mathrm{tr}[\underline{\boldsymbol{B}}_s]}{\mathrm{tr}[\underline{\boldsymbol{B}}_n]} + 1\right)}$$

假设信号的动态范围为 2^k，则矩阵 $\underline{\mathbf{B}}^{-1}$ 的最大自身值等于 $\lambda_{\min}^{-1}$，由值 2^{2k+1} 定义。指定 $\mathrm{tr}\,[\underline{\boldsymbol{B}}_{\mathrm{s}}]/\mathrm{tr}\,[\underline{\boldsymbol{B}}_{\mathrm{n}}] = Q$ 为信噪比和处理系统的输入，并考虑 $\mathrm{tr}\,[\underline{\boldsymbol{B}}_n] = M\lambda_{\min}$，可以得到

$$\sigma^2 = \frac{k_3}{M\lambda_{\min}(Q+1)} = \frac{2^{2k+1}k_3}{M(Q+1)} \tag{3.93}$$

从式(3.93)中,我们定义表示处理数据的位数为

$$k = 0.5[2\log_2 \sigma + \log_2 M + \log_2(Q+1) - \log_2 k_3 - 1] \quad (3.94)$$

从式(3.94)中可以清楚地看出,数据表示和系数的位数,与处理包中若干读数的基数2的对数成正比,并且以同样的方式取决于输入时的信噪比和计算误差的容许离差。在图3.12中,给出了在计算误差 $\sigma^2 = 1$ 和处理系统输入端的信噪比不同值的固定分散情况下,k对包体积的依赖性。

此外,数据表示能力和系数的影响程度很大程度上取决于所使用的频谱估计算法。通过比较测试计算得出的最广泛的光谱估计参数方法(Burg方法、协变量方法和多变量分类方法)的指标[70],结果证明Burg方法在计算中更稳定。它是为数不多的自回归算法之一,可以成功处理通常精度(32位)的数据。同时,在通常精度的算术基础上实现协变方法会导致气象目标信号的数字信号参数评估的相对误差达到数个单位甚至百分之几十。其原因是这些算法基于矩阵代数,矩阵代数对处理后的数据容量非常敏感[71]。当使用双精度(64位)的算术时,协变量方法的相对误差显然小于1%,这对于实际应用是足够的。

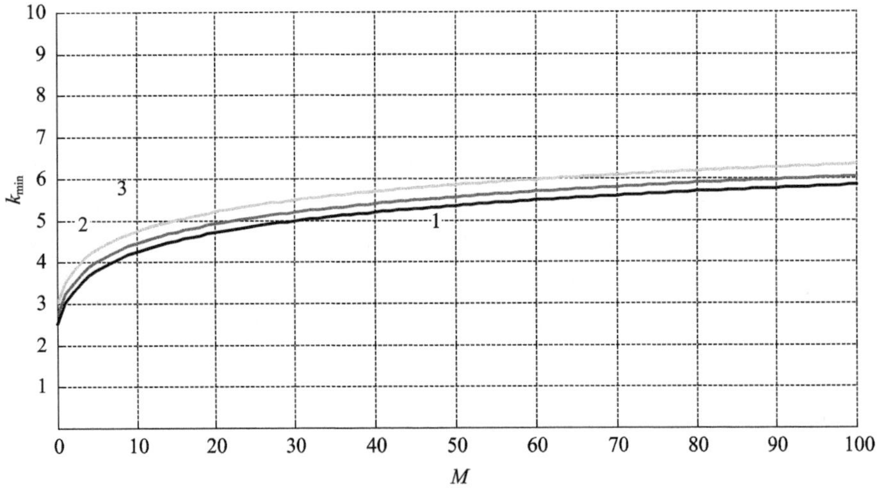

图3.12　在不同的信噪比值(1:Q = −3 dB; 2:Q = 0 dB; 3:Q = 3 dB)下,处理设备的最小系数类别数对包体积的依赖性

4. 实现多普勒频谱矩评估的参数方法的计算工作的分析

在评估数字信号矩时,可以使用两种类型的数字信号处理器:实时硬处理和可重编程信号处理器的随机存储器中输入信号读数累积的处理。

在进行实时硬处理时,数字信号处理器件应在采样间隔内处理输入信号,以确定信息的接收速率。为此,并行处理可能需要使用大量警报处理器。实时处

理是连续(递归)评估方法的特征。

当进行累积处理时,将一定时间段内的输入信号读数记录在 RSP RAM 中,然后进行处理。在处理期间,会有新的输入信号读数块的累积。信号的延迟时间由累积时间和处理时间决定。具有信号积累的处理是块处理方法的特征。

在以评估数字信号矩为目的的,对允许气象目标体积反射信号分析时,应优先考虑具有累积的处理方法。该决定是由以下原因引起的:

(1)现代飞行器的飞行速度快,危险气象目标的检测范围小,因此反射信号包的量很小;

(2)周期(多普勒)处理要求将反射信号延迟一定的重复周期;

(3)当使用块方法时,参数的评估由处理块的必要大小确定的速度形成。

由于危险气象目标区探测问题的解决方案是以机载雷达("气象""湍流""风切变")的一种或几种运行模式来实现的,因此,为了选择最有效的方法来评估反射信号的数字信号矩,有必要将所考虑的处理方法与作为机载雷达一部分的 RSP 的主要特性(存储容量、计算量等)进行比较。

最大似然估计方法是基于多维空间中非线性功能全局极值搜索问题的解决方案。该程序实施的基本复杂性导致 ML 方法在实践中的应用受到限制。

目前广泛使用的谱估计方法是基于对矩阵自身值(MUSIC、ESPRIT、最小范数等)的分析、对接收信号的先前估计的自相关矩阵进行复变换的假设、对该矩阵的自身值和向量的评估,以及对机载雷达的时间和计算资源提出严格要求的高阶多项式根的搜索[29,31,39]。

从上述信息出发,应优先考虑改进协变方法的实现。与 Burg 方法相比,它的使用可以显著减少计算量,特别是在少量选择接收信号的情况下(表 3.1)。特别是,在 $M=6$ 和 $p=4$ 时,改进协变方法所需的复数加法和乘法运算数分别等于 37 和 42,而 Burg 方法则为 67 和 70。

在进行处理时,有必要考虑信号的相位比,所有处理应以复数形式 $s(i) = s_c(i) + \mathrm{j}s_s(i)$ 进行,其中 $s_c(i)$ 和 $s_s(i)$ 为同相(余弦)和正交(正弦)信号分量。

表 3.1 气象目标信号的数字信号矩评估的计算量

复运算	Burg 方法	协变方法	MUSIC 方法
加法	$4Mp - \frac{3}{2}p^2 + \frac{M}{2} - 2p$	$\frac{1}{6}p^3 + Mp + \frac{1}{2}p^2 + M - \frac{8}{3}p - 1$	$\sim M^3$[3]
乘法	$4Mp - \frac{3}{2}p^2 + \frac{M}{2} - \frac{5}{4}p$	$\frac{1}{6}p^3 + Mp + \frac{1}{2}p^2 + M - \frac{5}{3}p$	
除法	$2p + 1$	$p^2 + 3p$	
存储(*MD* 卷)	$5M + 2p + 2$	$\frac{1}{2}p^2 + M + \frac{1}{2}p$	

3.2 飞行器运动补偿算法提高了对气象目标危险程度评估的准确性

通过机载雷达探测大气,可以接收3个气象目标关键信息参数的空间场评估:雷达反射率、反射信号的平均频率和数字信号的宽度。

但是,从气象目标反射并被雷达在移动飞行器上接收的数字信号取决于气象目标的信号离差特性,也取决于飞行器和气象目标相对运动的特性。

飞行器有相当大的径向速度分量。此外,在实际情况下,飞行并不是严格的水平和笔直的。飞行器在运动过程中,会对不同频率和强度的高度、航向、空间角(滚动运动和切线)进行演化。特定原因会导致在附加分量反射信号频谱中出现气象目标元素径向速度有效频谱的失真。特别是,与雷达天线系统轴线平行的飞行器速度分量会引起反射信号的数字信号的平均频率$\bar{f}$(式(2.92))的变化,而速度的切向分量会导致该频谱的扩大,即Δf的增加(式(2.93))。

为了排除飞行器演化对测量结果的影响,可以稳定雷达天线系统波束的空间位置。安装在陀螺仪稳定平台上的天线系统孔径连续转动可以稳定雷达的光束,从而可以补偿在1°或在更高的恶劣天气条件下到达的切向角和滚动运动角度的意外变化。根据现有的规范性文件,在滚动运动变化速度为20°/s和切向变化速度为5°/s时,稳定系统的动态误差不超过1°。现有民航飞行器机载雷达的稳定性限制如下:

(1)“Groza-154”:切线为±10°,滚动运动为±15°;

(2)“Gradient-154”:切线为±10°,滚动运动为±40°。

然而,在稳定雷达的视线的平面时,在水平平面上却保留了飞行器速度分量的负面影响。

3.2.1 具有外部相干性的飞行器运动补偿算法

如果雷达接收到信号的分量从下垫面和气象目标的反射中被及时分开,就可以在评估反射信号的多普勒频谱参数时补偿飞行器自身运动的影响(图3.13)。在这种情况下,当处理来自气象目标[61,72-73]的信号时,从气象目标下垫面反射的信号可以用作基本信号,这与在雷达中实现外部相干原理相对应。

在对3cm波段雷达信号的扩散离差进行假设时,下垫面可以用基本独立反射体组的形式表示,任何一个反射体发出的信号都不超过其他反射体的信号之和,即假定没有“亮点”。然后,雷达所收到的一组随机基本信号中的每一个信号的多普勒频率都与该反射体相对于雷达的径向速度成比例。因此,超声反射信号的平均多普勒频率值与飞行器沿该表面反射体的移动速度成正比。

$$\bar{f}_3(t) = \frac{2f_0}{c}W_r = \frac{2f_0}{c}W\cos\theta_0 \tag{3.95}$$

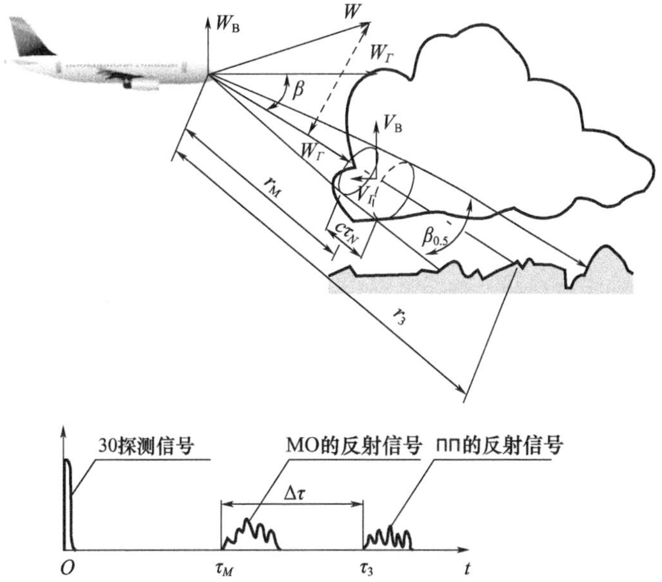

图3.13 探测气象目标和下垫面时的几何比例

下垫面的几何和电特性只影响信号的相对水平，而不会改变反射信号形成的物理图像。

为了实现评估（式(3.95)），应该为飞行器提供观测角 θ_0 的测量设备，还应配备导航参数（飞行器相对于表面的运动速度 W 及运动方向）。

令从气象目标和下垫面反射的信号具有以下形式[74]：

$$s_M(t) = A_M S(t-\tau_M)\cos(2\pi f_0 t + 2\pi \bar{f}_M t + \varphi_M) \tag{3.96}$$

$$s_3(t) = A_3 S(t-\tau_3)\cos(2\pi f_0 t + 2\pi \bar{f}_3 t + \varphi_3) \tag{3.97}$$

式中：A_M、A 分别为定义了气象目标和下垫面的反射特性的振幅系数；$S(t)$ 为雷达移相器形式确定的功能；τ_M、τ_3 为由气象目标和下垫面反射的信号到达的时间延迟，分别等于 $\tau_M = 2r_M/c$ 和 $\tau_3 = 2r/c$；$\bar{f}_M$、$\bar{f}_3$ 分别为由气象目标载体和下垫面载体的相对运动引起的多普勒频率；φ_M、φ_3 分别为反映气象目标和下垫面信号的随机相位；r_M，r 分别为气象目标和下垫面的范围。

气象目标相对于下垫面的运动速度的信息包含信号（式(3.96)和（式(3.97)）的瞬时相位之差，即

$$\Delta\psi(t) = \psi_M(t) - \psi_3(t) = 2\pi(\bar{f}_M - \bar{f}_3)t + (\varphi_M - \varphi_3) \tag{3.98}$$

当$\bar{f}_M = \dfrac{2f_0}{c}(W_r + \bar{V}_M)t$时，考虑到式(3.95)，将式(3.98)转换为

$$\Delta\psi(t) = \frac{4\pi f_0}{c}(W_r + \bar{V}_M - W_r)t + (\varphi_M - \varphi_3) = \frac{4\pi f_0}{c}\overline{V_M t} + (\varphi_M - \varphi_3) \tag{3.99}$$

如果$\varphi_M(t)$和$\varphi_3(t)$是时间的慢函数，就可以基于式(3.99)写出信号瞬时频率差(式(3.96)和式(3.97))的表达式，即

$$\Delta F = \frac{1}{2\pi}\frac{\mathrm{d}}{\mathrm{d}t}\Delta\psi(t) = \frac{2f_0}{c}\bar{V}_M \tag{3.100}$$

即频率差ΔF不取决于飞行器的速度。

如果通过一个值$\Delta\tau = \tau - \tau_M$来保留一个气象目标信号，就可以执行类似于式(3.100)的操作：

$$s_{M3}(t) = A_M S(t - \tau_3)\cos(2\pi f_0 t + 2\pi\bar{f}_M t + \varphi_M)$$

然后修改气象目标[式(3.96)]和下垫面[式(3.97)]信号

$$s_{M3}^K(t) = A_K(t - \tau_3)\cos(2\pi f_0 t + 2\pi\bar{f}_M t + \varphi_M)$$

$$s_3^K(t) = A_K(t - \tau_3)\cos(2\pi f_0 t + 2\pi\bar{f}_3 t + \varphi_3)$$

并相乘。其中$A_K(t - \tau_3)$为限幅器输出端的信号幅度。来自一个乘法器输出端的信号总分量由*LFF*抑制，而微分形式为

$$\begin{aligned} s_K^\Delta(t) &= \frac{1}{2}A_K^2(t - \tau_3)\cos[2\pi f_0 t + 2\pi\bar{f}_M t + \varphi_M - (2\pi f_0 t + 2\pi\bar{f}_3 t + \varphi_3)] \\ &= \frac{1}{2}A_K^2(t - \tau_3)\cos\left[\frac{4\pi\bar{f}_0}{c}\bar{V}_M t + \varphi_M - \varphi_3\right] \end{aligned}$$

如文献[73]中所述，具有各种延迟$\Delta\tau = \tau - \tau_M$的多个信道的存在，允许得到气象目标相对于下垫面的径向速度分布。但是，该方法仅适用于使用具有狭窄方向图的天线系统的雷达的情况。随着方向图宽度的增加，由于图表边缘的反射器的多普勒频率不同，导致补偿信号的数字信号的基本加宽，补偿效率急剧下降。

3.2.2 具有内部相干性的飞行器运动补偿算法

由于飞行器的移动导致反射信号的附加准周期调整，为了在带有天线系统的机载雷达中进行补偿，而不提供天线系统相位中心位置控制，可以使用收发相干振荡器频率控制(中频补偿)或通过接收信号强度中的数字方法进行相应的频率解调(视频补偿)。中频[62]上的信号处理算法提供了更高的飞行器移动补偿精度且硬件复杂度不高，因此应优先考虑这些算法。

通过引入相关的调整来控制雷达接收机的相干振荡器频率，即

$$f_{dv} = \frac{2f_0}{c} W\cos\alpha_0 \cos\beta_0 \tag{3.101}$$

在可编程频率合成器的基础上使用相干振荡器有助于进行调整。同时,调整计算器[式(3.101)]可以以 *OBC* 存储器中单独的程序模块(子程序)的形式实现,也可以以单独的处理器设备的形式实现。

共频控制的一种可能的算法是将同频移(瞬时相位)分为两个因素:第一个因素取决于由角度 α_0 和 β_0 设置的天线系统方向图的空间设置;第二个因素取决于飞行器的移动速度。实时计算随方向图运动同步变化的第一个因子需要最大的精度和最长的时间,但是可以用矩阵函数代替,该矩阵函数的值保存在 *OBC ROM* 中,显著减少了调整的计算时间。从受影响信号的数字信号中心频率的容许偏移和飞行器自身速度评估的可实现精度(标准相干和脉冲机载雷达的值应不超过 0.05% ~0.10%[62])出发,确定了调整的计算精度。同时,有必要考虑到天线系统方向图有限尺寸和接收噪声的影响,不可能理想地、精确地补偿飞行器的移动。

3.2.3　拟无运动雷达算法

由于在重复周期中允许体积的范围变化,飞行器移动的影响可以减少为到来信号的相位变化。

$$\Delta\varphi = 2\pi f_{dv} T_n = 2\pi \frac{2W_r}{\lambda} T_n = \frac{2\pi}{\lambda} 2\Delta r \tag{3.102}$$

为了补偿相位锥度,有必要将雷达天线系统相位中心从该周期到重复周期的值移动 Δr,以便提供必要的相移 $\Delta\varphi$。这一原理的实现为飞行器移动提供了更有效的补偿,但为此目的,都应该有控制天线系统相位中心在纵向和/或横向相对于雷达行驶速度矢量上的位置的能力,可以提供雷达的“固定性”或是沿着观测方向的移动(“准径向”模式)。

在这种情况下,可以使用提供雷达“准固定性”的信号处理算法。特定算法的本质在于天线系统相位中心移位,因此在空间中雷达的重定位处对反射信号进行处理时,其位置相对于允许气象目标体积的中心保持不变[75]。

如前文所述,带有相控天线阵列的飞行器运动引起的乘数自相关函数的表达式为

$$B_{dv}(\tau) = \exp(j2\pi f_{dv}\tau)\exp(-\pi(\Delta f_y + \Delta f_z)\tau) \tag{3.103}$$

式中:$f_{dv} = \frac{2\Delta_r}{\lambda\tau} = \frac{2W\sec\alpha_0\sec\beta_0}{\lambda}$;$\Delta f_y = \frac{\Delta_y}{L_y\tau} = \frac{W\tan\alpha_0}{L_y}$;$\Delta f_z = \frac{\Delta_z}{L_z\tau} = \frac{W\sec\alpha_0\tan\beta_0}{L_z}$。

对于所有时间延迟 τ，对气象目标反射信号的数字信号的参数进行无失真评估需要满足以下条件。

$$B_{dv}(\tau) = 1 \tag{3.104}$$

从式(3.103)和式(3.104)可以得出，为了排除飞行器自身运动的影响（在实现雷达的“准无运动”工作模式时），必须执行以下操作：

(1)APC 在坐标系 Y 和 Z 上以值 Δ_y 和 Δ_z 相对于通过允许体积视角轴时形成的点的跨周期位移，在飞行器在时间 τ 内以速度 W 在雷达天线系统孔径平面运动的初始时间（$\tau = 0$）被定义，决定了接收信号处理的持续时间，并且不会由于飞行器的运动产生失真。

(2)在偏移 APC 上的由相位校正系数（对于 PAA 的情况）确定的角度接收到读数相位的附加转向为

$$F(\tau) = \exp\left(\mathrm{j}\frac{4\pi}{\lambda}W\tau\sec\alpha_0\sec\beta_0\right) \tag{3.105}$$

该算法实现的技术基础可以是作为具有总和差分信号权重处理的无相单脉冲（两个平面）天线的雷达天线系统，或是具有 PAC 位置控制的平面相控天线阵列的应用。

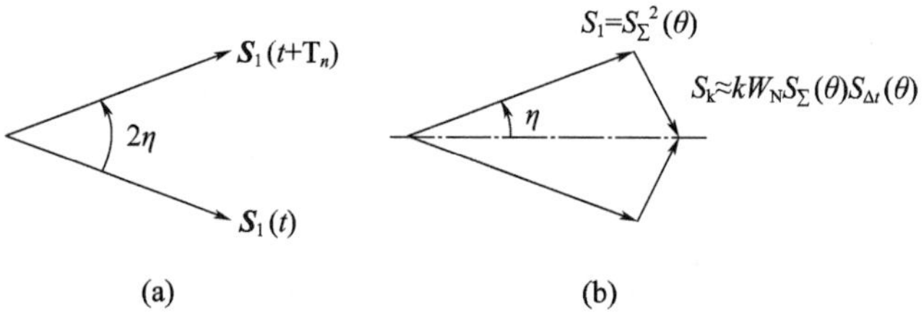

图 3.14　气象目标在飞行器移动时反射信号的相位图

让我们考虑第一个指定的变体[76]。为了补偿文献[76]中相位（式(3.102)）的增量，可以使用调整信号，使当前接收信号前进 $\pi/2$ 并落后于随后接收信号 $\pi/2$（图 3.14(a)）。为了获得精确的补偿，应该保证以下方程的正确性：

$$S_K(\theta) = S_1\tan\frac{\Delta\varphi}{2} = S_\Sigma(\theta)\tan\frac{2\pi W T_n\sin\theta}{\lambda} \tag{3.106}$$

式中：$S_\Sigma(\theta)$ 为单脉冲天线系统的总通道接收的信号。

两个差分信道的信号 $S_{\Delta1,2}(\theta)$ 被用于补偿飞行器沿 BCS 的 OY 轴和 OZ 轴的运动。考虑对飞行器沿 OY 轴切向运动的补偿，沿第二个轴运动的结果是相似的。

如果为了可以仅使用总信道传输探测信号，并且总信道和相关的差分信道用于接收，那么信号 $S_\Sigma(\alpha)$ $S_{\Delta1}(\alpha)$ 可以以一定速度发挥补偿信号的作用

（式(3.106)）。这里 α 为气象目标视线的方位角。

在单脉冲天线系统均匀辐射的情况下，差分和总信道的信号呈正交关系，它们的幅度按以下比率关联[76]：

$$S_{\Delta 1}(\alpha) = k\,S_{\Sigma}(\alpha)\tan\frac{\pi r_{F}\sin\alpha}{\lambda} \tag{3.107}$$

式中：r_F 天线系统两半的相位中心之间的距离。

因此，在选择了 $r_F = 2W_y T_n$，$k = 1$ 并将相位差信号偏移 $\pi/2$ 的情况下，可以完全补偿飞行器沿 OY 轴的运动。

图 3.15 提供了实现这种雷达运动补偿方法的雷达简化框图。雷达天线系统具有 3 个通道：总通道和两个差分（方位角和仰角）通道，其输出信号到达处理模式的方位角和仰角通道的输入口。后者分别形成两个信号：第一个信号是相关总信号和偏移 $\pi/2$ 的差分相位的和以“权重” kW_y（或 kW_z）处理的结果；第二个信号也是相加的总信号和差分信号以相同“权重”相加的和，但没有相位移动。在 MTS 方案中，其他信号经过像单个跨周期补偿之类的处理。同时，由于在总差分通道信号相加时，雷达天线系统孔径场的幅度分布发生变化，发生了当没有进行求和时所保持的对于位置的 APC 偏移。通过选择差分通道的“权重” kW_y 可以改变 APC 偏移的值，这是差分通道和总通道信号幅度之间关系的调整。选择此值取决于飞行器的飞行速度和视区中天线系统方向图的方位角。

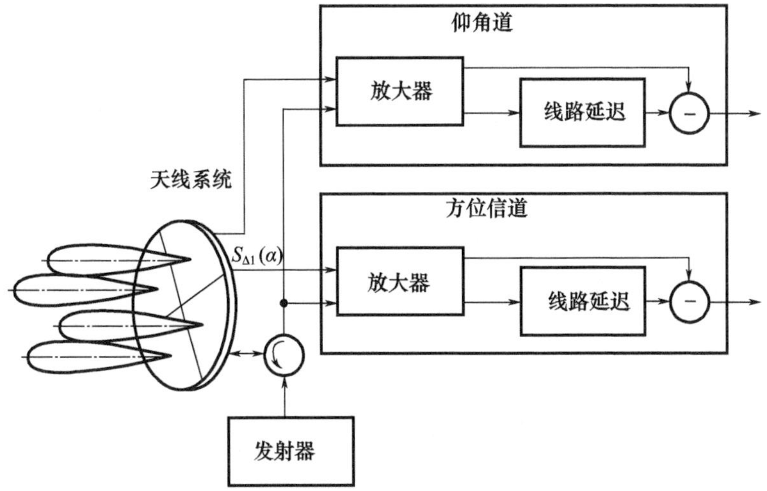

图 3.15　用相位单脉冲天线系统补偿飞行器运动的 *APC* 移位方法的简化实现方案

从提供主瓣所需宽度、可靠气象目标信号检测要求的放大系数和 LSL 出发，选择总雷达信道的方向图。从飞行器移动额定速度和容许的方向图 LSL 的比率的要求出发，独立确定差分信道的方向图。

所考虑的补偿变量的缺点是需要显著的信号相移，这反过来又会导致天线系统放大系数的损失和方向图的扩大，并且可能存在传输系数耗散的两条 IFA 路径。此外，这种基于天线系统相位中心移位的进行飞行器移动补偿方法的变体仅适用于处理非常短的反射信号包[77]。

基于天线系统相位中心偏移补偿飞行器运动的方法的第二种变体可以在带有平坦 PAA 的机载雷达中实现。这种雷达的总体框图如图 3.16 所示。PAA 的使用允许控制天线系统孔径每个点中电流的幅度相位分布，而这在具有连续孔径的天线上是不可能的。

空间特性的显著特征是，如果离散孔径元素之间的距离 d 不超过 $\lambda/2$ ，其中 λ 为雷达的工作波长，则可以用与其几乎等效的离散函数代替孔径的连续功能。

雷达包括天线系统、收发器、天线系统相位中心模块、频率分析模块、范围频闪发生器、相控天线阵列光束控制系统（BSS）、相位中心控制单元（PCCU）、相位校正单元（PCU）。飞行器移动速度矢量 $\boldsymbol{W}$ 的当前值进入来自其他机载系统的雷达。

雷达的收发器是根据方案构造的，具有真正相干性。发射器生成移相器，这些移相器由天线系统沿光束控制系统设置的方向辐射。来自光束控制系统的天线系统方向图的最大方位角 α_0 和最大仰角 β_0 的当前值到达相位中心控制单元，在其中计算 Δ_y 和 Δ_z 的值，并提供相控天线阵列移相器的控制，以便执行相应的天线系统相位中偏移。

首先气象目标反射信号及噪声和干扰都被雷达天线系统接收并到达收发器的接收部分，在这里被进行放大和初步滤波，并且在频率范围内传输，以便进一步在中频上进行处理、滤波和放大。处理数据的放大系数由灵敏度时间控制（STC）方案设置，取决于当前范围（接收信号相对于移相器的延迟）。然后，来自小范围的降级信号到达雷达接收器的幅频特性线路部分。接收器的模拟部分以基本信号是相干振荡器信号的正交相位检测器（QPD）结束。

在正交相位检测器和天线系统相位中心之后，气象目标信号的复振幅读数记录在随机访问存储器中，然后将信号读数乘以相位控制单元计算出的相位校正系数（式（3.105））进行运算。根据雷达天线系统的类型，这个模块可以有各种执行方式。例如，对于固定的相控天线阵列，图 3.17 提供了实现式（3.105）的相位控制单元框图。

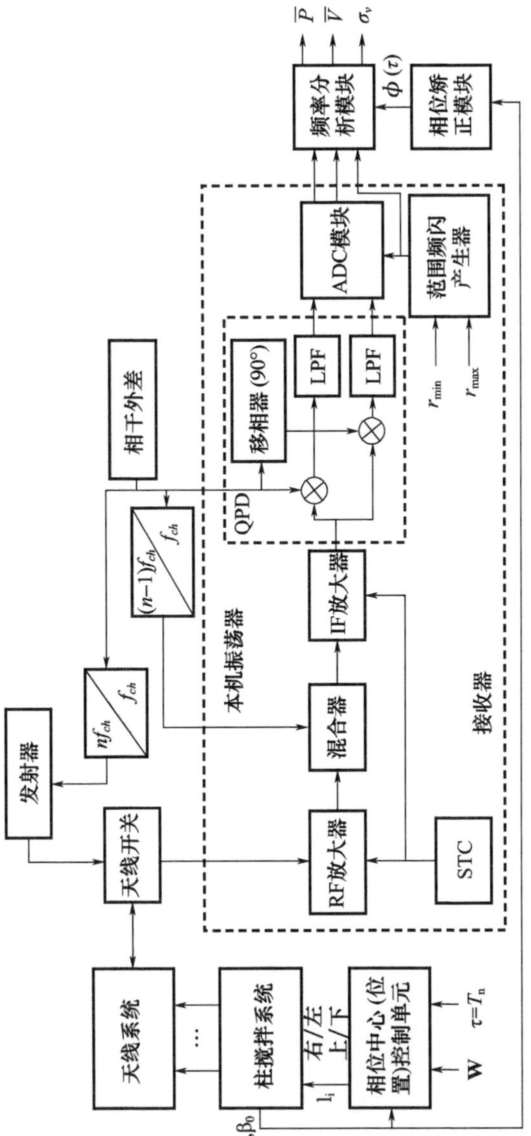

图3.16 用于评估气象目标危险程度并补偿飞行器移动的带有相控天线阵列的雷达的总体框图

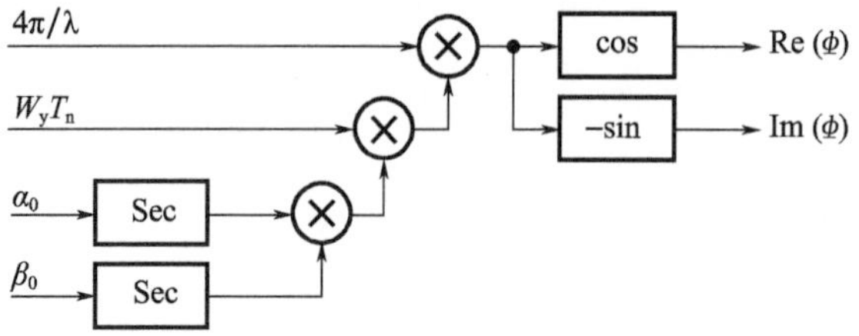

图 3.17 相位校正块示意图

飞行器气流速度、航向角、倾斜度和横摇运动的值来自包含惯性导航系统(INS)、空中信号系统、姿态和航向参考系统、多普勒速度和漂移角计量器的飞行器飞行导航复合体(FNC)的运动补偿系统(DVDAG)。

相位控制单元根据式(2.97)定义 Δ_y 和 Δ_z 天线系统相位中心位移的值。通过相控天线阵列边缘区域[62]的连续错相来控制天线系统相位中心位置。当错相线段的大小为 l 个元素时,天线系统相位中心沿相应的轴偏移 $\Delta = \pm ld$,因此相位控制单元将 Δ_y 和 Δ_z 的值重新计算为相控天线阵列最终错相元件的数量 l_i(图 3.18),并形成到达相控天线阵列错相位置控制寄存器的相应脉冲序列。因此,可以允许天线系统相位中心偏移到 ±0.15m。同时,天线系统方向图的变化(主瓣变宽,旁瓣水平增大)实际上不取决于相移的类型,即不取决于移相器在非连接区域中如何安装。

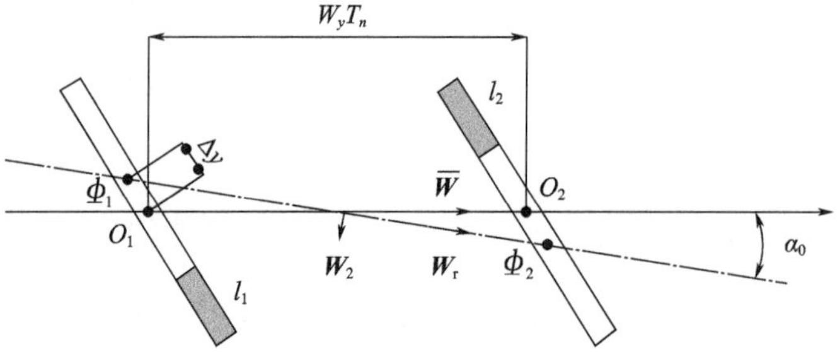

图 3.18 采用天线相位中心移位补偿雷达载波运动的方案

频率分析模块的输出参数是反射信号的平均功率评估(雷达反射率评估)、对于坐标系“方位范围”的每个允许体积的平均径向速度 $\bar{V}$ 和径向速度 ΔV 频谱的均方根宽度。特定的评估使二维数组反映了参数在视图空间中的分布。

3.2.4 相干飞行器移动补偿算法的效率分析

在评估飞行器自身移动补偿算法的效率之前,有必要说明其如何影响参数 $\bar{V}$ 和 ΔV 的评估精度。

由以下表达式确定了在气象目标允许体积内,由于飞行器移动而扭曲的风

速平均值和均方根值的雷达测量结果分别为

$$\hat{\bar{V}}/\bar{V} \approx 1 + W/\bar{V}_M = 1 + \bar{f}_{dv}/\bar{f}_M \tag{3.108}$$

$$\frac{\Delta\hat{V}}{\Delta V} \approx \sqrt{1 + \left(\frac{\Delta V_{dV}}{\Delta V_M}\right)^2} = \sqrt{1 + \left(\frac{\Delta f_{dv}}{\Delta f_M}\right)^2} \tag{3.109}$$

测量的值[式(3.108)、式(3.109)]表明了如果不采取对雷达航母自身移动补偿的测量,相应的评估值就会增加多少。

在图 3.19(a)中,在 $\bar{V}$ =5m/s 处计算出的值(式(3.108))对允许气象目标体积的方位角 α 的依赖关系如图 3.19(b)所示,图 3.19(b)给出了在 σ_V =5m/s 时得到的值(式(3.109))的相似依赖关系。从对得到的依赖关系的分析可以得出,在使用没有对自身运动进行补偿的民用航空的巡航和国家航空的机载雷达的阶段时,对强湍流区域速度频谱宽度的评估可能会在 ±30°扇区(W = 100m/s)及 ±15°扇区(W = 200m/s)达到 20% 的误差。另外,在特定扇区中,自身运动对 $\bar{V}$ 值的评估影响最大,因此对危险风切变区的检测效率也最强。

机载相干雷达飞行器运动补偿算法的效率可以通过气象目标速度谱的参数 $\bar{V}$ 和 ΔV 的评估误差的均方根值来表征。飞行器速度径向分量补偿的不精确性导致 $\bar{V}$ 评估的误差,并且对切向分量的不理想的补偿会导致 ΔV 评估的误差。

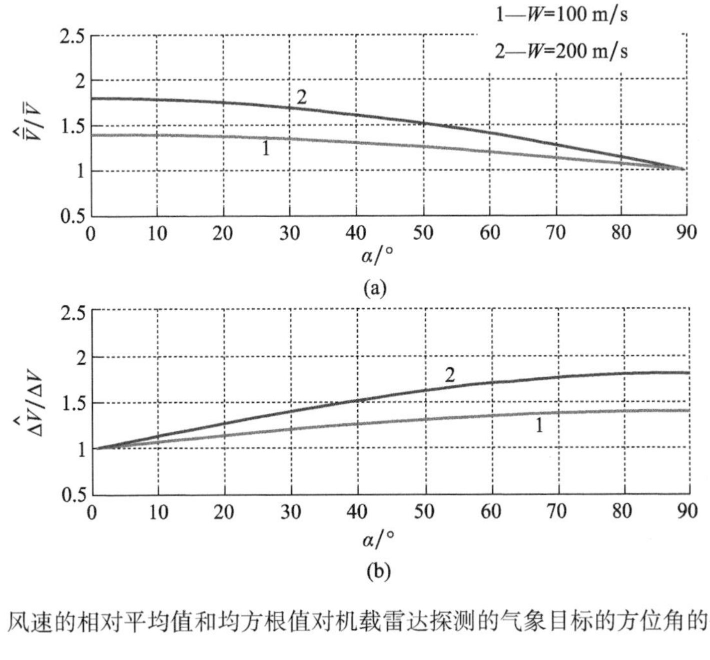

图 3.19　风速的相对平均值和均方根值对机载雷达探测的气象目标的方位角的依赖关系

在相干雷达中,飞行器速度补偿的不精确性可能由以下两个原因引起。

(1)飞行器的风速 $\boldsymbol{W}$ 和角度 (α_0,β_0) 的不精确测量,表征了雷达天线系统的方向图轴的空间位置；

（2）相关调整（式（3.101））的不精确计算及其在CO频率控制电路中的输入。

作为FNC一部分的飞行器风速的主要信息来源，同时通过这些加速度计的积分来计算风速，因此，其评估的离散度随航母飞行的持续时间成比例增加。

描述INS速度测量误差$\boldsymbol{W}_n(t)$的时间依赖性的方程为[50]

$$\frac{\partial \boldsymbol{W}_n(t)}{\partial t} = \boldsymbol{\gamma} + \boldsymbol{\delta}, \boldsymbol{W}_n(t_0) = \boldsymbol{W}_{n0}$$

$$\frac{\partial \boldsymbol{\gamma}(t)}{\partial t} = -\theta\boldsymbol{\gamma} + \sqrt{2\theta\sigma_\gamma^2}\,\boldsymbol{N}_\gamma, \boldsymbol{\gamma}(t_0) = \boldsymbol{\gamma}_0$$

$$\frac{\partial \boldsymbol{\delta}(t)}{\partial t} = 0, \boldsymbol{\delta}(t_0) = \boldsymbol{\delta}_0$$

式中：$\boldsymbol{\gamma}$为加速度测量的波动误差矢量；$\boldsymbol{\delta}$为加速度测量的系统性且缓慢变化的误差矢量；$\boldsymbol{W}_{n0}$为惯性导航系统初始设定的速度误差矢量，表示数学期望为0且均方根偏差的标准值为0.5m/s的矢量高斯随机过程；$\boldsymbol{N}_\gamma$为形成高斯随机过程的向量；θ为表征波动误差频谱宽度的参数；σ_γ^2为这些误差的静态离差。

作为飞行导航复合体一部分的惯导系统误差参数标准值为：$\theta = 100 \sim 200\text{Hz}$，$\sigma_\gamma = (1-10)\times 10^{-2}\text{m/s}^2$，$\delta_0 = 4.9\%$（对于DLUVD－5S型号的加速度计）和0.3～1.4%（对于AT－1104型号的加速度计）。

在图3.20中，给出了由惯性导航系统加速度计误差和在持续时间处理反射信号包中累积的误差导致的平均速度测量误差对时间的依赖关系。对这些相关性的分析表明，在处理包含20～40个脉冲的反射信号包时，风速平均值和均方根值的评估误差可以达到10%～20%（对于AT－1104型号加速度计）和40%～80%（对于DLUVD－5S型号加速度计）。

GLONASS和Navstar（GPS）卫星导航系统的用户设备作为飞行导航复合体的一部分，用于惯性导航系统的慢漂移校正。特别是，在苏－32飞机的飞行和导航综合体K－102中，使用了具有以下测量误差的A－737设备：计划坐标误差为20～30m，速度误差为0.15%。

表征雷达天线系统方向图轴的空间位置的角（α_0,β_0）测量的精度（均方根误差值），取决于天线系统类型（机械或电子扫描）。当使用相控天线阵列（图3.16）时，它通常由天线系统孔径的尺寸（天线元件的数量）决定，并且可以接受为等于如3.1节所示的相应平面上的方向图宽度，不应超过1°。然而，在扫描过程中（在扇区内±60°），当相控天线阵列波束从法线偏向天线单元的位置线时，方向图的主瓣与值$1/\cos\alpha_0$成比例变宽。其中，在波束偏离法线的情况下，由相控天线阵列确定雷达角坐标的精度显著降低，因此，刚性固定的相控天线阵列具有有限的工作区域，其尺寸通过角度精度的降低来确定。

因此,如果考虑容许角度精度下降为原来的 1/2,那么在观察区域内,波束偏离法线的最大偏移不应超过 ±60°。

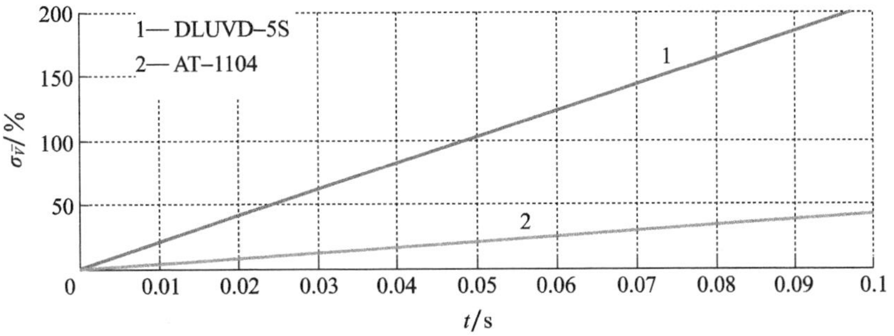

图 3.20　由加速度计误差积分造成的风速平均值测量误差对于积分时间的相关关系

另外,表征天线系统方向图轴的空间位置的对角度 (α_0,β_0) 的测量精度取决于天线单元的移相器的容量。在大多数现代相控天线阵列中,使用了 4 位数字(5 个单元)移相器,其对应于相位重置的 0° ~ 360°范围内的安装步骤 11.25°和 22.5°。然而,正如所进行的数学模型所示,在补偿由于天线系统相位中心的移动而引起的飞行器移动的过程中,天线系统方向图(主瓣加宽,副瓣电平增加)的变化实际上并不取决于错相的类型,即移相器在非连接区域如何安装。

所考虑的补偿算法的准确性部分受雷达接收器 OC 产生的频率稳定性的影响,但是,由于短期相对不稳定程度为 10^{-11} 阶的值,因此可以忽略这种情况。

此外,机载雷达飞行器运动补偿算法的效率可以用反射信号包的最大量来表征,其中可以进行补偿。让我们设置在“准运动”模式下雷达工作期间,接收未失真的反射信号 τ 的过程的持续时间的可能值的限制。

不受飞行器运动影响的失真反射信号的读数的可接受选择量 M 与值 τ 的关系为

$$M = \mathrm{Ent}\ (\tau / T_n) + 1$$

当使用孔径分布均匀的 PAA 时,天线孔径几何中心的 APC 位置偏移会导致方向图主瓣变宽。可以通过近似公式定量表示这种增宽:

$$\varepsilon_y = \frac{\Delta\alpha' - \Delta\alpha}{\Delta\alpha} \approx \frac{L_y - \Delta_y}{L_y}, \varepsilon_z = \frac{\Delta\beta' - \Delta\beta}{\Delta\beta} \approx \frac{L_z - \Delta_z}{L_z} \tag{3.110}$$

式中:ε_y、ε_z 分别为方向图主瓣在水平面和垂直平面上的相对宽度;$\Delta\alpha'$、$\Delta\beta'$ 分别为 APC 偏移时方向图主瓣在水平面和垂直面上的宽度;L_y、L_z 分别为雷达天线系统孔径分别在水平和垂直平面上的线性大小。

考虑到式(3.109),最大可能处理时间为

$$\tau_0 = \min\left\{\tau_{0y} = \frac{\varepsilon_y L_y}{W\sin\alpha_0}; \tau_{0z} = \frac{\varepsilon_z L_z}{W\cos\alpha_0 \sin\beta_0}\right\}$$

括号中的值定义了在雷达准静止操作模式下补偿了在水平(τ_{0y})和垂直(τ_{0z})平面中的自身运动的最大可能接收时间。

如进行的统计建模所示,在 $\varepsilon_y = \varepsilon_z = 0.2$ 、飞行器速度为 100 ~ 200m/s 的情况下,可能的最大处理时间是数十单位毫秒级的。结果,在雷达重复脉冲周期等于毫秒单位的工作期间,接收到的气象目标反射信号的读数的选择量不会超过 30dB。

3.2.5 对轨迹不规则性和弹性模态的飞行器结构对其自身运动补偿效率影响的分析

飞行器轨迹不规则性和弹性模态的影响导致天线系统相位中心额外的意外的空间移动,因此由飞行器运动补偿系统估算的天线系统相位中心坐标($\tilde{\Delta}_x$, $\tilde{\Delta}_y$, $\tilde{\Delta}_z$)将与必要值(Δ_x , Δ_y , Δ_z)不同,在解决反射信号的多普勒频谱参数评估问题时,这将使得运动补偿结果变差。尤其是纵向误差会导致数字信号平均频率估计精度的降低,而交叉误差则会降低频谱宽度的均方根的评估精度:

$$\sigma_{\tilde{f}} = \frac{2(\Delta_r - \tilde{\Delta}_r)}{\lambda\tau}, \sigma_{\Delta f} = \sqrt{\left[\frac{(\Delta_y - \tilde{\Delta}_y)}{L_y\tau}\right]^2 + \left[\frac{(\Delta_z - \tilde{\Delta}_z)}{L_z\tau}\right]^2}$$

根据 2.3 节中提供的论点,在第一近似值下,湍流大气中的飞行器移动的 TI 和 EMS 参数的概率密度可以通过具有零数学期望和指数型相关函数(式(2.41))的正态平稳随机过程来近似(式(2.41))。让我们以以下形式表示对相位校正系数(式(3.104))的评估:

$$F(\tau) = F(\tau) + F_n(\tau) \tag{3.111}$$

式中: $F(\tau)$ 为相位校正系数的真实值; $F_n(\tau)$ 为由 TI 和 EMS 的影响引起的相位校正通道中的复杂平稳正态噪声,其数学期望为零且离差为 $\sigma^2_{F_n}$ 。

由于轨迹不规则性和弹性模态的影响,气象目标反射信号的数字信号的平均频率评估的离差(式(3.64))将会增加,将变为

$$\sigma^2_{fF} = \frac{(1 + Q^{-1})^2(1 + Q_F^{-1}) + (Q_F^{-1} - 1)\rho^2(T_n)}{8\pi^2 M T_n \rho^2(T_n)} \tag{3.112}$$

式中: Q 为雷达接收信道中的信噪比; $Q_F = \frac{1}{\sigma^2_{Fn}}$ 为相位校正通道中的信噪比; $\rho(T_n) = \exp\left[-\pi(\Delta f T_n)^2\right]$ 为额定相关系数。

在相位校正通道具有高信噪比($Q_F \to \infty$)的情况下,即在轨迹不规则性和弹性模态的水平较低时,由式(3.112)变为式(3.64),并且 $\sigma^2_{fF} \approx \sigma^2_f$ 。在信噪比很小的情况下 ($Q_F < 1$) $\sigma^2_{fF}/\sigma^2_f \approx 1/Q_F$,但是类似的情况几乎是不可能的。在最可能的情况下, $Q_F > 10$,则

$$\frac{\sigma_{fF}^2}{\sigma_f^2} \approx 1 + \frac{(1 + Q^{-1})^2 + \rho^2(T_n)}{Q_F[(1 + Q^{-1})^2 - \rho^2(T_n)]}$$

由此得出结论,在进行操作的情况下,对数字信号平均频率的评估时导致的均方根误差增加,在观察到弱湍流($\rho(T_n) \to 1$)以及小信噪比的相位校正通道的条件下会进行相位校正。因此,在观察到湍流较弱且信噪比较小的情况下会进行相位校正。

让我们考虑轨迹不规则性和弹性模态对反射信号的数字信号的均方根宽度评估准确性的影响,以及在允许的气象目标体积内反射器速度频谱评估准确性的影响。在时间点 t_1 中,BCS $OXYZ$ 中心与 APC 重合(图 3.21)。在点 M 处,分析的允许气象目标体积的中心位于坐标(x_M, y_M, z_M)处。从图 3.21 中可以看出,允许气象目标体积中心的方位角和仰角表达如下:

$$\alpha_M = \arctan\frac{y_M}{x_M}, \beta_M = \arctan\frac{z_M}{x_M}$$

在随后的时间点 t_2,由于 TI 和 EMS 的意外影响,将移动到点 O',相对于 BCS $OXYZ$ 中心的坐标($\Delta x, \Delta y, \Delta z$)。同时,允许的气象目标体积中心的方位角和仰角将发生变化:

$$\alpha'_M = \arctan\frac{y_M + \Delta y}{x_M + \Delta x}, \beta'_M = \arctan\frac{z_M + \Delta z}{x_M + \Delta x}$$

表征了由轨迹不规则性(TI)和弹性模态(EMS)的影响导致的天线系统相位中心(APC)与基本轨迹的偏离的对角度 $\Delta\alpha_M = \alpha'_M - \alpha_M$ 和 $\Delta\beta_M = \beta'_M - \beta_M$ 的评估,是由属于飞行导航复合体一部分的微导航系统形成的。在大多数实际情况下,这些评估可以以数学期望值 m_α 和 m_β,以及对齐的随机分量 χ_α 和 χ_β 的总和的形式表示,并且在正常规律下按照 σ_{χ_α} 和 σ_{χ_β} 的均方根值分布。APC 在方位角平面和仰角平面中的意外角度偏差会导致在相干堆积的过程中发生反射信号的相应相位变化。

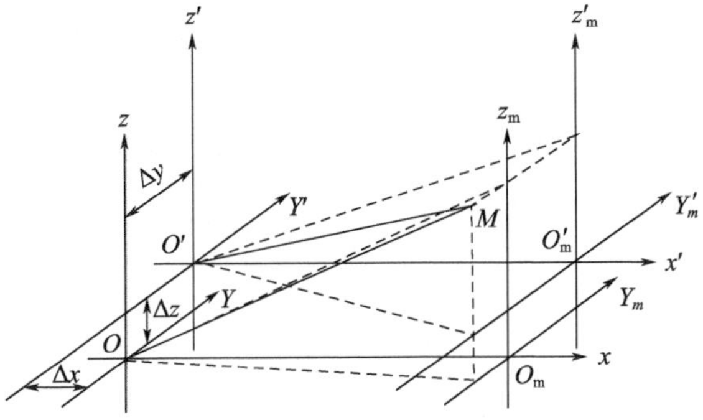

图 3.21　利用几何比来分析轨迹不规则和弹性模态对雷达站载波运动补偿效率的影响

由于相位波动的值与 APC 意外侧面偏差线性相关，并且它们的相关系数相等，因此反射信号的相位波动的相关函数（CF）将由表达式[79-80]来描述：

$$B_\varphi(\tau) = \sigma_\varphi^2 \exp\left\{-\frac{\tau^2}{T_\varphi^2}\right\} \cos \frac{\pi\tau}{2\,T_{y\varphi}}$$

式中：σ_φ^2 为相位波动的离差；T_φ 为 相位波动的相关间隔；$T_{y\varphi}$ 为 确定 CF 波动频率的相关条件间隔。

相位波动的离差表示为

$$\sigma_\varphi^2 = \sigma_y^2 \left[\frac{4\pi}{\lambda}\right]^2 \tan^2\alpha_0 \tag{3.113}$$

式中：σ_y^2 为 飞行器与轨迹的侧向偏差的离差。

与式（3.113）类似，由允许气象目标体积影响的信号的数字信号宽度评估的均方根误差与 AV 侧矩强度有关，这是由于 TI 和 EMS 的影响，并以这些运动的速度均方根值来表征，考虑到式（2.103）和式（3.103），则有以下形式：

$$\sigma_{\Delta f}^2 = \left(\left[\frac{2\,\sigma_{W_y}}{\lambda}\tan\alpha_0\right]^2 + \left[\frac{2\,\sigma_{W_z}}{\lambda}\sec\alpha_0\tan\beta_0\right]^2\right) \tag{3.114}$$

式中：$\sigma_{W_y}^2$ 和 $\sigma_{W_z}^2$ 分别为由于 TI 和 EMS 的影响，飞行器沿 OY 轴和 OZ 轴的速度增量的均方根值。

图 3.22（a）展示了反射信号的数字信号宽度评估的均方根误差 $\sigma_{\Delta f}$ 在 TI 和 EMS 的不同线性速度值上对于偏离相控天线阵列方向图轴的角度值的依赖关系；图 3.22（b）所示为气象目标速度频谱宽度估计的均方根误差 $\sigma_{\Delta V}$ 的相似的依赖关系。在计算中，假定 $\beta_0 = 0$，其中线性运动仅发生在水平（方位）平面。

对图 3.22 所示的计算结果的分析表明，在 PAA 光束偏离机载雷达飞行器的飞行方向时，评估速度谱宽度的误差 $\sigma_{\Delta V}$（以及，分别地，反射信号的数字信号宽度的误差 $\sigma_{\Delta f}$）也显著增加。同时，误差值取决于飞行器的运动强度。因此，在侧向方向上的飞行器线速度的均方根的值 $\sigma_{W_y} = 1\text{m/s}$ 时，在天线系统光束偏离方位角在 0°～45°区域时，误差 $\sigma_{\Delta V}$ 不会超过最大允许值 1m/s；并且在 TI 和 EMS 的线速度的均方根的值 $\sigma_{\Delta V} = 5\text{m/s}$ 时，天线系统光束偏差方位角在 0°～12°范围内时，误差 $\sigma_{\Delta V}$ 不会超过 1m/s。在相干包积累时，由 PAC 位置变化引起的可接收雷达信号相位变化的补偿质量主要取决于安装的机载传感器（加速度计）。这些传感器不仅应具有高精度的加速度测量，而且应具有测量信号的宽频带，以阻止飞行器的 TI、EMS 和气动振动频率。

总结结果，我们将注意以下几点。

（1）安装在陀螺稳定平台上的孔径连续转动所提供的雷达光束的空间稳定性允许补偿倾斜角和横摇运动角的随机变化，但是水平面上的飞行器速度分量的负面影响仍然存在。

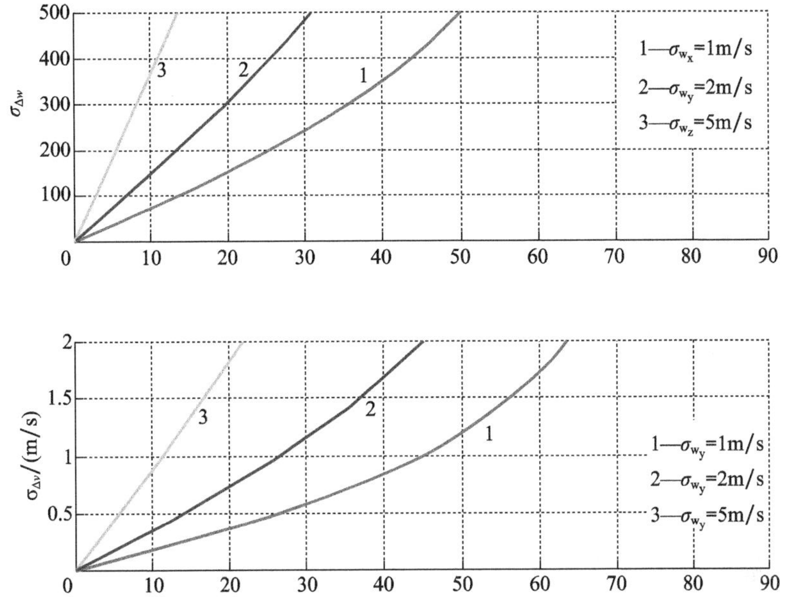

图 3.22 由天线系统方向图轴方位角的 TI 和 EMS 作用影响的反射信号的数字信号宽度和气象目标速度谱宽度评估误差的均方根值的依赖性

(2)如果将下垫面和气象目标反射引起的雷达接收信号分量及时分开，在评估反射信号的数字信号参数时，对飞行器自身运动影响进行相当有效的补偿是可能的。然后通过具有外部相干性的机载雷达，下垫面信号可以用作处理气象目标信号的基本信号。然而，仅在使用具有窄方向图的天线系统的雷达的情况下，才有可能基于使用基本下垫面信号来补偿飞行器的运动。随着方向图宽度的增加，由于方向图边缘反射器的多普勒频率不同，补偿效率急剧下降，并导致补偿信号的数字信号的基本加宽。

(3)为了补偿带有天线系统的真正相干机载雷达飞行器运动，同时不提供控制 APC 位置(镜像天线系统，WSAA)，控制收发器相干振荡器频率(中频补偿)或相应的解调频率的可能性，可以使用可重编程信号处理数字方法中反射信号解调的方法(视频频率补偿)。就补偿效率而言，中频上信号的数字处理更为可取。通过引入相关的调整来控制相干振荡器频率。在可编程频率合成器的基础上使用相干振荡器有助于进行调整引入。同时，用于调整的计算器可以以 OBC 存储器中单独的程序模块(子程序)的形式实现，也可以以单独的处理器设备的形式实现。

(4)为了补偿具有 PAA 的相干机载雷达飞行器的移动，并提供 APC 控制的可能性，可以使用相对于支持雷达“准可移动性”的飞行器的行进速度矢量在纵向和/或横向上位置的跨周期控制方法。由于飞行器的移动会导致接收信号的相位变化,这是因为量程在重复过程中的变化达到了允许量,使雷达 APC 移位以便在处理反射信号的过程中,其相对于允许气象目标体积中心的位置保持不变,就已经足够实现对相位锥度的补偿。为了实现雷达准静态模式,必须执行以下操作:

① APC 在 Y 和 Z 坐标轴上的跨周期位移(补偿飞行器的侧向运动)。

② 在位移的 APC 上以一定角度旋转读数,以补偿飞行器的径向运动。

该算法实现的技术基础可以是应用带有总信号和差分信号加权处理的单脉冲相位(在两个平面)天线的雷达天线系统或应用具有相位中心位置控制的平面 PAA。第一个变体的缺点是需要信号的显著相移,这反过来又导致天线系统的放大系数损失很大、方向图显著增宽,以及可能导致两条 IFA 路径的出现(这可能会分散传输系数)。此外,这种补偿方式的变体仅适用于处理非常短的反射信号包。

在第二种变形中,通过连续错相 PAA 的边缘区域来执行对 APC 位置的控制。同时,天线系统方向图的变化(主瓣变宽,旁瓣电平增加)实际上不取决于相位差的类型,即取决于移相器如何在非连接区域中安装。但是,雷达在类似模式下的运行时间为几十个毫秒单位(接收的信号包不超过 30dB 的读数)。

飞行器 TI 和 EMS 的影响降低了补偿的效率,纵向移动导致对多普勒频谱平均频率的评估精度降低,而交叉运动导致频谱宽度的评估精度降低。同时,在观测到弱湍流且相位校正通道中的信噪比较小的情况下(在相当大的 TI 和 EMS 情况下),数字信号的平均频率评估的均方根误差的增加尤其值得注意。由于 TI 和 EMS 的影响,对反射信号的数字信号宽度的评估误差在 PAA 光束偏离机载飞行器飞行方向时显著增加。由于 TI 和 EMS 的影响,对反射信号的多普勒频谱宽度进行评估的误差会在 PAA 光束偏离机载飞行器飞行方向时明显增加。

3.3 通过反射信号多普勒频谱参数测量结果来评估空间风速场和发现的气象目标危险程度的算法

3.3.1 风切变区域危险度评估算法

首先,为了评估风切变条件下航行的危险,现在使用的是参数 F(式(1.4))。考虑飞行器气流速度的矢量是水平方向的,即飞行高度的变化仅是由风的影响而发生的;然后考虑式(1.5),可以将式(1.4)转换为

$$F = \frac{1}{g}\left(\frac{\partial V_x}{\partial x}\dot{x} + \frac{\partial V_x}{\partial z}\dot{z} + \frac{\partial V_x}{\partial t}\right) - \frac{V_z}{W_x}$$

从以下机载测量仪器向 OBC 输入式(1.4)的飞行和导航参数：

(1)飞行器风速矢量水平投影 W_x 来自气流信号系统(SAS)。

(2)飞行器行进速度矢量的分量($\dot{x},\dot{y},\dot{z}$)来自平台或非平台的惯导系统(INS),多普勒速度和偏航角测量仪(DVDAG)。

因此,为了在分析 F 系数值的基础上评估风切变区域的危险性,有必要通过机载雷达对每个允许体积进行估算,即风的垂直速度 V_z、纵向 $\mathrm{d}V_x/\mathrm{d}x$ 和垂直 $\mathrm{d}V_x/dz$ 风切变、加速度 $\mathrm{d}V_x/\mathrm{d}t$,并利用电流测量结果,在 RCCU 中预测出飞行器航行速度投影值($\dot{x},\dot{y},\dot{z}$)和风速投影 W_x(图 3.23)。此外,参数 F 的接收值需要在沿飞行轨迹一定距离处取平均值(根据国际民航组织的建议,距离 L = 1km[81] 认为是平均值的尺度)。

根据俄罗斯法规要求,水平风切变的危险程度需要对 600m 的距离进行估计(表 1.1)。

为了评估纵向风切变的危险,通过雷达在范围上相邻的两个允许体积中测量了平均径向风速的值。然后,根据所选的平均风速三维空间场评估算法,对速度纵向投影的 V_{x1} 和 V_{x2} 值进行估算。在这种情况下,根据式(1.2),将得到纵向风切变,即

$$|\boldsymbol{v}_x| = \frac{|V_{x1} - V_{x2}|}{\delta r\cos\beta}$$

要将接收到的值与表 1.1 中给出的阈值进行比较,有必要将其调整为建议的 600m 距离。

$$|\boldsymbol{v}_{x\mathrm{H}}| = 600 \cdot |\boldsymbol{v}_x| = 600 \times \frac{|V_{x1} - V_{x2}|}{\delta r\cos\beta} \tag{3.115}$$

为了评估交叉风切变的危险,通过雷达在方位角上相邻的两个允许体积中测量了平均径向风速的值。然后根据所选的平均风速三维空间场评估算法,对速度交叉投影的 V_{y1} 和 V_{y2} 值进行估算。在这种情况下,根据式(1.2),交叉风切变,为

$$|\boldsymbol{v}_y| = \frac{|V_{y1} - V_{y2}|}{r\delta\alpha\cos\beta}$$

要将接收到的值与表 1.1 中给出的阈值进行比较,有必要将其调整为建议的 600m 距离,即

$$|\boldsymbol{v}_{y\mathrm{H}}| = 600 \cdot |\boldsymbol{v}_y| = 600 \times \frac{|V_{y1} - V_{y2}|}{r\delta\alpha\cos\beta} \tag{3.116}$$

根据 1.3.4 节中规定的要求,径向速度的测量精度为 1m/s,因此在下一个允许体积中测量风速差,精度为 ±2m/s。这意味着已经达到了风切变的第一个等级(表 1.2),但是牺牲了测量误差。因此,为了进行更可靠的评估,必须对几次连续测量的结果进行平均。

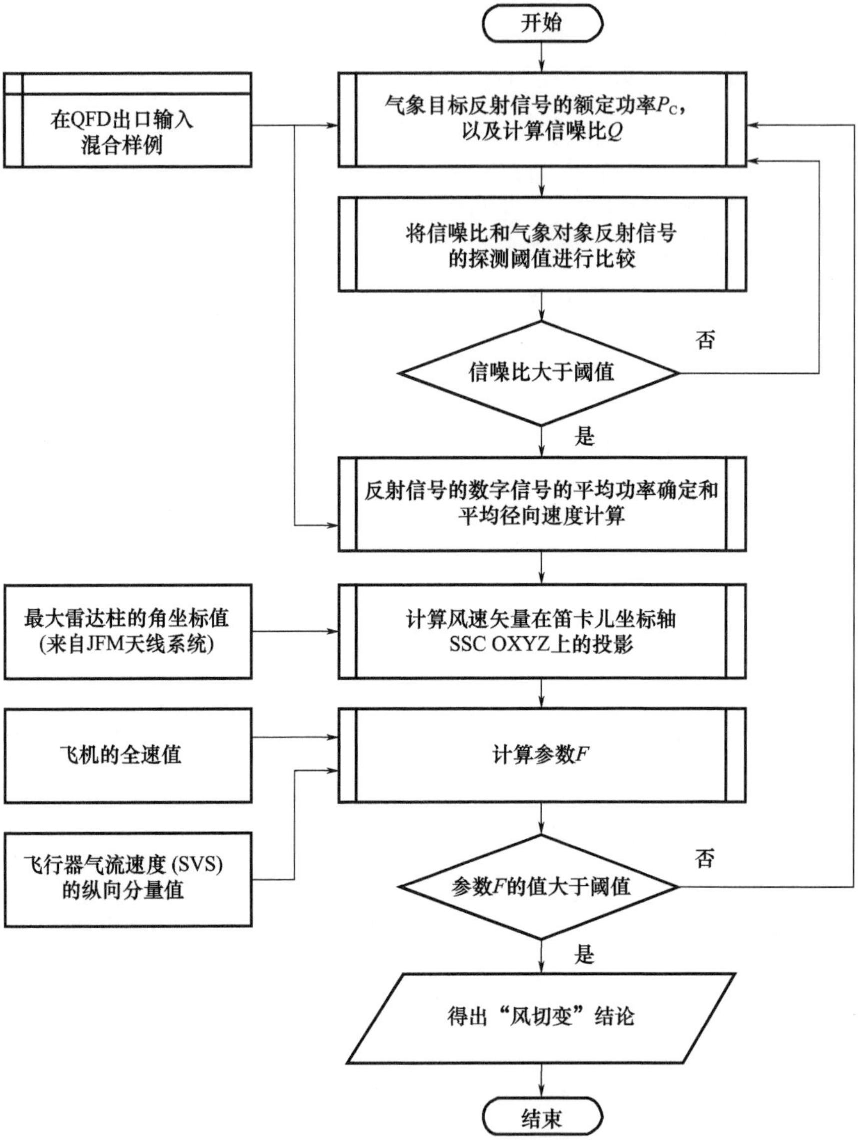

图 3.23　在参数 F 的计算值基础上检测和评估风切变区域危险的算法框图

垂直风切变的评估由水平风在高度上的梯度确定。首先通过雷达在范围上相邻的两个允许体积中测量平均径向风速值；然后根据所选的平均风速三维场评估算法选择速度纵向投影的 V_{x1} 和 V_{x2} 的值。在这种情况下垂直风切变由式(1.2)定义：

$$|\boldsymbol{v}_z| = \frac{|V_{x1} - V_{x2}|}{\delta h} = \frac{|V_{x1} - V_{x2}|}{\delta r \sin\beta}$$

为了将接收到的值与表 1.2 中给出的阈值进行比较,有必要将其改到建议的高度 30m,即

$$|\boldsymbol{v}_{ZN}| = 30 \times |\boldsymbol{v}_Z| = 30 \times \frac{|V_{x1} - V_{x2}|}{\delta r \sin\beta} \tag{3.117}$$

为了确定所发现的风切变的定性特征(“弱”,…,“危险”),使用值 $|\boldsymbol{v}_{XH}|$ 和 $|\boldsymbol{v}_{ZH}|$ 的最大值(图 3.24)。

3.3.2 平均风速三维场评估算法

沿视线的风速径向分量由以下表达式定义:

$$V_r = \boldsymbol{V} \times \boldsymbol{r} \tag{3.118}$$

式中:$\boldsymbol{V}$ 为风速矢量;$\boldsymbol{r} = \boldsymbol{i}\cos\alpha\cos\beta + \boldsymbol{j}\sin\alpha\cos\beta + \boldsymbol{k}\sin\beta$ 为定义速度的矢量;$(\boldsymbol{i},\boldsymbol{j},\boldsymbol{k})$ 为 OXYZ 界坐标系单位轴。

当 $\boldsymbol{V} = V_x\boldsymbol{i} + V_y\boldsymbol{j} + V_z\boldsymbol{k}$ 时,由式(3.118)可以得出

$$V_r = V_x\cos\alpha\cos\beta + V_y\sin\alpha\cos\beta + V_z\sin\beta \tag{3.119}$$

因此,存在基于通过雷达接收到的标量信息参数(允许气象目标体积粒子的平均径向速度或反射信号的数字信号的平均频率)的空间场来评估平均风速的三维矢量场 (V_x, V_y, V_z) 的问题。

与陆地气象多普勒雷达相关的这项任务的解决方法的发展始于 20 世纪 60 年代。由 R. M. Lhermitte 提供的速度 - 方位角显示(VAD)方法和 ATLAS[9,82]就是其中最早的方法之一。该方法包括天线系统在以一定仰角进行圆锥方位扫描时,对一定范围的气象目标径向速度的测量。如果风在空间上是均匀的,那么在“方位(时间) - 速度(多普勒频率)”坐标系下,径向速度按照正弦规律变化,相位和振幅分别由方向和速度模值确定。一个层中的风速图是通过沿一个雷达波束在几个允许体积内进行测量得到的。

该方法的广义选择(VAD 风廓线,VWP)是基于傅里叶级数表示的风场,其级数系数取决于平均风速,风场的散度和旋转是根据对气象目标体积上粒子径向速度分布的分析确定的。

P. Waldteufel 和 H. Corbin 提供的另一种方法体积速度处理(VVP)使用气象目标粒子在三维空间体积上的径向速度分布的多维回归分析[9,82]。它在许多方面都与上述的 VAD 方法相似,但是对场近似使用了另一种类型的函数。用这些方法评估风的运动特性的准确性取决于允许体积的形式和数量、径向速度测量的误差、风模型中参数的数量、风场中是否存在不均匀性及风速的实际值。

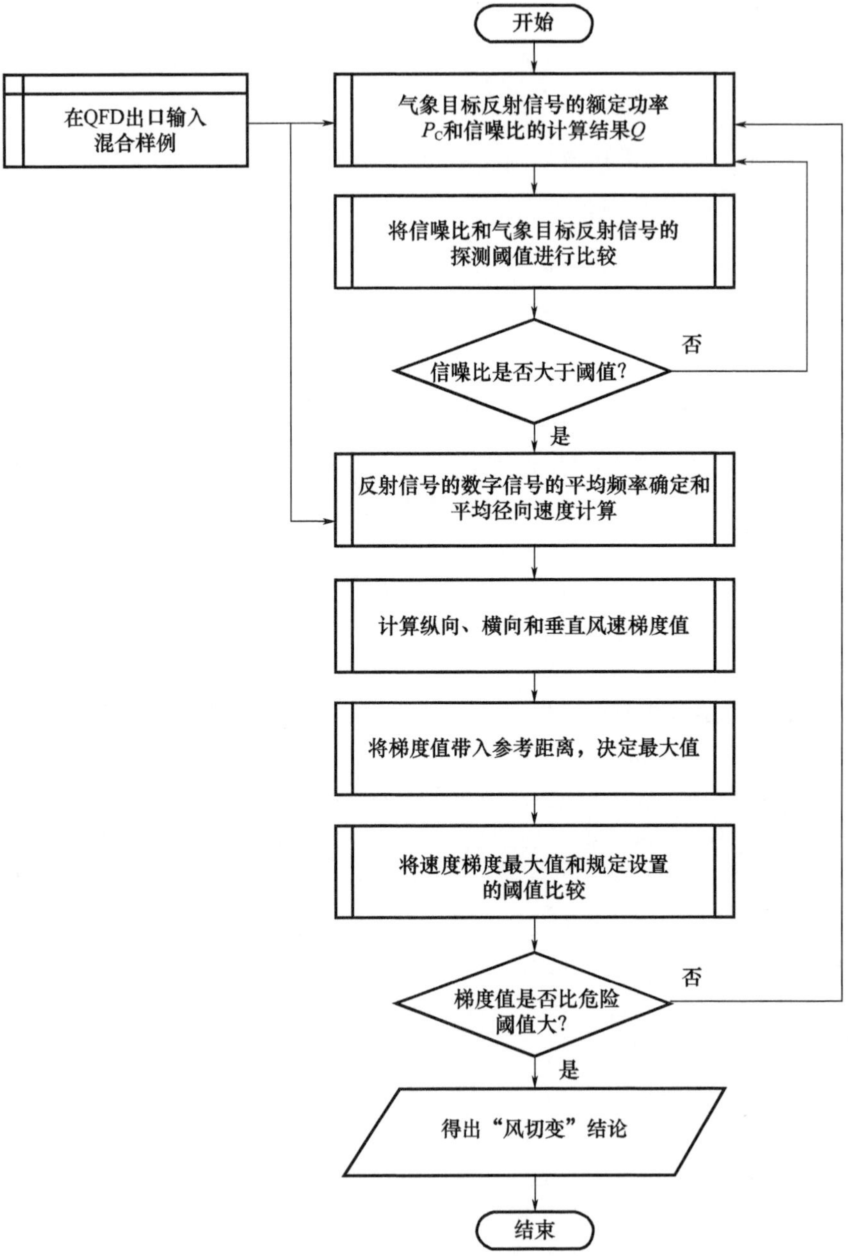

图 3.24　基于风速梯度与标准设定阈值比较的风切变区域危险性检测与评估算法框图

在地面气象雷达定位的实践中，还使用了基于风力场平滑度的假设和对与雷达光束相切的风分量的评估的均匀风技术（UWT）方法[82-83]。与 VAD 和 VVP 相比，此方法提供了更高的空间分辨率，但是仅在较小的仰角值（$\beta \leqslant 4^{\circ}$）上应用，这反过来又会由于下垫面反射而导致额外误差。

在通过气象激光雷达系统评估平均风时[84]，在某些情况下采用了与 DVD-AG 原理相似的三束测量方案。该方案可以通过在 3 个方向（光束）上测量径向速度的结果来定义风速分量，但是，它不仅需要软件，还需要雷达的硬件来完成更多的工作。

根据以上信息，机载雷达对危险风切变区域检测问题进行求解时，对平均风速的三维空间场进行评估的最有前景的方法是均匀风技术方法。在小仰角的前半球的扇形图中，径向速度（式(3.119)）可以近似表示为

$$V_r \approx V_x \cos\alpha + V_y \sin\alpha \tag{3.120}$$

位于水平面的全速切向分量可以定义为

$$V_{\tau_2} = V_x \sin\alpha - V_y \cos\alpha \text{ 或 } V_{\tau_2} = -\partial V_r / \partial\alpha \tag{3.121}$$

除了式(3.119)和式(3.120)，风场的连续性方程[58]还可用于搜索全风速[58]的分量（V_x, V_y, V_z）：

$$\frac{\mathrm{d}\rho}{\mathrm{d}t} + \rho \operatorname{div}\boldsymbol{V} = 0$$

式中：ρ 为空气密度。在空气不可压缩的假设下，上式将变为

$$\operatorname{div}\boldsymbol{V} = 0$$

或者在笛卡儿坐标系中，有

$$\frac{\partial V_x}{\partial x} + \frac{\partial V_y}{\partial y} + \frac{\partial V_z}{\partial z} = 0 \tag{3.122}$$

将式(3.120)~式(3.122)综合在一个方程组中，可以得到

$$\begin{cases} V_x \cos\alpha + V_y \sin\alpha = V_r \\ V_x \sin\alpha - V_y \cos\alpha = -\partial V_r / \partial\alpha \\ \dfrac{\partial V_x}{\partial x} + \dfrac{\partial V_y}{\partial y} + \dfrac{\partial V_z}{\partial_z} = 0 \end{cases} \tag{3.123}$$

求解方程组(3.123)，可以得到以下全风速分量的表达式：

$$\begin{cases} V_x = V_r \cos\alpha - \dfrac{\partial V_r}{\partial\alpha} \sin\alpha \\ V_y = V_r \sin\alpha - \dfrac{\partial V_r}{\partial\alpha} \cos\alpha \quad (3.124) \\ V_z = \displaystyle\int_{-Z_0}^{Z_1} \left(\dfrac{\partial V_x}{\partial x} + \dfrac{\partial V_y}{\partial y}\right) \mathrm{d}z \quad (3.125) \end{cases}$$

也就是说，要计算高度 z_1 处此点的风速垂直分量，必须知道从 $-z_0$ 至 z_1 高度处速度的纵向和横向水平分量的梯度。这里 z_0 为飞行器飞行高度。

另外，当在上述假设下使用均匀风技术（UWT）方法时，可以在笛卡儿界坐标系中根据几何比率找到全风速分量 V_z。对于 OZ 的投影，以下表达式是正确的：

$$V_z = V_r \sin\beta - V_{\tau\beta}\cos\beta \tag{3.126}$$

式中：$V_{\tau\beta}$ 为垂直平面上全风速的切向分量。

接下来考虑全风速矢量的模块

$$|V|^2 = V_x^2 + V_y^2 + V_z^2 = V_r^2 + V_{\tau z}^2 + V_{\tau\beta}^2$$

用式（3.126）替换该方程中的值 $V_{\tau\beta}$ 并按相同的顺序对成员进行分组，将得到以下形式的二次方程：

$$V_Z^2 \sin^2\beta - 2(V_r \sin\beta)V_Z + (V_r^2 + [V_{\tau z}^2 - V_x^2 - V_y^2]\cos^2\beta) = 0$$

在上式中可以替换掉值 $V_{\tau z}$、V_x 和 V_y，得到

$$V_z^2 \sin^2\beta - 2(V_r \sin\beta)V_z + \left(V_r^2 \sin^2\beta + 2V_r \frac{\mathrm{d}V_r}{\mathrm{d}\alpha}\sin 2\alpha\cos^2\beta\right) = 0$$

从这个二次方程得到的两个解为

$$V_{z1,2} = \frac{V_r \pm \cos\beta\sqrt{V_r^2 - 2V_r \dfrac{\mathrm{d}V_r}{\mathrm{d}\alpha}\sin 2\alpha}}{\sin\beta}$$

中可以选择模较小的值，即

$$V_z = \frac{V_r - \cos\beta\sqrt{V_r^2 - 2V_r \dfrac{\mathrm{d}V_r}{\mathrm{d}\alpha}\sin 2\alpha}}{\sin\beta} \tag{3.127}$$

因此，通过对标量参数空间场的分析（允许气象目标体积粒子的平均径向速度或反射信号的平均数字信号频率），可根据式（3.124）、式（3.125）和式（3.127），估算考虑到引入了限制的平均风速三维矢量场在笛卡儿界坐标系轴线的投影值（V_x, V_y, V_z）。通常通过借助机载雷达测量参数（V_r, α, β）的精度来定义相应评估的精度。

3.3.3 大气湍流增加区域的危险评估算法

根据 ICAO 的建议，大气湍流对飞行器的危险影响程度由过载 n 定义，过载 n 在功能上与湍动能耗散速度 ε 相关（表 1.1）。另外，值 ε 会影响允许体积内对水汽凝结体速度谱的宽度 ΔV 的湍流贡献。

$$\varepsilon = \begin{cases} \dfrac{1.3\Delta V_t^3}{a(1-\gamma_1/15)^{(2/3)/3}} & a \geqslant b \\ \dfrac{1.3\Delta V_t^3}{b(1-\gamma_2/15)^{2/3}} & a < b \end{cases} \tag{3.128}$$

式中：$a = r\delta\alpha$ 和 $b = c\tau_u/2$ 分别为雷达允许体积的横向和纵向尺寸；$\gamma_1 = 1 - b^2/a^2$；$\gamma_2 = 1 - a^2/b^2$。

根据雷达测量的结果对水汽凝结体速度谱宽度 ΔV 的评估与允许气象目标体积反射的信号的数字信号宽度成比例，定义为

$$\Delta V = \Delta f\lambda/2$$

但是，如 3.1.3 节所示，除了 ΔV_t，值 ΔV 还包含许多扭曲了水汽凝结体速度谱的真实形式其他分量，即

$$\Delta V^2 = \Delta V_t^2 + \Delta V_{ws}^2 + \Delta V_g^2 + \Delta V_{sc}^2$$

式中：$\Delta V_{ws} = \dfrac{|v_x| r\Delta\beta}{2\sqrt{2\ln 2}}\cos\beta$，$\Delta V_g = \Delta V_g^0 \sin\beta$，$\Delta V_{sc} = \dfrac{\Phi_\alpha \lambda}{4\delta\alpha T_v}$ 为受风切变、水汽凝结体重力下落、雷达天线系统的方向图扫描等影响而引起的速度谱宽度的分量；$\Delta V_g^0 = 0.21Z^{0.08}$。

因此，评估大气湍流区域危险性的算法（图 3.25）包括计算速度谱的宽度 ΔV，湍流影响引起的分量 ΔV_t 的分配，计算 ε 值及其与表 1.1 中给出的阈值的比较。

把上述结果总结如下：

（1）可以根据表征由于风切变影响而引起的飞行器总能量变化的参数 F 的预测值或通过将达到参考距离的风切变值与标准建立的阈值进行比较，来估计风切变的危险程度。第一种方法更具参考价值，但是它需要对飞行器运动的大量动力学参数进行连续测量和预测。此外，该方法不考虑横向和垂直风分量的切变。

（2）为了充分评估风切变的任何危险指标，有必要估计平均风速的三维空间场。这种操作的表现精度取决于对反射信号的数字信号的平均频率（气象目标平均径向速度）的测量精度，也取决于雷达天线系统方向图主瓣的角位置的测量精度。

（3）VAD、VWP、VVP、UWT 方法及其许多种改进方法都是为了解决与地面气象雷达有关的特定任务而开发的。通过这些方法评估风特性的准确性取决于允许体积的形式和数量、径向速度的测量误差、风模型中的参数数量、风场中不均匀性的存在及风速的实际值。

在机载雷达实现的特定方法中，最有前景的是 UWT 方法，因为与其他方法相比，它提供了更高的空间分辨率，但是它只适用于仰角较小的情况（$\beta \leqslant 4°$），而反过来又会由于下平面反射而导致额外的误差。

（4）大气湍流对飞行器危险影响的程度由其能量耗散速度的值 ε 决定，该值在功能上与水汽凝结体速度频谱宽度 ΔV 的湍流贡献有关。因此，评估大气湍流区域危险性的算法包括计算速度谱宽度 ΔV、湍流影响引起的分量 V_t 的分配、ε 值的计算及其与标准设定阈值的比较。

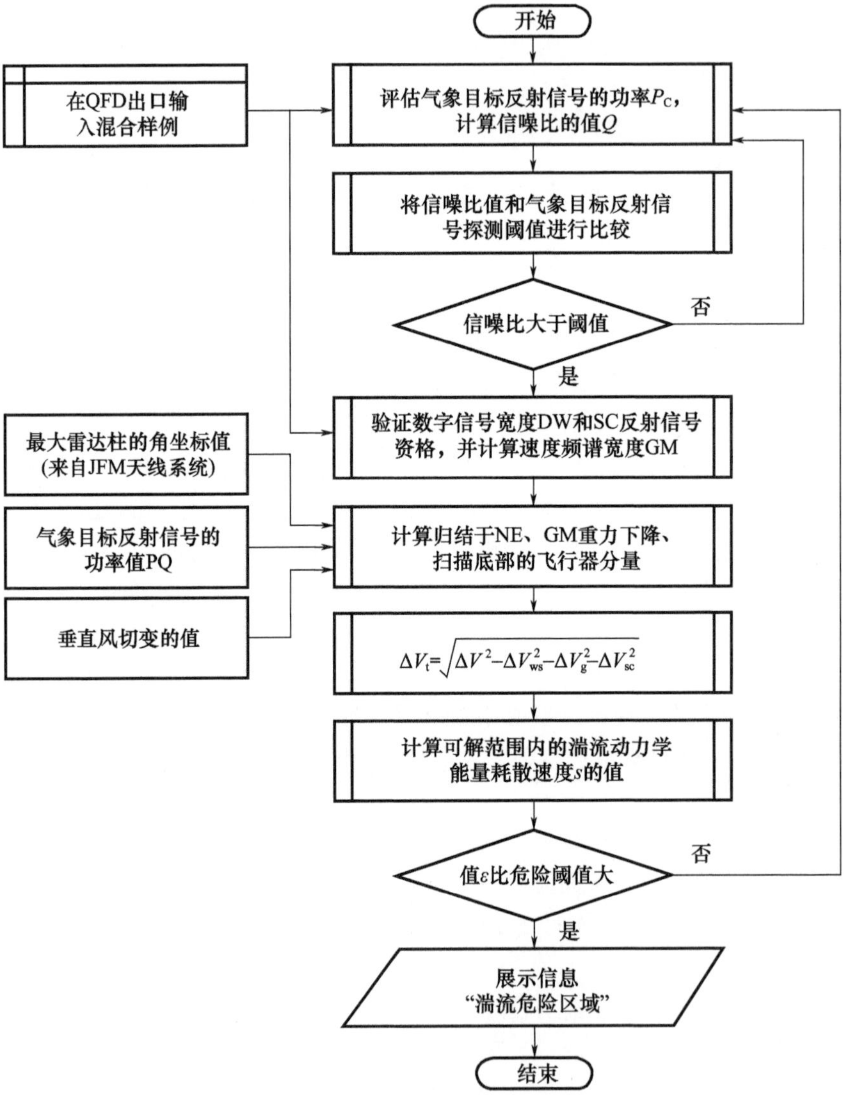

图 3.25　在动能耗散速度值与标准设定阈值的比较的基础上的大气湍流区域危险的探测评估算法框图

3.4 小　　结

根据第三部分的结果,可以得出以下主要结论。

(1) 在机载雷达中实现气象目标信号的数字信号参数的评估算法应满足以下要求:

① 确保在已处理信号的参数具有先验不确定性的条件下工作;

② 确保以接近实际的时间尺度工作;

③ 适用于带有数字处理的机载雷达的简单(单通道)实现。

(2) 在估计参数的空间异质性条件下实现最大似然法,需要进行大量的计算并花费大量时间来得到雷达每个允许体积的必要评估。在地面气象雷达(配对周期方法和周期图方法)得到广泛应用的评估气象目标信号的数字信号矩的非参数方法需要的计算量和存储量要小得多。然而,它们提供的评估的准确性和分辨率仅限于与可接收信号的选择持续时间(包)相反的值,对现代高速飞行器的机载雷达尤其重要的是,在和气象目标的雷达接触时间很有限的时候,不允许进行大量的选择。

(3) 在类似的条件下,自回归系数评估的块参数方法可用于处理某些固定体积的反射信号包。其中最可取的方法是改进协方差方法,该方法基于前向和后向线性预测均方根误差的联合最小化,是自回归方法中精度最高的一种。

(4) 基于对所接受信号的自相关矩阵自身值的分析的方法(多信号分类法、ESPRIT、最小范数等)与协方差方法相比具有准确的频率估计,然而这些特定方法在宽带噪声背景下对目标信号雷达的关注点,使其在解决如气象目标等空间分布目标的数字信号矩估计问题时的使用变得复杂。特别是,在气象目标信号的数字信号分量强相关的所有情况下,基于自相关矩阵自身值分析的方法都会导致错误(模糊)测量,并且使用谱加宽的多信号分类法方法对数字信号参数的评估精度会比协变方法更快出错。在解决探测形成宽数字信号反射信号的强烈大气湍流区的问题时,应优先采用改进协方差方法。这一结论在高速飞行器上安装机载雷达特别适用。

(5) 大多数递归方法的主要缺点是,在实时递归的每个步骤上都要进行大量的实时计算及接收到的评估收敛到参数真实值时的速度很小,这使得这些方法在目标物的雷达接触时间极为有限的情况下,当处理现代高速飞行器机载雷达中气象目标反射信号时的使用非常复杂。

(6) 对反射信号的数字信号矩评估的准确度,除了所用处理方法确定的因素的影响,所研究气象目标的物理特性(存在纵向和横向风切变,重力作用下不同尺寸水汽凝结体的重力下降)和机载雷达(通过天线系统扫描方向图的宽度和速度、雷达移相器的飞行器频率稳定性、雷达接收器的带宽、脉冲持续时间等)的技术参数的影响。然而,这些因素中大部分的影响要么是微不足道的,要么只有在很大的仰角和方向图值时才出现。

(7) Berg 方法是频谱评估的参数方法中最稳定的。在通常精度(32 类)算法基础上实现协变方法会导致气象目标信号的数字信号参数评估的相对误差等于一个甚至十多个单位的百分比。其原因在于这些算法基于矩阵代数,该矩阵代数对处理后的数据的容量非常敏感。当使用双精度(64 位)的算术时,协变方法的相对误差显然小于 1%,这对于实际应用已经足够。

(8) 由于安装在陀螺稳定平台上的孔径连续转动,雷达移相器束的空间稳定性允许补偿倾斜角和横摇运动角的随机变化,但不能消除飞行器速度在水平面上分量的消极影响。

(9) 在现代和透视相干机载雷达中,可以使用收发器相干振荡器(CO)的频率控制(中频补偿)或通过雷达中的数字方法对飞行器运动的径向移动进行相应的频率解调(视频频率补偿)。雷达天线系统相位中心的跨周期偏移可用于补偿飞行器的切向运动,以便在处理反射信号期间,其位置相对于允许气象目标体积的中心保持不变。

实现该方法的技术基础可以是作为带有全差分信号加权处理的相位单脉冲天线的雷达移相器或平面相控天线阵列的应用。实现可变单脉冲天线的缺点是需要显著的信号相移,这反过来又会导致移相器放大系数的大量损耗和移相器方向图的显著扩大,以及导致存在传输系数分散的两条中频放大器路径。此外,该变化仅适用于反射信号的短包处理。在具有平面相控天线阵列的机载雷达中,天线系统相位中心位置的控制是通过相控天线阵列边缘区域的连续错相来实现的。同时,方向图(主瓣加宽,旁瓣水平增加)的变化实际上并不取决于错相的类型,即移相器如何在非连接区域进行安装。然而,雷达在相似模式下的运行时间是单位几十毫秒(接收的信号包不超过 30 个读数)。

(10) 飞行器的轨迹违规行为和结构的弹性模态的影响,导致了额外的天线系统相位中心随即空间矩,使得补偿效率减小。同时,在弱湍流观测条件及相位矫正信道(显著的轨迹违规行为和结构的弹性模态)的小信噪比的条件下,数字信号的平均频率估计的均方根误差增加尤为显著。由于轨迹违规行为和结构的弹性模态的影响,在相控天线阵列束偏离机载雷达飞行器的飞行方向时,对反射信号的数字信号宽度的估计误差显著增大,其值也与飞行器的位移程度成正比。

相干包积累时天线系统相位中心位置变化引起的雷达信号轨迹畸变的补偿质量完全取决于安装的机载传感器(加速度计)。这些传感器不仅应具有高精度的加速度测量,而且应具有相当宽的频率频带,以阻止飞行器的轨迹不规则性、结构的弹性模态的气动振动频率。

(11) 风切变的危险程度可根据表征飞行器总能量变化的参数 F 的预测值进行估算,也可通过将风切变值与标准设定的阈值进行比较来估算。第一种方法的信息量更大,但它需要连续测量和预测飞行器运动的大量动力学参数。此外,该方法不考虑横向风分量和垂直风分量的切变。

(12) 为了充分评估风切变危险的任何指标,有必要估算平均风速的三维空间场。此操作的执行精度取决于反射信号的数字信号的平均频率(平均径向气象目标速度)的测量精度及天线系统方向图主瓣角位置的测量精度。

如今开发了 VAD、VWP、VVP、UWT 方法及其许多修改版本,以解决与地面雷达相关的指定任务。用这些方法评估风特征的准确性取决于允许体积的形式和数量、径向速度测量的误差、风模型中参数的数量、风场中是否存在不均匀性及风速的实际值。机载雷达对风切变危险区域检测问题进行求解时,平均风速三维场的评估方法中最有前景的方法是 UWT 方法,因为与其他方法相比,它提供了更高的空间分辨率,但是它仅适用于仰角较小($\beta \leqslant 4°$)的情况,且由于下层表面的反射,因此会导致额外误差。

(13) 大气湍流对飞行器的危险影响程度由其能量耗散速度的值 ε 定义,该值在功能上与湍流对允许体积内水汽凝结体速度频谱宽度 σ_V 的贡献有关。因此,评估大气湍流区域危险性的算法包括计算速度谱的宽度 ΔV、湍流影响引起的分量 ΔV_t 的分配、ε 值的计算及其与标准设定阈值的比较。

参考文献

[1] Sarychev V. A. , Antsev G. V. Operating modes of civil multipurpose airborne RS. Radio electronics and communication, 1992, No. 4, pages 3 – 8.

[2] Gong S. , Rao D. , Arun K. Spectral analysis: from usual methods to methods with high resolution. – In the book: Superbig integrated circuits and modern processing of signals/Eds. Gong S. ,Whitehouse H. ,Kaylat T. ;the translation from English eds. V. A. Leksachenko. – M. :Radio and Communication, 1989. – P. 45 – 64.

[3] Marple Jr. S. L. Digital spectral analysis and its applications: The translation from English M. : Mir, 1990. – 584 pages.

[4] Korostelev A. A. Space – time theory of radio systems: Text book. – M. : Radio and Communication, 1987. – 320 pages.

[5] Sloka V. K. Issues of processing of radar signals. – M. : Sov. radio, 1970. – 256 pages.

[6] Shirman Ya. D. , Manzhos V. N. The theory and technology of processing of radar information against the background of interferences. – M. : Radio and Communication, 1981. – 416 pages.

[7] Chernyshov E. E. ,Mikhaylutsa K. T. , VereshchaginA. V. Comparative analysis of radar methods

of assessment of spectral characteristics of moisture targets: The report on the XVII All - Russian symposium "Radar research of environments" (20—22. 04. 1999). - In the book: Works of the XVI - XIX All - Russian symposiums "Radar research of environments". Issue 2. - SPb. : VIKU, 2002 - p. 228 - 239.

[8] Melnikov V. M. Characteristics of the wind field in clouds according to the incoherent radar. News of higher education institutions: Radiophysics, 1990, v. 33, No. 2, pages 164 - 169.

[9] Doviak R. , Zrnich. Doppler radars and meteorological observations: The translation from English - L. : Hydrometeoizdat, 1988. - 511 pages.

[10] Dorozhkin N. S. , Zhukov V. Yu. , Melnikov V. M. Doppler channels for the MRL - 5 radar. Meteorology and hydrology, 1993, No. 4, pages 108 - 112.

[11] Ryzhkov A. V. Characteristics of meteorological radar stations. Foreign radio electronics, 1993, No. 4, pages 29 - 34.

[12] Melnikov V. M. Meteorological informational content of doppler radars. Works of the All - Russian symposium "Radar researches of environments". Issue 1. - SPb. : MSA named after A. F. Mozhaisky, 1997. - p. 165—172.

[13] Jenkins G. , Watts D. Spectral analysis and its applications: The translation from English in 2 v. - M. : Mir, 1971—1972.

[14] Vlasenko V. A. , Lappa Yu. M. , Yaroslavsky L . P. Methods of synthesis of fast algorithms of convolution and spectral analysis of signals. - M. : Science, 1990 - 180 pages.

[15] Alekseev V. G. About nonparametric assessments of spectral density. Radiotechnics and electronics, 2000, v. 45, No. 2, pages 185 - 190.

[16] Anderson T. Statistical analysis of time sequences. - M. : Mir, 1976.

[17] Zubkov B. V. , Minayev E. R. Bases of safety offlights. - M. : Transport, 1987. - 143 pages.

[18] Mikhaylutsa K. T. , Ushakov V. N. , Chernyshov E. E. Processors of signals of aerospace radio systems. - SPb. : JSC Radioavionika, 1997. - 207 pages.

[19] Analog and digital filters: Ed. book/S. S. Alekseenko, A. V. Vereshchagin, Yu. V. Ivanov, O. V. Sveshnikov; Eds. Yu. V. Ivanov. - SPb. : BGTU VOENMECH, 1997 - 140 pages.

[20] Voyevodin V. V. , Kuznetsov Yu. A. Matrixes and calculations. - M. : Science, 1984 - 320 pages.

[21] Zhuravlev A. K. , Lukoshkin A. P. , Poddubny S. S. Processing of signals in adaptive antenna arrays. - L . : LSU publishing house, 1983. - 240 pages.

[22] Ortega J. Introduction to parallel and vector methods of the solution of linear systems: The translation from English - M. : Mir, 1991. - 376 pages.

[23] Vereshchagin A. V. , Mikhaylutsa K . T. , Chernyshov E. E. Features of detection and assessment of characteristics of turbulent meteoformations by airborne doppler weather radars: The report on the XVIII All - Russian symposium "A radar research of environments" (18—20. 04. 2000). - In the book: Works of the XVI - XIX All - Russian symposiums "Radar research of environments". Issue 2. - SPb. : VIKU, 2002 - p. 240 - 249.

[24] Mao Yu – Hai, Lin Daimao, Li Wu – gao. An adaptive MTI based on maximum entropy spectrum estimation principle. Alta Frequenza, 1986, vol. LV, No. 2, p. p. 103 – 108.

[25] Mironov M. A. Assessment of parameters of the model of autoregression and moving average on experimental data. Radio engineering, 2001, No. 10, pages 8 – 12.

[26] Nonlinear Methods of Spectral Analysis, 2ed ed., S. Haykin ed., Springer – Verlag, New York, 1983.

[27] The algorithms of estimation of angular coordinates of sources of radiations based on the methods of the spectral analysis. Drogalin V. V., Merkulov V. I., Rodzivilov V. A. et al. Foreign radio electronics. Achievements of modern radio electronics, 1998, No. 2, pages 3 – 17.

[28] Ways and algorithms of anti – jam of airborne RS from multipoint non – stationary interferences. Drogalin V. V., Kazakov V. D., Kanashchenkov A. I., et al. Foreign radio electronics. Achievements of modern radio electronics, 2001, No. 2, pages 3 – 51.

[29] Nemov A. V. Spectral estimation with high resolution on not equidistant selection of data. News of higher education institutions. Electronics, 2001, No. 4, pages 101 – 108.

[30] Kumarsen R., Tafts D. W. Estimation of the angles of arrival of multiple plane waves. IEEE Transaction on Aerospace and Electronic Systems, 1983, vol. AES – 19, January, p. p. 134 – 139.

[31] Nemov A. V., Dobyrn V. V., Kuznetsov E. V. Joint use of the superresoluting frequency assessments. News of higher education institutions of Russia. Radio electronics, 2002, No. 2, pages 85 – 92.

[32] Vereshchagin A. V., Ivanov Yu. V., Perelomov V. N., Myasnikov S. A., Sinitsyn V. A., Sinitsyn E. A. Processing of radar signals of airborne coherent and pulse radar stations of planes in difficult meteoconditions. St. – Petersburg, pub. house. Research Centre ART, 2016. – 239 pages.

[33] MelnichukYu. V., Chernikov A. A. Operational method of detection of turbulence in clouds and rainfall. Works of the CAO, 1973, issue 110, p. 3 – 11.

[34] MelnikovV. M. About definition of a spectrum of a meteoradio echo by means of measurement of frequency of emissions of an output signal of the radar. Works of VGI, 1982, issue 51, p. 17 – 29.

[35] Tikhonov V. I., Harisov V. N. Statistical analysis and synthesis of radio engineering devices and systems. – M.: Radio and Communication, 1991. – 608 pages.

[36] Tikhonov V. I., Kulman N. K. Nonlinear filtration and quasicoherent reception of signals. – M.: "Sov. Radio", 1975. – 704 pages.

[37] Sage E., Mells J. The theory of assessment and its application in communication and management. – M.: Communication, 1976. – 496 pages.

[38] Wax M., Kailath T. Detection of Signals by Information Theoretic Criteria. IEEE Transactions on Acoustics, Speech and Signal Processing, 1985, vol. 33, NO. 4, p. p. 387 – 392.

[39] Stoica P., Nehorai A. MUSIC, Maximum Likelihood and Cramer – Rao Bound: Further Re-

sults and Comparisons. IEEE Transactions on Acoustics, Speech and Signal Processing, 1990, vol. 38, No. 12, p. p. 2140 – 2150.

[40] Xu Xioa – Liang, Bucklej K. M. Bias and variance of direction of arrival estimates from MUSIC, MIN – NORM and FINE. IEEE Transaction on Signal Processing, 1994, vol. 42, 17, p. p. 1181 – 1186.

[41] Srinivas K . P. , Reddy V. U. Finite data performance of MUSIC and minimum norm methods. IEEE Transaction on Aerospace and Electronic Systems, 1994, vol. AES – 30, No. 1, p. p. 161 – 174.

[42] Abramovich Yu. I. , Spencer N. K. , Gorokhov A. Yu. Allocation of independent sources of radiation in not equidistant antenna arrays. Foreign radio electronics. Achievements of modern radio electronics, 2001, No. 12, page 3 – 17.

[43] Proukakis C . ,Manikas A. Study of ambiguities of linear arrays. – In the book: Proc. ICASSP – 94, Adelaide, 1994, vol. 4, p. p. 549 – 552.

[44] Kravchenko N. I. , Bakumov V. N. Limit error of measurement of regular doppler shift of frequency of meteorological signals. News of higher education institutions. Radio electronics, 1999, No. 4, pages 3 – 10.

[45] Kulikov E. I. Extreme accuracy of measurement of the central frequency of narrow – band normal random process against the background of white noise. Radio engineering and electronics, 1964, No. 10, pages 1740 – 1744.

[46] Repin V. G. , Tartakovsky G. P. Statistical synthesis at aprioristic uncertainty and adaptation of information systems. – M. : "Soviet Radio", 1977. – 432 pages.

[47] Zrnic D. Estimation of Spectral Moments for Weather Echoes. IEEE Transactions on Geoscience, 1979, v. GE – 17, 14, p. 113 – 128.

[48] Vereshchaka A. I. ,OlyanyukP. V. Aviation radio equipment: The textbook for higher education institutions. – M. : Transport, 1996. – 344 pages.

[49] Current state and some prospects of development of radar station of fighters: Abstract NZNT, 1987, No. 14, pages 11 – 17.

[50] Vereshchagin A. V. , Mikhaylutsa K. T. , Chernyshov E. E. Ways of improvement of processing of signals in airborne meteo radar stations. In the book: Modern technologies of information extraction and processing: Collection of scientific works. – SPb. : JSC Radioavionika, 2001. – p. 211 – 230.

[51] Fukunaga K . Introduction to the statistical theory of recognition of images. The translation from English – M. : Glavfizmatizdat, 1979. – 368 pages.

[52] Feldman Yu. I. , Mandurovsky I. A. The theory of fluctuations of the locational signals reflected by the distributed targets. – M. : Radio and Communication, 1988. – 272 pages.

[53] Gorelik A. G. , Chernikov A. A. Some results of a radar research of structure of the wind field at the heights of 50 ~ 700m. Works of the CAO, 1964, issue. 57. – p. 3 – 18.

[54] Reference book of climatic characteristics of the free atmosphere on certain stations of the

Northern hemisphere. Eds. I. G. Guterman. – M. : NIIAK, 1968.

[55] Chernikov A. A. Broadening of a spectrum of radar signals from rainfall due to wind shear. Works of the CAO, 1977, issue 126. – p. 48 – 55.

[56] Nathanson F. E., Reilly J. P., Cohen M. N. Radar Design Principles. – 2nd Ed. – Mendham, US: SciTech Publishing Inc., 1999. – 720 p.

[57] Radar systems of air vehicles: Textbook for higher education institutions. Eds. P. S. Davydov. – M. : Transport, 1977. – 352 pages.

[58] Matveev L . T. Course of the general meteorology. Physics of the atmosphere. – L . : Hydrometeoizdat, 1984. – 751 pages.

[59] RyzhkovA. V. Meteorological objects and their radar characteristics. Foreign radio electronics, 1993, No. 4, pages 6 – 18.

[60] Ivanov A. A. ,Melnichuk Yu. V. ,Morgoyev A. K. The technique of assessment of vertical velocities of airmovements in heavy cumulus clouds by means of the doppler radar. Works of the CAO, 1979, issue 135, pages 3 – 13.

[61] Vostrenkov V. M., Melnichuk Yu. V. Signals of underlying surface and meteoobjects on the airborne doppler radar. Works of the CAO, 1984, issue 154, pages 52 – 65.

[62] Bakulev P. A., Stepin V. M. Methods and devices of selection of moving targets. – M. : Radio and Communication, 1986. – 288 pages.

[63] Gorelik A. G., Logunov V. F. Determination of velocity of vertical streams in the storm centres and heavy rains at vertical sounding by means of the doppler radar. Works of the CAO, 1972, issue 103, pages 121 – 133.

[64] Okhrimenko A. E. Bases of radar – location and radio – electronic fight: Text book for higher education institutions. P. 1. Bases of radar – location. – M. : Voyenizdat, 1983. – 456 pages

[65] Theoretical bases of a radar – location: Ed. book for higher education institutions. A. A. Korostelev, N. F. Klyuev, Yu. A. Melnik, et al. ; Eds. V. E. Dulevich. – M. : Sov. Radio, 1978. – 608 pages.

[66] Gorelik A. G., Melnichuk Yu. V., Chernikov A. A. Connection of statistical characteristics of a radar signal with dynamic processes and microstructure of a meteoobject. Works of the CAO, 1963, issue 48, pages 3 – 55.

[67] Kaplun V. A. Radiotransparent antenna domes. Antennas,issue 8 – 9 (87 – 88),2004,p. 109 – 116.

[68] Kravchenko N. I. ,Lenchuk D. V. Extreme accuracy of measurement of doppler shift of frequency of a meteorological signal when using a pack of coherent signals. News of higher education institutions. Radio electronics, 2001, No. 7, pages 68 – 80.

[69] Pyatkin A. K., Nikitin M. V. Realization on FPLD of fast Fourier transformation for DSP algorithms in multipurpose radar stations. Digital processing of signals, 2003, No. 3, pages 21 – 25

[70] Gritsunov A. V. The choice of methods of spectral assessment of temporal functions at model-

ling of UHF – devices. Radio engineering, 2003, No. 9, pages 25 – 30.

[71] Forsyte G., Malkolm M., Mouler To. Machine methods of mathematical calculations. – M.: Mir, 1980.

[72] The airborne radar for measurement of velocities of vertical movements of lenses in clouds and rainfall. V. M. Vostrenkov, V. V. Ermakov, V. A. Kapitanov, et al. Works of the CAO, 1979, issue 135, pages 14 – 23.

[73] Veyber Ya. E., Skachkov V. A., Smirnov N. K. Features of measurement of velocities of relative movements of atmospheric formations by radar methods. – M.: SRI OF ACADEMY OF SCIENCES OF THE USSR, 1987. – 13 pages.

[74] Minkovich B. M., Yakovlev V. P. Theory of synthesis of antennas. – M.: Sov. radio, 1969. – 296 pages.

[75] Komarov V. M., Andreyeva T. M., Yanovitsky A. K. Airborne pulse – doppler radar stations. Foreign radio electronics, 1991, No. 9 – 10.

[76] The reference book on radar – location. Eds. M. Skolnik; The translation from English (in four volumes) Eds. K. N. Trofimov. – V. 1. Radar – location bases. Eds. Ya. S. Itskhoka. – M.: Sov. Radio, 1976. – 456 pages.

[77] Zeger A. E., Burgess L. R. An adaptive AMTI radar antenna array. Proc. IEEE Nat. Aerospace and Electron. Conf. (NAECON'74), Dayton, 1974, New York, 1974, p. 126 – 133.

[78] Vorobiev V. G., Zyl V. P., Kuznetsov S. V. Complexes of digital flight navigation equipment. P. 2. Complex of standard flight navigation equipment of the Tu – 204 plane. – M.: MGTU GA, 1998 – 116 pages.

[79] Radar stations of the view of Earth. G. S. Kondratenkov, V. A. Potekhin, A. P. Reutov, Yu. A. Feoktistov; Eds. G. S. Kondratenkov. – M.: Radio and Communication, 1983. – 272 pages.

[80] Radar stations with digital synthesizing of an antenna aperture. V. N. Antipov, V. T. Goryainov, A. N. Kulin, et al.; Eds. V. T. Goryainov. – M.: Radio and Communication, 1988. – 304 pages.

[81] The guide to forecasting of weather conditions for aircraft. Eds. K. G. Abramovich, A. A. Vasilyev. – L.: Hydrometeoizdat, 1985. – 301 pages.

[82] Melnik Yu. A., Melnikov V. M., Ryzhkov A. V. Possibilities of use of the single doppler radar in the meteorological purposes: Review Works of GGO, 1991, issue 538. P. 8 – 18.

[83] Melnikov V. M. Information processing in doppler MRL. Foreign radio electronics, 1993, No. 4, pages 35 – 42.

[84] Banakh V. A., Verner X., Smalikho I. N. Sounding of turbulence of clear sky by a doppler lidar. Numerical modelling. Optics of the atmosphere and ocean, 2001, v. 14, No. 10, pages 932 – 939.

第4章 结论

本书致力于改进机载航空雷达系统中信号处理的方法和算法,以提高困难气象条件下的飞行操作安全性(FOS)。

决定飞行操作安全性水平的主要因素之一是飞行路线上天气状况的准确和及时信息的可用性。

对前半球大范围的气象目标的危险区域的及时和可靠的探测、极坐标(距离和方位角)的测量及危险程度的评估,是不同功能的飞行器机载雷达的重要问题之一。通过对反射信号进行数字相干处理,提高了飞行器飞行中对气象目标危险度评估的准确性,在操作上解决了这一问题。

本书陈述了以下主要取得的科学成果:

(1) 分析了在风切变和湍流区域危险探测与评估模式下,由气象目标反射并由移动飞行器上机载雷达接收的信号频谱和功率解析比。

(2) 气象目标模型,飞行器移动和反射信号使得可以为了解决风切变和湍流区域危险探测和评估问题而进行背景目标环境建模。同时,由气象目标反射并被机载雷达接收的信号的数学模型考虑了探测信号的参数,物体的物理参数(水含量和雷达反射率、风速在气象目标体积上的空间分布、风切变和湍流的存在)以及飞行器的运动参数(速度、航向、轨迹不规则性和这种情况下的弹性波动)。本书分析了将模型参数与雷达观测条件联系起来的解析依赖性。

(3) 本书提出了机载雷达中信号的相干数字处理算法,旨在提高气象目标中风切变和湍流区域危险程度评估的可观测性和准确度:基于自回归模型评估的关于受影响信号多普勒频谱平均频率和均方根宽度的参数修正协方差算法,飞行器自身运动补偿算法以及三维风速空间场评估和强风切变与大气湍流危险度判定算法。

研究结果表明,可以通过实现通常可以相应提高飞行操作安全(FOS)水平的机载相干雷达反射信号的参数处理算法,提高强风切变和强大气湍流区域危险程度探测与评估的准确度及可依赖性。

得到的结果可用于创建透视图及对现存的不同功能飞行器的机载雷达进行现代化改造。

参考书目

[1] Adaptive spatial doppler processing of echo signals in RS of air traffic control. G. N. Gromov, Yu. V. Ivanov, T. G. Savelyev, E. A. Sinitsyn. SPb.: FSUE VNIIRA, 2002,270 pages.

[2] Active and passive radar – location of the storm and thunder centres in clouds/ Eds. L. G. Kachurin and L. I. Divinsky. SPb.: Hydrometeoizdat, 1992. 216 pages.

[3] Beliy Yu. I., Zagorodny V. NIIP and its radars Bulletin of aircraft and astronautics, 2002, No., pages 107 – 109.

[4] Vereshchagin A. V., Mikhaylutsa K. T., Chernyshov E. E. Improvement of structure and methods of processing of signals in multipurpose airborne radar stations for information support of increase in safety of flights in difficult meteoconditions: Theses of the report. In the book: Scientific and practical conference "Multipurpose Radio – electronic Complexes of Perspective Aircraft": Theses of reports. SPb: HK "Leninets", 2001, p. 1 – 14.

[5] Vityazev V. V. Digital frequency selection of signals. M.: Radio and Communication, 1993,239 pages.

[6] Volkoyedov A. P. Radar equipment of planes: Ed. book. M.: Mechanical engineering, 1984,152 pages.

[7] Vorobiev V. G., Zyl V. P., Kuznetsov S. V. Complexes of digital flight navigation equipment. P. 1. Complex of standard digital flight navigation equipment of the Il – 96 – 300 plane. M.: MGTU GA, 1998,140 pages.

[8] Gorelik A. G. Radar methods of research of turbulence of the atmosphere. M.: Hydrometeoizdat, 1965,25 pages.

[9] Zubkovich S. G. Statistical characteristics of the radio signals reflected from the land surface. M.: Sov. Radio, 1968,224 pages.

[10] Kulemin G. P. Radar inferences from sea and land of radar station of centimetric and millimetric ranges. In the book: International scientific and technical conference "Modern Radar – location": Scientific and technical collection (Reports. Issue No. 1). Kiev: Scientific Research Institute Kvant, 1994, p. 23 – 29.

[11] Sharonov A. Yu. Influence of weather conditions on flight operation safety according to ICAO. In the book: Influence of the external environment on flight operation safety and issues of interaction of local factors on its condition: Interuniversity thematic collection of scientific works. L.: OLAGA publishing house, 1985, p. 89 – 91.

[12] Sharonov A. Yu. Weather conditions at the time of plane crashes in ICAO member countries. In the book: Meteorological phenomena dangerous to flights and flight operation safety: Interuniversity thematic collection of scientific works. L.: OLAGA publishing house, 1984, p. 82 – 86.

附录A 热带地区主要云层形式的特征

云层形式	下限高度/km	厚度/km	水平尺寸/km	相态	寿命	平均垂直速度 ω/(m/s)	沉淀
层状云							
St	0.1~0.7	0.1~1.0	10~1000	滴	一天或更久	0.01~0.1	无雨或小雨
Se	0.4~2.0	0.1~1.0	10~1000	—	一天或更久	0.01~0.1	无雨或小雨
Ac	2.0~6.0	0.1~0.8	10~100	滴,混合	—	0.01~0.1	无
C_c	6.0~9.0	0.2~1.0	10~100	结晶	—	0.01~0.1	—
Ns	0.1~2.0	可达数千米	100~1000	混合	—	0.01~0.1	雨、雪
As	3.0~6.0	可达数千米	100~1000	混合,结晶	—	0.01~0.1	一样
Cs	5.0~9.0	—	100~1000	结晶	—	0.01~0.1	无
Ci	6.0~10.0	从几十米到1.0~1.5km	10~1000	—	—	0.01~0.1	—
积云							
Cu	0.8~2.0		1.0~5.0	滴	几十分钟	1	无
Cu cong.	0.8~2.0		5.0~10.0	—	—	1~50	—
Cb	0.4~1.5		高达50~100	混合	数十分钟,有时数小时	5~10	雨、暴风雨

注:(1)Cu、Cb的值x为内部多云上升流的平均速度。上升流的速度有时比下降流的速度快1.5~2倍。

(2)Cu和Cb的厚度数据属于中纬度的夏季云。在较白的锋面上观测到的堆积云的厚度要小得多。

附录 B　下降气流中风场的“环形涡”模型

让我们考虑单个孤立的下降流的情况，它可以以具有圆环核心(图 B.1)、关于 Z 轴对称的三维涡流场的形式表示。

设点 P 为在高度 z_p 远离 Z' 轴，处于距离 r_{PV} 外的任何点。然后，单个孤立的圆形涡流通过圆(z_p , r_p)的矢量场 Φ 的流量函数为

$$\psi = -\Psi/2\pi = -r_{PV}F$$

通过比率与点 P 上的风速投影值联系起来

$$v_z = -\frac{1}{r_{PV}}\frac{\partial\psi}{\partial r_{PV}}, v_r = \frac{1}{r_{PV}}\frac{\partial\psi}{\partial z} \tag{B.1}$$

式中：$\Psi = 2\pi r_{PV}F$ 为矢量场的流量；v_z 和 v_r 分别为 Z' 和方向 r_{PV} 上的风速投影。式(B.1)是流量连续性方程的序列。

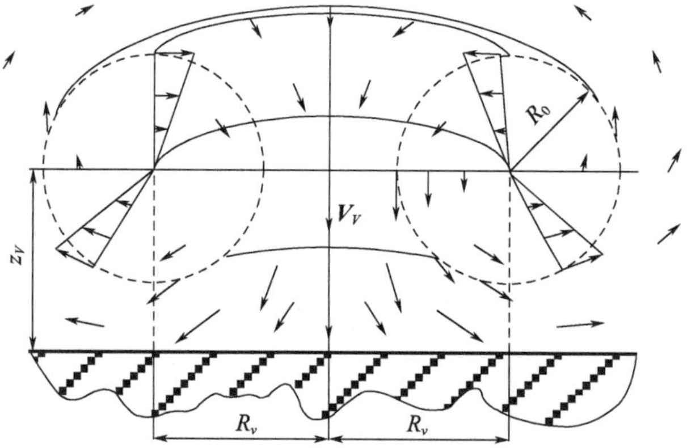

附图 B.1　下降气流中风速的空间分布

R_V —涡旋半径；R_0 —核心半径，z_V —下垫面的高度；V_v —流动中心部分的速度。

点(z_p , r_{PV})上由一个流通量为 m，坐标为(Z' , R_V)的(注意到涡线的元素的长度为 $R_V\mathrm{d}\theta$ ，其中 θ 为与 F 方向之间的角)涡旋线所引起的流量函数值为

$$\psi = -r_{PV}\Phi = -\frac{v\, r_{PV}\, R_V}{4\pi}\int_0^{2\pi}\frac{\cos\theta}{r}\mathrm{d}\theta$$

式中：$r = \sqrt{(z-z_P)^2 + r_{PV}^2 + R_V^2 - 2\, r_{PV}\, R_V\cos\theta}$

让我们分别通过 r_1 和 r_2 指定从点 P 到涡旋点的最小距离和最大距离为

$$r_1^2 = (z_P - z_V)^2 + (r_{PV} - R_V)^2, r_2^2 = (z_P - z_V)^2 + (r_{PV} + R_V)^2$$

则

$$r^2 = r_1^2\cos^2\frac{\theta}{2} + r_2^2\sin^2\frac{\theta}{2}, 4r_{PV}R_V\cos\theta = r_1^2 + r_2^2 - 2r^2$$

因此

$$\psi = -\frac{v}{8\pi}\left[(r_1^2 + r_2^2)\int_0^\pi \frac{d\theta}{\sqrt{r_1^2\cos^2\frac{\theta}{2} + r_2^2\sin^2\frac{\theta}{2}}} - 2\int_0^\pi \sqrt{r_1^2\cos^2\frac{\theta}{2} + r_2^2\sin^2\frac{\theta}{2}}d\theta\right] \tag{B.2}$$

式(B.2)中的积分属于完全椭圆积分的类型,其值可以通过数值方法近似确定,有

$$\begin{cases} k = \dfrac{r_2 - r_1}{r_2 + r_1} \\ F_1(k) = \dfrac{(r_1^2 + r_2^2)}{8\pi(r_1 + r_2)}\displaystyle\int_0^\pi \frac{d\theta}{\sqrt{r_1^2\cos^2\frac{\theta}{2} + r_2^2\sin^2\frac{\theta}{2}}} \\ E_1(k) = \dfrac{1}{4\pi(r_1 + r_2)}\displaystyle\int_0^\pi \sqrt{r_1^2\cos^2\frac{\theta}{2} + r_2^2\sin^2\frac{\theta}{2}}d\theta \end{cases}$$

然后,使用 Landen 变换,式(A2.2)中流 ψ 可以进一步表达为

$$\psi = -\frac{v}{2\pi}(r_1 + r_2)[F_1(k) - E_1(k)] \tag{B.3}$$

为了近似椭圆积分式(A2.3)的组合,可以使用以下形式的表达式:

$$[F_1(k) - E_1(k)] \approx \frac{0.788\,k^2}{0.25 + 0.75\sqrt{1 - k^2}} \tag{B.4}$$

由于漩涡区非常靠近下垫面,因此下垫面显著影响了漩涡周围的空气运动。在文献[1]中可以看出,在这种情况下,下垫面的影响可以表现为和下垫面有关的第二个涡流场的形式,其与第一个真实涡流相反(附图B.2)。流动函数(式(B.3))可以写成同时运行的两个漩涡对应函数的叠加形式:

$$\psi = -\frac{v}{2\pi}\{(r_{11} + r_{12})[F_{11}(k_1) - E_{11}(k_1)] - (r_{21} + r_{22})[F_{12}(k_2) - E_{12}(k_2)]\} \tag{B.5}$$

式中:r_{11} 为从点 P 到实际涡旋点的最小距离,$r_{11} = \sqrt{(z_P - z_V)^2 + (r_{PV} - R_V)^2}$;$r_{12}$ 为从点 P 到实际涡旋点的最大距离;$r_{12} = \sqrt{(z_P + z_V)^2 + (r_{PV} - R_V)^2}$;$r_{21}$ 为从点 P 到镜像涡旋点的最小距离;$r_{21} = \sqrt{(z_P - z_V)^2 + (r_{PV} + R_V)^2}$;$r_{22}$ 为从点 P 到镜像涡旋点的最大距离,$r_{22} = \sqrt{(z_P + z_V)^2 + (r_{PV} + R_V)^2}$;$F_{11}(k_1)$、$E_{11}(k_1)$

均为实际涡旋的椭圆积分值；$F_{12}(k_2)$、$E_{12}(k_2)$ 均为 镜像涡旋的椭圆积分值；$k_1 = \frac{r_{12} - r_{11}}{r_{12} + r_{11}}$；$k_2 = \frac{r_{22} - r_{21}}{r_{22} + r_{21}}$。

考虑到近似值(式(B.4)),将(式(B.5))转换为

$$\psi = -\frac{v}{2\pi}\left\{(r_{11} + r_{12})\frac{0.788\,k_1^2}{0.25 + 0.75\sqrt{1 - k_1^2}} - (r_{21} + r_{22})\frac{0.788\,k_2^2}{0.25 + 0.75\sqrt{1 - k_2^2}}\right\} \tag{B.6}$$

涡流的环流 v 通过比率[1]和中心部分的速度 V_V 关联起来：

$$v = \frac{2\,V_V R_V}{1 - \frac{1}{\left[1 + \left(\frac{2z_V}{R_V}\right)^2\right]^{1.5}}} \tag{B.7}$$

根据式(B.1)对流动函数进行数值微分,可以得到涡核外点 P 的风速的垂直和径向分量：

$$v_z = -\frac{1}{r_{PV}}\frac{\partial\psi}{\partial r_{PV}} = \frac{\psi(z_P, r_{PV}) - \psi(z_P, r_{PV} + \Delta r)}{r_{PV}\Delta r} \tag{B.8}$$

$$v_r = \frac{1}{r_{PV}}\frac{\partial\psi}{\partial z} = \frac{\psi(z_P + \Delta z, r_{PV}) - \psi(z_P, r_{PV})}{r_{PV}\Delta z} \tag{B.9}$$

注意:在此情况下,速度的径向分量 v_r 表示在点 P 上关于 r_P 方向的风速投影。

风速的径向分量在点 P 上关于 BCS 的 X 和 Y 轴的投影(分别是风速的纵向分量和横向分量)可以通过下式定义(附图 B.2)

$$v_x = v_r\frac{(x_V - x_P)}{r_{PV}} \tag{B.10}$$

$$v_y = v_r\frac{(y_V - y_P)}{r_{PV}} \tag{B.11}$$

式中:(x_V, y_V, z_V) 为 BCS 中涡旋中心的坐标；(x_P, y_P, z_P) 为 BCS 中点 P 的坐标；

在 BCS 中从笛卡儿坐标传递到极坐标,将以以下形式写出圆涡旋中心的坐标：

$$\begin{cases} x_V = r_V\cos\alpha_V\sin\beta_V \\ y_V = r_V\sin\alpha_V\sin\beta_V \\ z_V = r_V\cos\beta_V \end{cases} \tag{B.12}$$

以及以下形式的点 P 的坐标(允许体积的中心)

$$\begin{cases} x_P = r_P\cos\alpha_P\sin\beta_P \\ y_P = r_P\sin\alpha_P\sin\beta_P \\ z_P = r_P\cos\beta_P \end{cases} \tag{B.13}$$

式中：(r_V, α_V, β_V) 为 BCS 涡旋中心的范围、方位角和仰角；(r_P, α_P, β_P) 为 BCS 中允许体积中心的范围、方位角和仰角

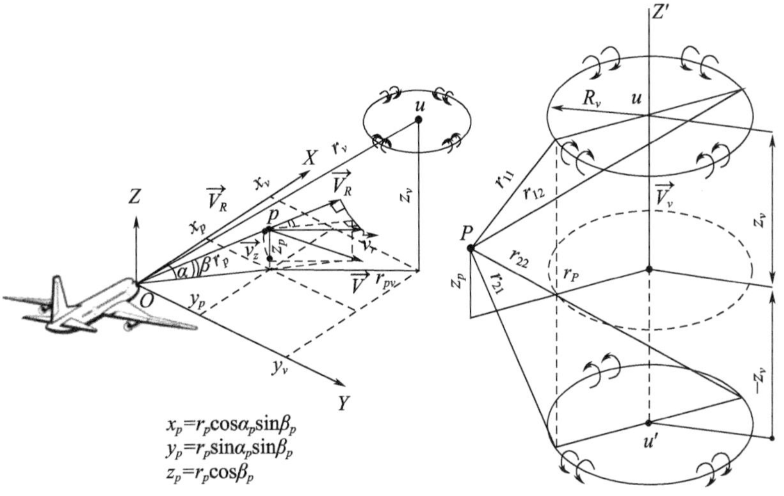

附图 B.2 从几何比率开始

在涡旋核心内，风速在中心处等于零，在半径上线性增加到核心边界（附图 B.1）。因此，对于核心（在 $\sqrt{(x_P - x_V)^2 + (y_P - y_V)^2 + (z_P - z_V)^2} \leqslant R_0$ 时）内的点，可以通过与核心中心距离成比例的核心重新计算得出

$$v = v_{\max} \frac{\sqrt{(x_P - x_V)^2 + (y_P - y_V)^2 + (z_P - z_V)^2}}{R_0} \tag{B.14}$$

其中，

$$v_{\max} = \frac{v}{2R_V}\left\{\frac{1}{\left[\left[1 + \left(\frac{z_V - z_P}{R_V}\right)^2\right]^{1.5}} - \frac{1}{\left[1 + \left(\frac{-z_V - z_P}{R_V}\right)^2\right]^{1.5}}\right\} \tag{B.15}$$

为核心边界上的最大速度[1]。

核心内点 P 的风速（式（B.14））在径向（在“点涡中心”方向）和垂直投影分别为

$$v_r = v \frac{z_P - z_V}{\sqrt{(x_P - x_V)^2 + (y_P - y_V)^2 + (z_P - z_V)^2}} = v_{\max} \frac{z_P - z_V}{R_0} \tag{B.16}$$

$$v_z = v \frac{r_p - r_V}{\sqrt{(x_P - x_V)^2 + (y_P - y_V)^2 + (z_P - z_V)^2}} = v_{\max} \frac{r_P - r_V}{R_0} \tag{B.17}$$

式（B.16）和式（B.17）以“环形涡”（环形涡模型）的形式描述了下降流中风速的径向和垂直分量的三维空间场。

在观察过程中,机载雷达确定点 P 处的径向风速 V_R,作为向 APC 连接到指定点的方向的风速投影。从附图 B.2 中给出的几何比率出发,值 V_R 等于速度 v_r(式(B.16))和 v_z(式(B.17))到连接点 O(ARC)和点 P(允许体积中心)的方向的投影之和。

首先,确定风速径向分量 v_r[式(B.16)]在穿过点 O 和点 P 的垂直面上的投影

$$v_{rv} = v_r\cos|\alpha - \alpha'| = v_r\cos\left|\alpha - \arctan\frac{y_0 - y_P}{x_0 - x_P}\alpha\right|$$

式中:α' 为 X 轴与 r_P 方向之间的角度。

进一步,我们设定在连接点 O 和点 P 的方向上的速度 v_z 和 v_{rv} 。得到投影的总和将因此得出相对于 APC 的允许体积中心径向速度所需值:

$$V_R = v_r\cos\left|\alpha_P - \arctan\frac{y_V - y_P}{x_V - x_P}\alpha_P\right|\cos\beta_P + v_z\sin\beta_P \tag{B.18}$$

附录 C　反射信号的参数模型

具有有理数传递函数的成形过程过滤器如附图 C. 1 所示。

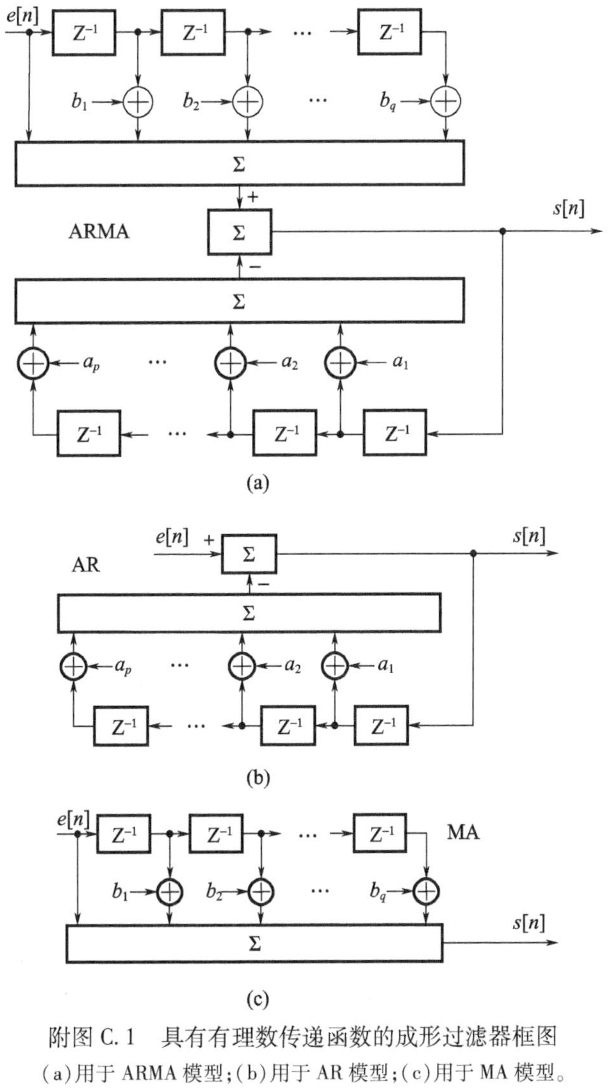

附图 C. 1　具有有理数传递函数的成形过滤器框图

(a)用于 ARMA 模型;(b)用于 AR 模型;(c)用于 MA 模型。

在许多实际情况中,导致反射信号形成的目标情况可以通过有限阶线性系统进行相当精确的模拟。通常,具有有理数传递函数的线性系统(成形过滤器)中输入信号和输出信号之间的连接由线性微分方程描述:

$$s(m) = \sum_{k=1}^{p} a_k s(m-k) + \sum_{k=1}^{q} b_k e(m-k) + e(m) \tag{C.1}$$

式中:$s(m)$、$e(m)$ 分别为输出和入口系统信号;p 为自回归(AR)的阶数;q 为移动平均(MA)的阶数;a_k 为复杂 AR 系数;b_k 为复杂 MA 系数。

该模型称为自回归 - 移动平均模型(ARMA)[2][附图 C.1(a)]。下面为了改进表达并简化表达记录,我们将在指出随机过程读取次数的情况下省略乘数 T_p。

如果所有系数 $b_k = 0$,那么信号 $s(m)$ 表示其先前值的线性回归,即

$$s(m) = \sum_{k=1}^{p} a_k s(m-k) + e(m) \tag{C.2}$$

这种模型称为自回归模型[附图 C.1(b)]。相应地,如果所有系数 $a_k = 0$,那么这是移动平均模型[附图 C.1(c)]。

式(C.2)可以用矩阵形式表达:

$$\boldsymbol{a}^{\mathrm{T}}\boldsymbol{S}(m) = \boldsymbol{b}^{\mathrm{T}}\boldsymbol{E}(m) \tag{C.3}$$

式中:T 为转置操作;$\boldsymbol{a} = \begin{bmatrix} 1 \\ -a_1 \\ \vdots \\ -a_p \end{bmatrix}(p+1)$ 为 AR 系数的元素矢量;$\boldsymbol{S}(m) = \begin{bmatrix} s(m) \\ s(m-1) \\ \vdots \\ s(m-p) \end{bmatrix}(p+1)$ 为输出信号读数的元素矢量;$\boldsymbol{b} = \begin{bmatrix} 1 \\ b_1 \\ \vdots \\ b_q \end{bmatrix}(q+1)$ 为 MA 系数的元素矢量;$\boldsymbol{E}(m) = \begin{bmatrix} e(m) \\ e(m-1) \\ \cdots \\ e(m-q) \end{bmatrix}(q+1)$ 为输入信号读数的元素矢量。

所考虑的线性系统的转换函数(TF)可以通过 z 变换技术表示[3-4]。将 z 变换应用于等式(C.1)的两个成员,考虑线性和平移[3]的性质,可以得到

$$S(z) = \sum_{k=1}^{p} a_k z^{-k} S(z) + \sum_{k=1}^{q} b_k z^{-k} E(z) + E(z) \tag{C.4}$$

式中:$z = \exp(\mathrm{j}2\pi f\tau)$;$S(z) = Z\{s(m)\} = \sum_{k=0}^{\infty} s(k) z^{-k}$ 为输出系统信号的 z 图

像；$E(z)=Z\{e(m)\}=\sum_{k=0}^{\infty}e(k)z^{-k}$ 为输入(形成)系统信号的 z 图像。

从式(C.4)开始，有

$$S(z)=H(z)E(z)$$

式中：$H(z)=b(z)/a(z)$ 为所考虑线性系统的 TF，b(z)可表示为

$$b(z)=1+\sum_{k=1}^{q}b_k z^{-k};a(z)=1-\sum_{k=1}^{p}a_k z^{-k}$$

假设系统的输入信号 $e(m)$ 为 δ 函数 $e(m)=\delta(m)$，则输出系统信号将代表其脉冲特性。同时，$E(z)=1$，那么 $S(z)=Z\{h(m)\}$，则

$$H(z)=Z\{h(m)\}=1+\sum_{k=1}^{\infty}h(k)z^{-k} \tag{C.5}$$

即 TF 是系统脉冲特性的 z 图像。

如果将式(C.1)的元素都乘以 s，并将得到的结果平均，那么将得到

$$\overline{s(m)s^*(m-n)}=\sum_{k=1}^{p}a_k\overline{s(m-k)s^*(m-n)}+\sum_{k=1}^{q}b_k\overline{e(m-k)s^*(m-n)}+\overline{e(m)s^*(m-n)} \tag{C.6}$$

或

$$B(n)=\sum_{k=1}^{p}a_kB(n-k)+\sum_{k=1}^{q}b_kB_{es}(n-k)+B_{es}(n) \tag{C.7}$$

由于系统的输出信号等于带有脉冲特性的输入信号的卷积，因此可以利用脉冲特性读数[式(C.5)][5]来写下系统输出信号和输入信号之间的互相关函数 $B_{es}(n)$：

$$B_{es}(n)=\overline{e(m+n)s^*(m)}=\overline{e(m+n)[e^*(m)+\sum_{k=1}^{p}h^*(k)s^*(m-k)]}$$

$$=B_e(n)+\sum_{k=1}^{p}h^*(k)B_e(n+k)$$

式中：$B_e(n)$ 为输入信号 $e(m)$ 的 AKC。

在用零作均值且离差为 σ_e^2 的离散复数普通白噪声作为激励信号 $e(m)$ 时，有

$$B_{es}(n)=\begin{cases}0 & n>0\\ \sigma_e^2 & n=0\\ \sigma_e^2h^*(-n) & n<0\end{cases}$$

由此得到 ARMA 模型及与线性系统的[5,6]输出信号 $s(m)$ 的自相关函数的连接表达式为：

$$B(m)=\begin{cases}B^{*}(-m) & m<0\\ \sum_{k=1}^{p}a_kB(m-k)+\sigma_e^2\sum_{k=m}^{q}b_kh^{*}(k-m) & 0\leqslant m\leqslant q\\ \sum_{k=1}^{p}a_kB(m-k) & m>q\end{cases} \tag{C.8}$$

因此，当使用带有有理数转换函数 $H(z)$ 的线性系统时，$s(m)$ 信号的自相关函数(ACF)连续值的 p 的设置允许通过递归比的方法使其明确地无限继续下去，即

$$B(m)=\sum_{k=1}^{p}a_kB(m-k)\quad 对于所有\ m>q \tag{C.9}$$

设 $q=0$，将等式(C.9)转换为将系统输出信号的 AR 模型参数与 ACF 值连接起来的比率，即

$$B(m)=\begin{cases}B^{*}(-m) & m<0\\ \sum_{k=1}^{p}a_k\,B^{*}(k)+\sigma_e^2 & m=0\\ \sum_{k=1}^{p}a_kB(m-k) & m>0\end{cases} \tag{C.10}$$

令 $p=0$，考虑在 $1\leqslant k\leqslant q$ 时 $h[k]=b[k]$，将式(C.8)转换为连接反射信号的移动平均数(MA)模型参数与其 ACF 值的比率，即

$$B(m)=\begin{cases}B^{*}(-m) & m<0\\ \sigma_e^2\sum_{k=m}^{q}b_kb_{k-m}^{*} & 0\leqslant m\leqslant q\\ 0 & m>q\end{cases} \tag{C.11}$$

由式(C.11)可知，ACF 和 MA 系数是由卷积型的非线性依赖关系连接的。

值得注意的是，在高斯逼近时，ARMA 模型假设 ACF 在其值上无限连续，使得熵最大，即

$$h_{y\partial}=\frac{1}{4f_{\max}}\int_{-f_{\max}}^{f_{\max}}\ln\left[S(f)\right]\mathrm{d}f \tag{C.12}$$

对应的时间序列(信号读数序列)[7]。

式中：$f_{\max}$ 为信号频谱的最大频率分量[7]。

换句话说，ARMA 模型的使用等效于最大熵(EM)方法的应用[5-6,8]。

首先，让我们得到 $2M+1$ 的 ACF 值；然后，最合理地确定其未知值的方法是，新值不会增加可用信息或不会降低所考虑信号的熵[7]，即

$$\frac{\partial h_d}{\partial B(m)}=0,\ 当\ |m|\geqslant M+1 \tag{C.13}$$

考虑到式(C.9)、式(C.12)和式(C.13),在使用平均值为零、离差为 σ_e^2 的白噪声激励信号 $e(m)$ 情况下,对 $e(m)$ 信号功率谱密度的评估转换为[9-10]

$$S(f) = \sigma_e^2 T_n \frac{\left| 1 + \sum_{k=1}^{q} b_k \exp(-\mathrm{j}2\pi fk T_n) \right|^2}{\left| 1 - \sum_{k=1}^{p} a_k \exp(-\mathrm{j}2\pi fk T_n) \right|^2} \tag{C.14}$$

从式(C.14)可以得出,为了评估 $S(f)$,必须定义 AR 和 MA 系数的 a_k,b_k 值以及激励信号(噪声)的离差 σ_e^2。特定参数的评估可以通过逼近信号的设定功率谱或通过实际信号的选择过程来实现[11]。

式(C.14)可以表示为矢量形式

$$S(\omega) = \sigma_e^2 T_n \frac{\boldsymbol{c}_q^{\mathrm{H}}(f)\boldsymbol{b}\boldsymbol{b}^{\mathrm{H}}\boldsymbol{c}_q(f)}{\boldsymbol{c}_p^{\mathrm{H}}(f)\boldsymbol{a}\boldsymbol{a}^{\mathrm{H}}\boldsymbol{c}_p(f)} \tag{C.15}$$

式中:$\boldsymbol{c}_q(\mathrm{f}) = \begin{bmatrix} 1 \\ \exp(\mathrm{j}2\pi f T_n) \\ \vdots \\ \exp(\mathrm{j}2\pi fq \mathrm{T_n}) \end{bmatrix}$,$\boldsymbol{c}_p(f) = \begin{bmatrix} 1 \\ \exp(\mathrm{j}2\pi f T_n) \\ \vdots \\ \exp(\mathrm{j}2\pi fp T_n) \end{bmatrix}$ 为复合正弦曲线的向量;H 为 Hermite 共轭运算的符号,包括连续执行转置和复杂共轭运算。

设 $q=0$,将式(C.14)转换为 AR 模型频谱密度的比率:

$$S(f) = \sigma_e^2 T_n \left| 1 - \sum_{k=1}^{p} a_k \exp(-\mathrm{j}2\pi fk T_n) \right|^{-2} \tag{C.16}$$

或者是矢量形式

$$S(f) = \frac{\sigma_e^2 T_n}{\boldsymbol{c}_p^{\mathrm{H}}(f)\boldsymbol{a}\boldsymbol{a}^{\mathrm{H}}\boldsymbol{c}_p(f)} \tag{C.17}$$

我们分解多项式 $A(f) = 1 + \sum_{k=1}^{p} a_k \exp(-\mathrm{j}2\pi fk T_n)$,它位于频谱密度的分母(式(C.16))中。为此,我们执行了 $z = \exp(\mathrm{j}2\pi f T_n)$ 形式的 z 变换,并找到了多项式根 $A(z)$,从而解决了相应的特征方程:

$$A(z) = 1 + \sum_{k=1}^{p} a_k z^{-k} = \sum_{k=0}^{p} a_k z^{-k} = z^{-p} \sum_{k=1}^{p} a_k z^{p-k} = 0 \tag{C.18}$$

式中:$a_0 = 1$。

根据代数的主要定理,具有复系数的 p 次幂的多项式具有 p 个复数根 $z_k = |z_k| \exp(\mathrm{j}\phi_k)$(考虑到它们的频率),称为自回归模型的极点。由此得出(式(C.18))可以表示为

$$A(z) = z^{-p} \prod_{k=1}^{p} (z - z_k) = \prod_{k=1}^{p} \left(1 - \frac{z_k}{z}\right)$$

作为逆 z 变换的结果，有

$$A(f)=\prod_{k=1}^{p}\{1-|z_k|\exp[-\mathrm{j}(2\pi f T_n-\phi_k)]\}=\prod_{k=1}^{p}A_k(f)$$

式中：$A_k(f)=1-|z_k|\exp[-\mathrm{j}(2\pi f T_n-\phi_k)]$

$A_k(f)$ 可以用指数形式表示：

$$A_k(f)=|A_k(f)|\exp[-\mathrm{j}\varphi_{Ak}]$$

式中：$\varphi_{Ak}=\mathrm{Arg}[A_k(f)]=\arctan\dfrac{\mathrm{Im}[A_k(f)]}{\mathrm{Re}[A_k(f)]}$，频谱平面[式(C.16)]可以写为

$$S(f)=\frac{\sigma_e^2 T_n}{\left|\left(\prod_{k=1}^{p}|A_k(f)|\right)\exp\left[\mathrm{j}\sum_{k=1}^{p}\varphi_{Ak}\right]\right|^2}=\frac{\sigma_e^2 T_n}{\left(\prod_{k=1}^{p}|A_k(f)|\right)^2} \tag{C.19}$$

AR 模型的极点[特别是低阶(第二阶或第三阶)[7,12-13]]的定义可以通过多项式根的计算方法之一(分析附加矩阵自身值得方法、Laguerre 方法、Lobachevsky 方法等)来确定。

如果使用一阶 AR 过程作为气象目标信号的模型，那么其与 $\bar{f}$ 对称的频谱式(C.16)可以表示为

$$S(f)=\frac{\sigma_e^2 T_n}{|1-a_1\exp(-\mathrm{j}2\pi f T_n)|^2}=\frac{\sigma_e^2 T_n}{1+|a_1|^2-2|a_1|\cos(2\pi f T_n-F)}$$

式中：$a_1=|a_1|\exp(\mathrm{j}F)$ 为 AR 模型的未知复系数。

如果 AR 系数模 $|a_1|\to 1$，那么建模信号是频谱平均频率与频谱最大频率一致的窄带随机序列[14]：

$$\bar{f}=F/(2\pi T_n)=\mathrm{Arg}(a_1)/(2\pi T_n) \tag{C.20}$$

将经过多次变换后的频谱均方根宽度的表达式改为[15]

$$\Delta f=\frac{1}{2\pi T_n}\left[\frac{\pi^2}{3}-4\sum_{k=1}^{\infty}\frac{(-1)^{k+1}}{k^2}|a_1|^k\right]^{1/2} \tag{C.21}$$

因此，AR 系数 a_1 的评估足以测量 $\overline{\omega}$ 和 $\Delta\omega$。

从式(C.14)中 $p=0$ 时，我们得到了 MA 模型频谱密度的矢量表达式为

$$S(f)=\sigma_e^2 T_n \boldsymbol{c}_q^{\mathrm{H}}(f)\boldsymbol{b}\boldsymbol{b}^{\mathrm{H}}\boldsymbol{c}_q(f)$$

ARMA、AR 和 MA 过程的典型频谱如附图 C.2 所示[5]。尖峰是 AR 过程频谱的特征，而 MA 过程的光谱具有深孔的特征。因此，MA 模型不适用于窄带信号的频谱建模。将它们用于具有宽极大值或窄空穴(极小值、零)的频谱过程的谱估计是很方便的。ARMA 过程的频谱表示 AR 和 MA 过程的频谱关联结果，适用于具有尖峰和深孔的真实信号的频谱建模。

ARMA、AR 和 MA 的最重要参数之一是它们的阶数。在得到的频谱评估的

分辨率和准确度(离差)之间提供折中方案取决于阶数的选择[5]。如果选择的模型阶数太小,就会收到过于平滑的频谱估计。在这种情况下,为了减少估计的离差,有必要累积大量的信号选择(大约1000个),这在使用机载雷达的情况下是不可接受的。在存在测量误差的情况下,对模型的过度确定(过度高估阶次)可能会导致频谱评估中出现其他通常是很严重的附加错误[5,16]。特别地,在频谱中可能出现假最大值。

这里提供了几种不同的标准(目标函数)来选择模型阶数[5,17]:

1. Akaike信息准则(AIC)

根据基于最大似然技术的准则,通过最小化一些理论信息函数来进行模型阶数的选择:

$$\begin{cases} p^t = \min\limits_p \mathrm{AIC}(p) \\ \mathrm{AIC}(p) = -2\max L_p + 2I(p) \end{cases} \tag{C.22}$$

式中:$\max L_p$ 为似然函数在 p 阶固定值处的对数最大值;$I(p)$ 为定义模型的独立参数的数量。假设所研究过程的统计量是高斯性的,则该函数[式(C.22)]可以由下式定义[5]:

$$\mathrm{AIC}(p) = M\ln \hat{\hat{\sigma}}_e^2 + 2p \tag{C.23}$$

式中:M 为读数得处理包的长度;$\hat{\hat{\sigma}}_e^2$ 为图3.1中形成噪声的离差值的评估。该标准的缺点是,在选择正确的阶数 p 和 $M \to \infty$ 时,没有将评估误差吸引到零的情况,在长包的情况下,这会导致对模型阶数的显著高估[18]。

2. 最小描述长度准则(MDL)

为了消除提到的缺点,J. Rissanen修改了AIC标准,并以文献[18]中的形式表示:

$$\hat{p} = \min_p \mathrm{MDL}(p)$$

式中:$\mathrm{MDL}(p) = -2\max L_p + I(p)\ln M$。

对于反射后的分析高斯信号,函数 $\mathrm{MDL}(p)$ 可以描述如下:

$$\mathrm{MDL}(p) = M\ln \hat{\hat{\sigma}}_e^2 + p\ln M \tag{C.24}$$

3. 最大后验概率准则(MPP)

最大后验概率准则包含类型[17]的函数的最小化:

$$\mathrm{MAP}(p) = M\ln \hat{\hat{\sigma}}_e^2 + \frac{5}{3}p\ln M \tag{C.25}$$

4. 自回归转换函数准则(ATFC)

在这种情况下,将模型的阶数选择为模型和建模过程间的误差均方差估计值达到最小时的阶数：

$$\hat{p} = \min_{p}\left(\frac{1}{N}\sum_{i=1}^{p} \overline{\sigma}_{ei}^{-1} - \overline{\sigma}_{ep}^{-1}\right) \tag{C.26}$$

式中：$\overline{\sigma}_{ei}^{-1} = \dfrac{N}{N-i}\sigma_{ei}$ 和 σ_{ei} 为第 i 步评估的均方根误差。

当使用以上给出的标准时，范围估计的结果彼此之间没有显著差异，特别是在真实数据的情况下，但没有具有统计属性集的建模过程[5]。

附录 D　建模软件的简短说明

在本书工作的研究过程中,创建了提供对已开发算法进行建模并计算它们主要特性的功能的应用程序包。该软件包的基础是本书工作第 2 章中考虑的数学模型:在风切变和湍流条件下的气象目标模型、飞行器运动模型、反射信号模型和处理路径模型。在 MATLAB 中计算的矢量组织可以在线性代数方法的建模中广泛使用,从而大大减少了计算时间。开发的软件包包括以下程序:

(1) Model1 为对气象目标区域危险程度进行探测和评估的已开发算法主特性的计算程序。

(2) CoeffMQ 为在不同的信噪比值条件下处理设备的数字系数在处理包体积上的依赖性的计算程序。

(3) ProbDF 为取决于多普勒频谱参数波动噪声评估的额定均方根值的危险区域探测正确概率的计算程序。

(4) ROh 为雷达反射率评估误差与气象目标下边界上方高度的相关性的计算程序。

所有开发的建模程序都具有图形上、下文菜单系统形式的相同界面。通用建模方案提供以下操作:

(1) 输入、查看和编辑建模参数。

(2) 对气象目标、飞行器移动、反射信号和雷达处理路径的建模。

(3) 对于所需特性的计算(正确检测潜在危险的气象目标的概率、数字信号参数评估的准确性等)。

(4) 结果分析(显示数值和时间表)。

(5) 结果记录在 MAT 文件中(MATLAB 中的标准数据文件类型)。

在编写程序时开发的函数如下。

(1) Aquatic 为气象目标水分含量的计算函数(取决于高度)。

(2) AR_fDf 为在 AR 系数上评估 $\bar{f}$ 和 Δf 的函数。

(3) AR_Order 为 AR 模型阶数的评估。

(4) AR_Pole 为 AR 模型的极点矢量的计算函数。

(5) AR_PSelect 为 AR 模型的极点选择函数。

(6) Dnoise 为计算雷达接收器自身噪声的离差的函数。

(7) Df_Pogr 为计算估计值 Δf 的误差的函数。

（8）LyLz 为计算 APC 在水平和垂直方向上的位移的函数。

（9）Model2 为分析飞行器运动补偿精度与各种因素（加速度计，轨迹不规则（TI）/弹性模态结构（EMS）等的数据准确性）相关性的函数。

（10）ModTNEMS 为对飞行器（飞行器）的 TI 和 EMS 建模的函数。

（11）ModW 为飞行器空气速度的投影的计算函数。

（12）NAE 为分相 AE 数量评估函数。

（13）AE ParamLA 为显示飞行器（飞行器）参数的函数。

（14）ParamLAEdit 为更改飞行器（飞行器）参数的函数。

（15）ParamMO 为气象目标参数显示函数。

（16）ParamMOEdit 为更改气象目标参数的函数。

（17）ParamRLS 为显示雷达参数的函数。

（18）ParamRLSEdit 为更改雷达参数的函数。

（19）Reflectivity 为允许气象目标体积对高度的雷达反射率依赖性的计算函数。

（20）SEpr 为允许气象目标体积的总 EER 的计算函数。

（21）SEpr1 为计算允许的气象目标体积有效回波比对范围的依赖性的函数。

（22）SigDfCOV 为通过 AR 方法（改进的协变量算法）计算气象目标多普勒频谱宽度评估准确性的功能。

（23）SigDfdV 为分析气象目标多普勒频谱宽度的准确度与大气湍流速度频谱的宽度之间的关系的函数。

（24）SigDfFFT 为通过周期图方法计算气象目标多普勒频谱宽度估计精度的功能。

（25）SigDfM 为分析气象目标多普勒频谱宽度的准确性与处理包中脉冲数相关性的功能。

（26）SigDfMP 为通过最大似然法计算气象目标多普勒频谱宽度估计精度的功能。

（27）SigDfMUSIC 为通过 MUSIC 方法计算气象目标多普勒频谱平均频率评估准确性的功能。

（28）SigDfPI 为通过成对脉冲的方法计算气象目标多普勒频谱宽度评估准确性的功能。

（29）SigDVAlpha 为计算湍流气象目标速度谱的均方根宽度对天线系统轴偏角的估计误差的依赖性的程序。

（30）SigDVdV 为分析湍流气象目标的速度谱宽度的准确度与其真实值之间的关系的功能。

（31）SigDVM 为分析湍流气象目标的速度谱宽度的准确度与加工包装中脉冲数的关系的功能。

（32）SigfAxe 为由于加速度计的漂移而引起的飞行器速度评估误差的计算功能。

（33）SigfdV 为分析气象目标多普勒频谱平均频率的准确性与大气湍流速度频谱宽度之间的关系的函数。

（34）SigfCOV 为通过 AR 方法（改进的协变量算法）计算气象目标多普勒频谱平均频率评估准确性的功能。

（35）SigfFFT 为通过周期图方法计算气象目标多普勒频谱平均频率评估准确性的功能。

（36）SigfM 为分析多普勒频谱平均频率评估准确性与处理包中脉冲数相关性的功能。

（37）SigfMP 为通过最大似然法计算气象目标多普勒频谱平均频率评估准确性的功能。

（38）SigfMUSIC 为通过 MUSIC 方法计算气象目标多普勒频谱平均频率评估准确性的功能。

（39）SigfPT 为通过成对脉冲法计算气象目标多普勒频谱平均频率评估准确性的功能。

（40）SigVdV 为分析气象目标允许体积的平均速度评估准确性与大气湍流速度谱宽度之间的关系的函数。

（41）SigVM 为分析气象目标允许体积的平均速度评估准确性与处理包中脉冲数相关性的功能。

（42）Stream 为计算环形涡流值的功能。

（43）Turbulence 为计算湍流动能耗散速度的函数。

（44）VFK 为计算相位校正矢量的功能，用于补偿 AV 相对于气象目标的径向偏移。

（45）Wind1 为在流量函数上计算风向的函数。

（46）Windmax 为在涡旋核心边界处计算风速的功能。

（47）Windshape1 为纵向风切变计算功能。

（48）Windshape2 为横向风切变计算功能。

（49）Windshape3 为参数 F（风切变危险指数）的计算功能。

（50）Windvelocity 为在 BCS 中计算风的径向速度的功能。

附录 E　气象目标雷达信号不完全反射情况下的几何比例

让我们考虑在探测信号不完全反射时评估允许气象目标体积的有效回波比(EER)的问题(附图 E.1)。同时,允许体积的部分不包含水汽凝结体,并且不参与反射信号的形成。

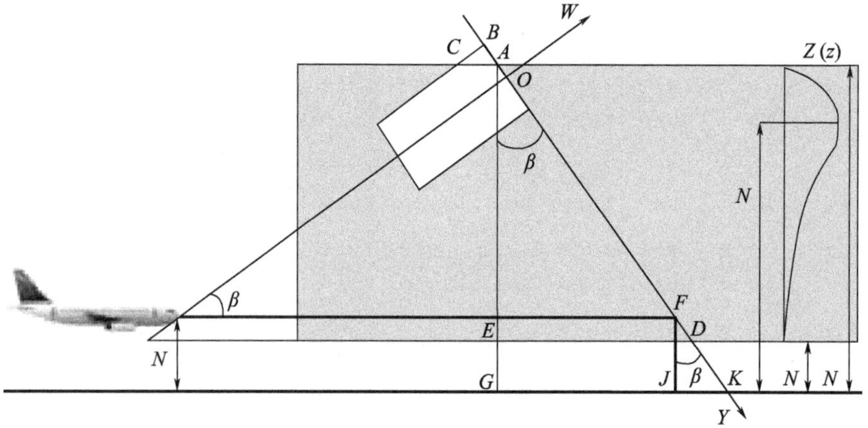

附图 E.1　允许体积信号不完全反射时的空间比例

在附图 E.1 所示的最简单的情况下,这部分从圆柱形状的允许体积(在远处区域)被水平面(气象目标上限)以 b 角切割。

然后得到

$$|AK| = z_{\max}/\cos\beta$$

$$|BK| = |BO| + |OF| + |FK| = r\Delta\beta + r\tan\beta + z_S/\cos\beta$$

$$|AB| = |BK| - |AK| = r\Delta\beta + r\tan\beta + z_S/\cos\beta - z_{\max}/\cos\beta$$

$$= r(\Delta\beta + \tan\beta) - (z_{\max} - z_S)/\cos\beta$$

让我们估计充满水汽凝结体的允许体积的值。根据在其平行截面区域上的机体体积计算定理[19](附图 E.2):

$$V = \int_a^b S(x)\,\mathrm{d}x \tag{E.1}$$

让我们介绍附图 E.3 所示的坐标系,并考虑垂直于 Ox 轴的平面对该圆柱体的截面(允许体积)。用横坐标 x ($|x| \leqslant r\Delta\beta$)计算通过点 M 的平面的截面积。

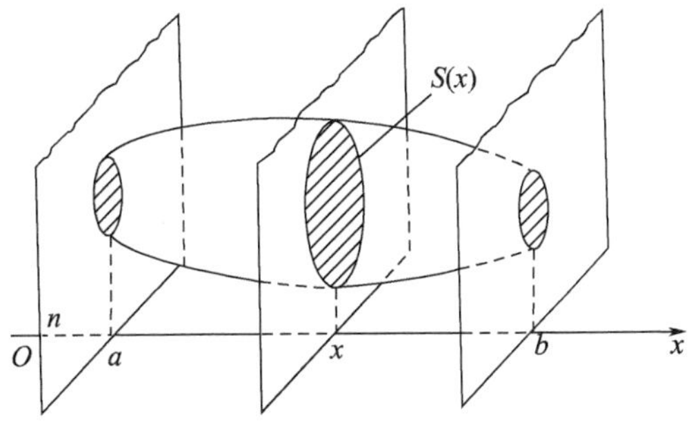

附图 E.2　通过其横截面面积[19]评估机体体积

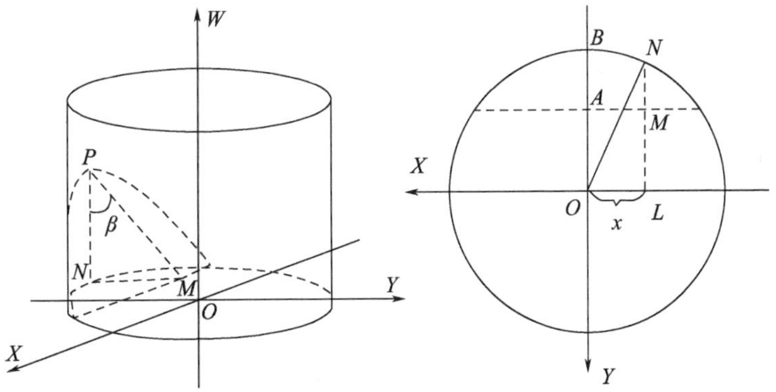

附图 E.3　气象目标上界对应平面的允许体积截面

此部分表示一个矩形三角形 MNP，因此其面积为

$$S_{\mathrm{MNP}} = \frac{1}{2}|MN||NP| = \frac{1}{2}(|MN|^2\tan\beta) = \frac{1}{2}(|NL| - |ML|)^2\tan\beta$$

$$= \frac{1}{2}\left(\sqrt{|ON|^2 - x^2} - [|OB| - |AB|]\right)^2\tan\beta$$

$$= \frac{1}{2}\left(\sqrt{(r\Delta\beta)^2 - x^2} - [r\Delta\beta - (r(\Delta\beta + \tan\beta) - (z_{\max} - z_S)/\cos\beta)]\right)^2\tan\beta$$

$$= \frac{1}{2}\left(\sqrt{(r\Delta\beta)^2 - x^2} + [(r\tan\beta - (z_{\max} - z_S)/\cos\beta)]\right)^2\tan\beta$$

式(E.1)中的集成限制：

$$a,b = \pm\sqrt{(r\Delta\beta)^2 - |AO|^2}$$

$$= \pm\sqrt{(r\Delta\beta)^2 - [r\Delta\beta - (r(\Delta\beta + \tan\beta) - (z_{\max} - z_S)/\cos\beta)]^2}$$

$$= \pm\sqrt{(r\Delta\beta)^2 - [r\tan\beta - (z_{\max} - z_S)/\cos\beta]^2}$$

在计算 EER 时，有必要通过在相应坐标上的雷达反射率（水含量）分布额

外权衡允许体积(或其切入部分)的垂直截面,则

$$\sigma = \sigma_{no} - \int_a^b S(x)\sigma_d(x)\,dx \tag{E.2}$$

式中:σ_{no} 为在探测信号完全反射的假设下计算的允许体积的 EER 值。

水汽凝结体在允许体积内反射信号的值可以在计算机上使用相应软件通过数值方法进行积分来估算。

除了最简单的气象目标允许体积不完全反射(充满水汽凝结体)的情况,其他空间情况(附图 E.4)也是可能的。

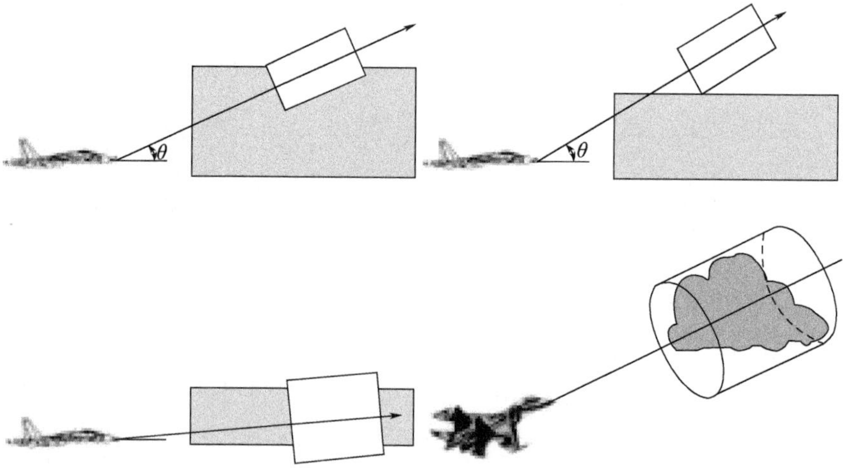

附图 E.4　允许体积信号不完全反射情况下,飞行器和气象目标的空间位置的变化

附录 F　缩略语

AA	airborne avionics	机载航空电子设备
AC	amplitude characteristic	振幅特性
ACF	autocorrelation function	自相关函数
ACM	autocorrelation matrix	自相关矩阵
ADC	analog to digital converter	模/数转换器
AE	antenna element	天线元件
AFC	automatic – frequency control	自动频率控制
AFCh	amplitude – frequency characteristic	幅度 – 频率特性
ALC	automatic level control	自动调平控制
APC	antenna system phase centre	天线系统相位中心
APD	amplitude – phase distribution	幅相分布
AR	autoregression	自回归
ARMA	autoregression and moving average	自回归和移动平均
AS	antenna system	天线系统
ASC	antenna system of coordinates	天线坐标系
ASp	air space	大气空间
ATC	air traffic control	空中交通管制
AV	air vehicle	飞行器
AvC	aviation complex	航空综合体
BCS	bound coordinate system	界坐标系
CM	centre of mass	质心
CO	coherent oscillator	相干振荡器
DP	directional path	方向图
DS – P	digital signal processing	数字信号处理
DSP	digital signal processor	数字信号处理器
EER	effective echoing ratio	有效回波比
EMS	elastic mode of a structure	弹性模态结构
EMW	electro – magnetic wave	电磁波
FFT	fast Fourier transformation	快速傅里叶变换

FOS	flight operation safety	飞行操作安全
FPGA	field – programmable gate array	现场可编程逻辑门阵列
HM	hydrometeor	水汽凝结体
HRF	high repetition frequency	高重复频率
ICAO	international civil aviation organization	国际民用航空组织
IFA	intermediate frequency amplifier	中频放大器
INS	inertia navigation system	惯性导航系统
LRF	low repetition frequency	低重复频率
LSL	level of side lobes	旁瓣电平
LSM	least square method	最小二乘法
MA	moving average	移动平均数
MD	memory device	存储设备
ML	maximum likelihood	最大似然
MO	meteorological object	气象目标
MRF	medium repetition frequency	中等重复频率
MUSIC	multiple signal classification (multiple signal classification method)	多信号分类(多信号分类方法)
OBC	onboard computer	机载计算机
PAA	phased antenna array	相控天线阵列
PCCU	phase centre (position) control unit	相位中心(位置)控制单元
PCU	phase correction unit	相位校正单元
PFC	phase – frequency characteristic	相位频率特性
PrS	probing signal	探测信号
PS	phase shifter	移相器
PSD	power spectral density	功率谱密度
PSP	programmable signal processor	可编程信号处理器
R	Radar	雷达
RAM	random access memory	随机访问存储器
RMS	root mean square	均方根
RMSE	root mean square error	均方根误差
ROM	read – only memory	只读存储器
RP	random process	随机过程
RR	radar reflectivity	雷达反射率
RS	radar station	雷达

RSP	reprogramma ble signal processor	可重编程信号处理器
SINR	signal – interference – noise ratio	信号与干扰加噪声比
SMT	selection of moving targets	运动目标选择
SNR	signal – noise ratio	信噪比
SS	software specification	软件规范
TI	trajectory irregularities	轨迹不规则性
UHF	ultra – high frequency	超高频
US	underlying surface	下垫面
WS	wind shear	风切变
WSAA	waveguide slot array antenna	波导缝隙阵列天线

参考文献

[1] Ivan M. A ring - vortex downburst model for flight simulations. Journal of Aircraft, 1986, v. 23, 13, p. 232 - 236.

[2] Ryzhkov A. V. Influence of inertia of hydrometeors on statistical characteristics of a radar signal. Works of GGO, 1982, issue 451, pages 49 - 54.

[3] Analog and digital filters: Ed. book S. S. Alekseenko, A. V. Vereshchagin, Yu. V. Ivanov, O. V. Sveshnikov; Eds. Yu. V. Ivanov. SPb. : BGTU VOENMECH, 1997,140 pages.

[4] Ivanov Yu. V. Algorithms of space - time processing of signals in radio engineering systems: Ed. book. L. : LMI, 1991,101 pages.

[5] Marple Jr. S. L. Digital spectral analysis and its applications: The translation from English M. : Mir, 1990,584 pages.

[6] Gong S. , Rao D. , Arun K. Spectral analysis: from usual methods to methods with high resolution. In the book: Superbig integrated circuits and modern processing of signals Eds. Gong S. , Whitehouse H. , Kaylat T. ; the translation from English eds. V. A. Leksachenko. M. : Radio and Communication, 1989. P,45 - 64.

[7] Khaykin S. , Carry B. U. , Kessler S. B. The spectral analysis of the radar disturbing reflections by the method of the maximum entropy. TIIER, 1982, v. 70, No. 9, pages 51 - 62.

[8] Mikhaylutsa K. T. , Ushakov V. N. , Chernyshov E. E. Processors of signals of aerospace radio systems. SPb. : JSC Radioavionika, 1997,207 pages.

[9] Battan L. G. Radar meteorology. Translation from English L. : Hydrometeoizdat, 1962. 196 pages.

[10] Melnikov V. M. Connection of average frequency of maxima of an output signal of the doppler radar with characteristics of the movement of lenses. Works of VGI, 1982, issue 51, p. 17 - 29.

[11] Mironov M. A. Assessment of parameters of the model of autoregression and moving average on experimental data. Radio engineering, 2001, No. 10, pages 8 - 12.

[12] Bakulev P. A. , Koshelev V. I. , Andreyev V. G. Optimization of ARMA - modelling of echo signals. Radio electronics, 1994, No. 9, pages 3 - 8. (News of Higher Educational Institutions).

[13] Bakulev P. A. , Stepin V. M. Features of processing of signals in modern view RS: Review. Radio electronics, 1986, No. 4, pages 4 - 20. (News of Higher Educational Institutions).

[14] Vostrenkov V. M. , Ivanov A. A. , Pinskiy M. B. Application of methods of adaptive filtration in the doppler meteorological radar - location. Meteorology and hydrology, 1989, No. 10, pa-

ges 114 – 119.

[15] Hovanova N. A. , Hovanov I. A. The methods of the time series analysis. Saratov: Publishing house of GosUNTs "College", 2001,120 pages.

[16] Andreyev V. G. , Koshelev V. I. , Loginov S. N. Algorithms and means of the spectral analysis of signals with a big dynamic range. Radio electronics issues Ser. RLT. 2002, issue 1 ~ 2, pages 77 – 89.

[17] Abramovich Yu. I. , Spencer N. K. , Gorokhov A. Yu. Allocation of independent sources of radiation in not equidistant antenna arrays. Foreign radio electronics. Achievements of modern radio electronics, 2001, No. 12, page 3 – 17.

[18] Yermolaev V. T. , Maltsev A. A. , Rodyushkin K. V. Statistical characteristics of AIC, MDL criteria in a problem of detection of multidimensional signals in case of short selection: Report. In the book: The third International conference "Digital Processing of Signals and Its Application": Reports. M. : NTORES, 2000,Volume 1,P. 102 – 105.

[19] Vilenkin N. Ya. , Kunitskaya E. S. , Mordkovich A. G. Mathematical analysis. Integral calculus. M. : Prosveshcheniye, 1979, 176 pages.